猪病诊疗原色图谱

第二版

潘耀谦　潘　博　主编

中国农业出版社

内容提要

本书保持了第一版的特色，将常见的猪病增加到60个，精选的具有诊断性的原色图片增至600余幅，以满足对猪病的诊断和鉴别诊断之用。对每个猪病除简要介绍了病原（因）、典型症状、诊断要点、防治措施和注意事项外，还根据当前国内猪病以混合性发生为主的特点，加强了鉴别诊断的阐述；依据一些养猪户提出的治疗难的问题，增加了一些治疗药物的选用、治疗的基本操作和新的防治方法。总之，修订后，本书图文并茂，内容更加丰富，图像典型逼真，文字通俗易懂，言简意赅，治疗方法简便，可操作性强，易学易懂。本书不仅适用于广大养猪户、基层兽医工作者和猪病防治培训班使用，而且可供相关专业的大专院校师生学习和参考。

作者简介

潘耀谦 男，博士，河南科技学院特聘教授、博士生导师，中国兽医病理学会副理事长。三十余年来，一直工作在教学和科研的第一线，硕果累累。先后发表科研论文180余篇，主持的“兔脑炎原虫病”和“骆驼脓疱病”等研究获省部级科技进步二等奖5项；主持的“猪流行性腹泻”、“猪传染性萎缩性鼻炎”、“奶牛白血病”和“黄牛猝死综合征”等研究获省部级科技进步三等奖6项；培养博士与硕士研究生30余名；主编《动物卫生病理学》、《畜禽病理学》、《猪病诊治彩色图谱》和《奶牛疾病诊治彩色图谱》等教材和专著20部之多，曾获北方十省市优秀科技图书二等奖和山西省优秀科技图书二等奖等。作为第一副主编的《兽医病理学原色图谱》，荣获第二届中国出版政府奖图书奖提名奖。目前，除继续进行猪病的防治研究之外，还主持河南省重点攻关课题《PVC载体快速Dot-ELISA对兔豆状囊尾蚴病的诊断研究（132102110118）》和国家自然科学基金课题《兔脑炎原虫致脑肉芽肿形成的基因调控与信号传导通路（31372407）》，进行人畜共患病和动物疫病的免疫及分子病理学方面的研究。

丛书编委会

本书编委会

主　编　潘耀谦　潘　博

副主编　刘兴友　冯春花　张弥申

编　者　（以姓氏笔画为序）

王三虎　王天奇　王选年　卢兆彩
冯春花　刘兴友　刘志军　刘志科
刘思当　孙玉倩　李瑞珍　吴　斌
谷长勤　宋高杰　张弥申　陈怀涛
陈国富　周诗其　赵振升　胡薛英
唐海蓉　银　梅　潘　博　潘耀谦

序　言

XUYAN

《兽医临床诊疗宝典》自2008年出版至今将近六年。经广大基层兽医工作者和动物饲养管理人员的临床实践，普遍认为这套丛书是比较适用的，解决了他们在动物疾病诊断与防治方面的许多问题，的确是一套很好的科普读物。

但是，随着我国养殖业的快速发展和畜牧兽医科技工作者获取专业知识的欲望越来越高，这套“宝典”已不能完全适应经济社会进步的需求。在这种形势下，中国农业出版社决定立即对其进行修订，是非常适当的。

鉴于丛书的总体架构和设计都比较科学适用，故第二版主要做了文字修改，以便更为准确、精炼、通俗、易懂。同时增加了一些较重要的疾病和图片，使各种动物的疾病和图片数量都有所增多，图片质量也有所提高，因此，本套丛书的内容更为丰富多彩。

本套丛书第二版也和原版一样，仍然凸显了图文并茂、简明扼要、突出重点、易于掌握等特点和优点。

在本套丛书第二版付梓之际，对全体编审人员的严谨工作和付出的艰辛劳动，对提供图片和大力支持的所有同仁谨致谢意！

相信《兽医临床诊疗宝典》第二版为我国动物养殖业的发展定能发挥更加重要的作用。恳切希望广大读者对本丛书提出宝贵意见。

陈怀涛

2014年5月

前 言
QIANYAN

加强猪病防治和提高诊治技术是发展养猪业的根本保障。我们一直强调防重于治，这是不可动摇的发展养猪业的正确方向。但也千万不能因此而忽视对猪病诊治技术的提高，因为多少年来猪病总是此起彼伏，不断发生，经常造成巨大的经济损失，严重影响我国养猪业的发展。为了帮助基层畜牧兽医工作者和动物养殖专业人员较快学习并掌握动物主要疾病的诊疗技术，中国农业出版社想基层之所想，急基层之所急，自2007年组织编写了一套彩色版《兽医临床诊疗宝典》丛书。《猪病诊疗原色图谱》就是其中的一本。本书自2008年出版以来，受到基础兽医工作者和养猪专业户的厚爱。许多读者来信在充分肯定本书的同时，还充满期待，希望本书更加充实。近年来，作者在临床诊疗的实践中发现，当前的猪病多为混合感染，进行鉴别诊断和选用药物进行治疗成为难点。有鉴于此，作者根据临床实践和科研活动收获的一些新知识、新技术和新的防治方法，对本书进行了详细修订。

本次修订在保持原书基本框架的基础上，根据基层兽医工作者的需要，对本书的内容进行了充实，具有以下三个特点：一是精选图片。本次修订删除了原书中一些质量不佳的图片，在3 000余幅猪病图片中，精选出600余幅病变明显、清晰可辨的图片，使主要猪病的不同类型均具有代表性的病变图片，同时新增了病原的图片，以便读者根据图片提供的信息及时做出正确的诊断。二是充实内容。根据基层兽医工作者的需求，本书在进行病性介绍时增加了临床及病理特点，言简意赅，使读者易于掌握该病的特征；在防治措施中增加了具体实施的操作步骤，药物的选用和一些新的防治方法；在注意事项中对鉴别诊断的要点进行描述，起到“画龙点睛”之效。三是增扩疾病。本书新增加了几个在实践中常见的中毒病如黄曲霉毒素中毒等，寄生虫病如小袋虫病等，可能传入的病毒病如非洲猪瘟，使本书所介绍的常见猪病达到60个。

本书的修订得到河南科技学院领导的关心，中国农业出版社领导的支持，颜景辰编审的具体指导和帮助，以及一些基础兽医工作者的鼓励和期盼，作者在此表示衷心的感谢。虽然作者尽了很大的努力，但由于水平所限，书中的缺点、错误和疏漏之处在所难免，敬请广大读者批评指正。

潘耀谦　潘　博

2014年3月

目　录

MULU

一、猪丹毒

猪丹毒是由猪丹毒杆菌引起的一种急性人兽共患传染病。其临床及病理特点是：急性型呈败血症变化；亚急性型在皮肤上出现紫红色疹块；慢性型表现非化脓性关节炎、皮肤坏死和疣性心内膜炎。

【病原特性】猪丹毒杆菌为革兰氏染色阳性细长的小杆菌，不形成芽孢和荚膜，不能运动。急性病例的细菌常单在、成对或成丛状排列（图1-1）；在慢性病猪的心内膜疣状物内，多呈长丝状（图1-2）。本菌的血清型很复杂，目前发现的已有29个之多，不同血清型的抗原结构、免疫原性和致病性均有不同程度的差异。

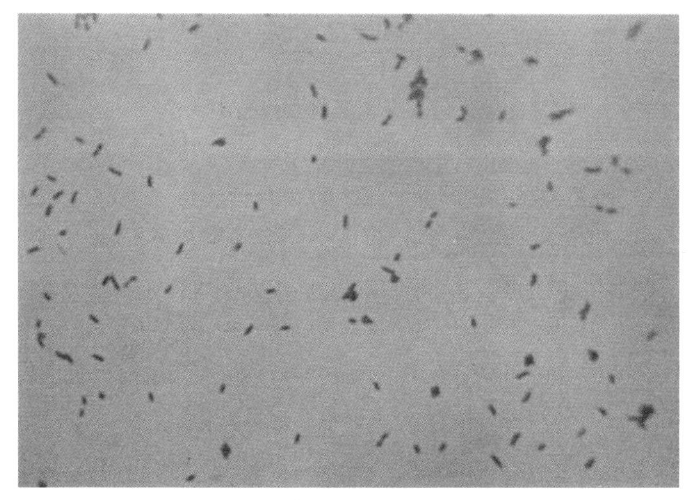

图1-1　革兰氏阳性的猪丹毒杆菌

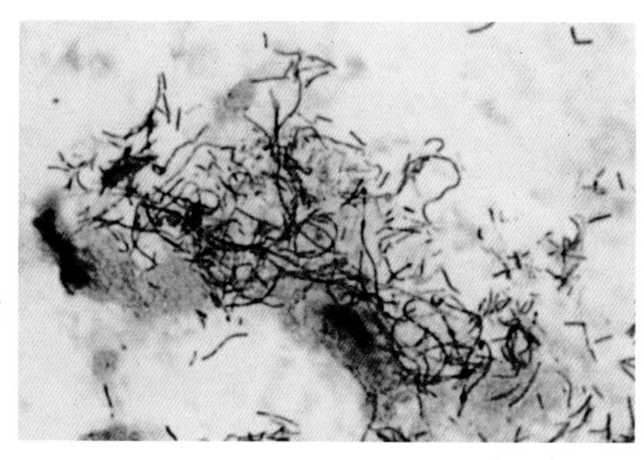

图1-2　心内膜疣状物内的猪丹毒杆菌

【典型症状】急性型以败血症为特点，病猪的皮肤上出现指压退色的红斑（图1-3）。亚急性型则是疹块，在胸、腹、背、肩及四肢外侧出现大小不等的疹块（图1-4）；疹块的色泽先呈淡红，后变为紫红，

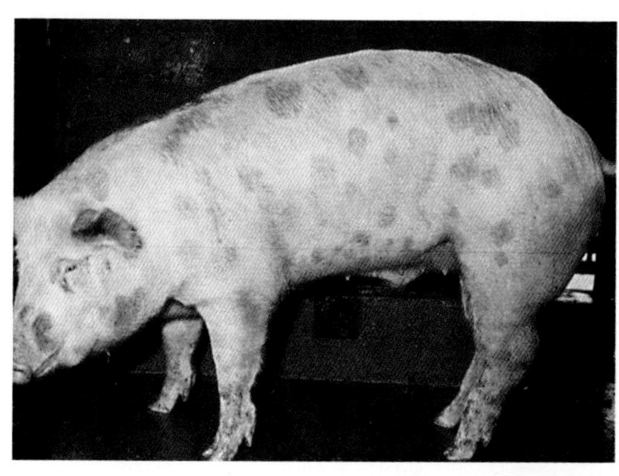

图1-3　急性型的皮肤红斑

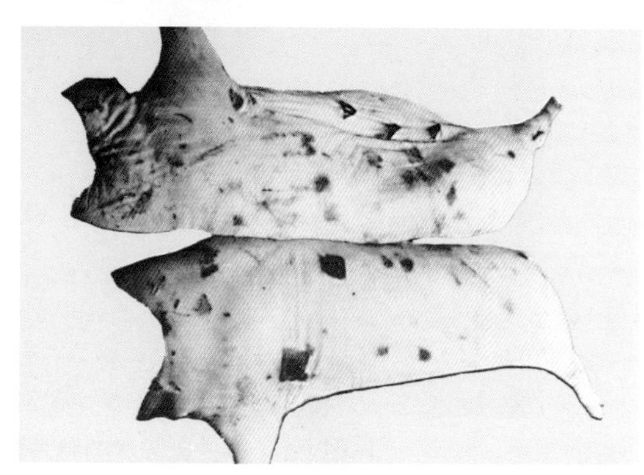

图1-4　亚急性型皮肤疹块

以至黑紫色（图1-5）；形状为方形、菱形（图1-6）或圆形，坚实，稍凸于皮肤表面；数量多少不定，少则几个，多则数十个；以后中央坏死，形成痂皮（图1-7）。慢性型主要有三种病变：一是浆液性纤维素

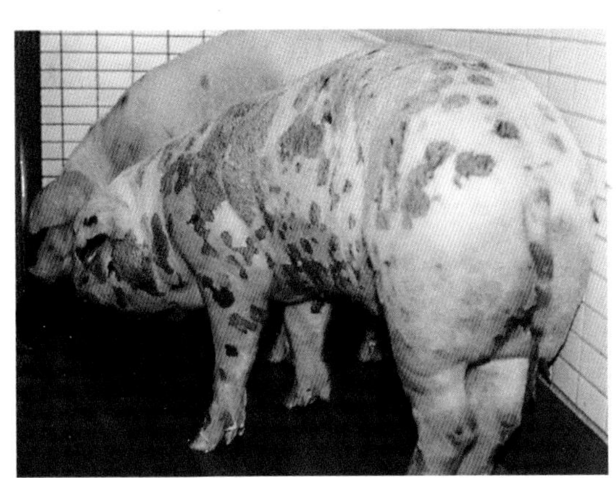

图1-5　亚急性型的紫色疹块

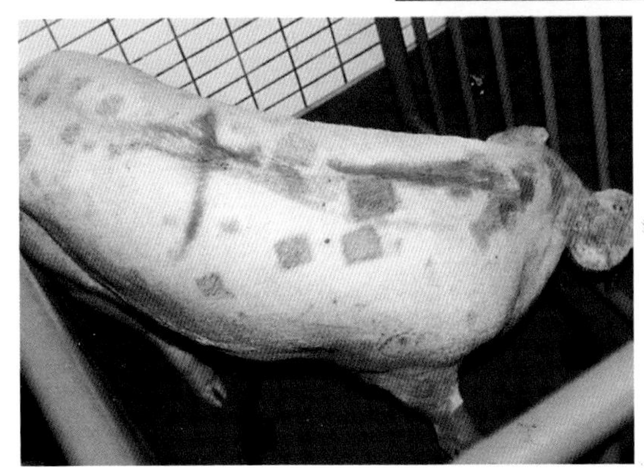

图1-6　亚急性型的菱形疹块

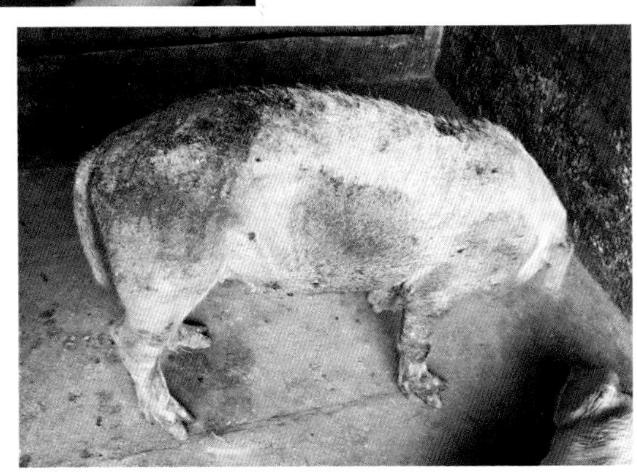

图1-7　亚急性型皮肤结痂

性关节炎，既可单独发生（图1-8），也可多个关节同时发生（图1-9），剖检时常见关节周围的组织增生，形成增生性关节炎（图1-10）；二是

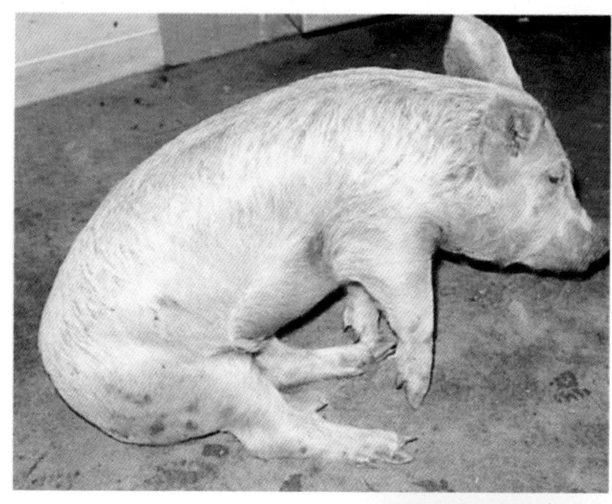

图1-8　浆液性纤维素性跗关节炎

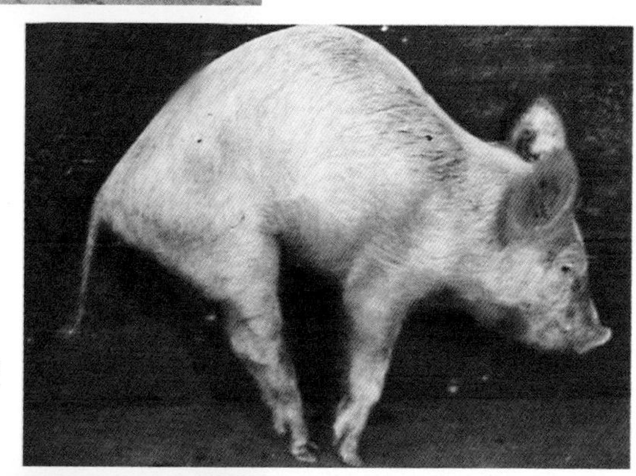

图1-9　四肢多发性关节炎

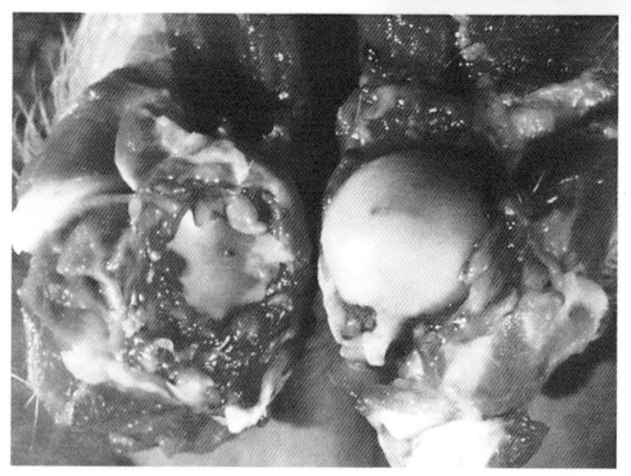

图1-10　增生性髋关节炎

疣性心内膜炎，临床听诊时可闻及明显的心脏杂音，剖开心脏常在二尖瓣见大量赘生物（图1-11）；三是皮肤坏死，即皮肤弥漫性瘀血、出血，可先从肩背部（图1-12）和臀部（图1-13）开始，疹块部的小血

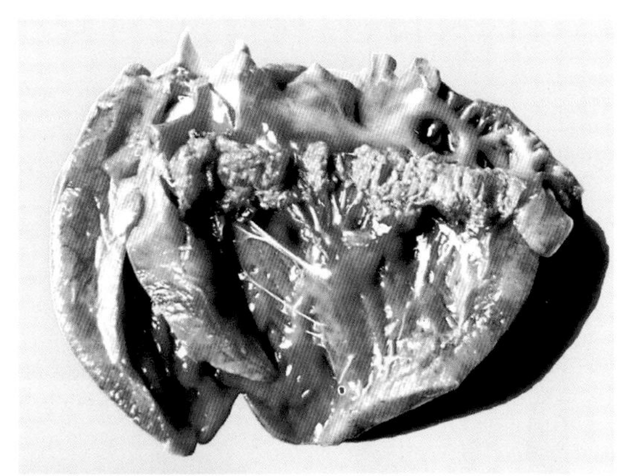

图1-11　疣性心内膜炎

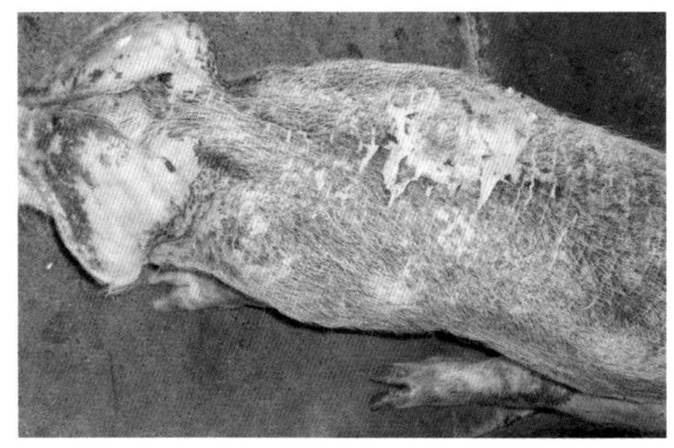

图1-12　肩背皮肤坏死脱落

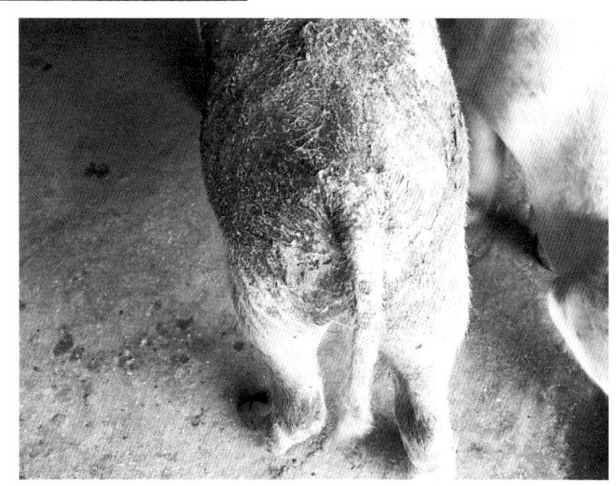

图1-13　臀后部皮肤坏死脱落

管如果发生栓塞时，则疹块部的皮肤坏死，发生干性坏疽，并从体表脱落（图1-14）。

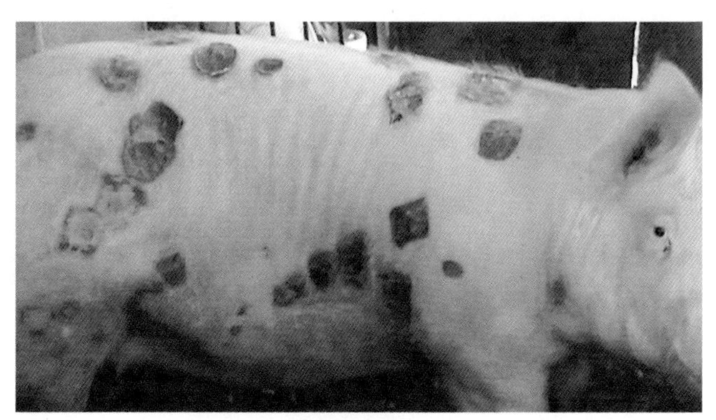

图1-14　疹块皮肤坏死脱落

【诊断要点】根据临床症状、流行情况和病理特点，结合疗效，一般可以确诊。但在流行初期，往往呈急性经过，无特征性症状，则需做细菌检查。对急性型应采取肾、脾为病料，对亚急性型在生前采取疹块部的渗出液，对慢性型采取心内膜组织和病变关节的关节液，涂片后革兰氏染色法染色镜检。也可进行免疫荧光试验和血清凝集试验。

【防治措施】猪丹毒杆菌对青霉素高度敏感，若在发病后24 ～ 36小时内治疗，有显著疗效；对急性型最好首先按每千克体重1万国际单位静脉注射，同时肌内注射常规剂量的青霉素，每天肌内注射2次，直至体温和食欲恢复正常后2天。不宜停药过早，以防病情复发或转为慢性。在使用青霉素的同时配合高免血清效果更好。其方法是：首次可用高免血清稀释青霉素，以获得疗效；以后可单独用青霉素或血清维持治疗2 ～ 3次。高免血清每天注射1次，直到体温、食欲恢复正常为止。

目前用于防治本病的疫苗有弱毒苗和灭活苗两大类。每年按计划进行预防接种，是防治本病的好办法。实践证明，注射氢氧化铝甲醛灭活疫苗安全可靠，使用方便。使用时先用20%铝胶生理盐水稀释后，给体重在10千克以上的断奶仔猪肌内注射5毫升，免疫期为6个月；如给未断奶猪首免，则应注射3毫升，间隔1个月后再注射3毫升。两次免疫后，免疫期可达9 ～ 12个月。若发生猪丹毒，应立即对病猪隔离治疗，死猪深埋或烧毁，与病猪同群的未发病猪用青霉素进行药物预防，待疫情扑灭后注射疫苗，巩固防疫效果。

【注意事项】诊断本病时应与猪瘟、猪链球菌病、最急性猪肺疫、急性猪副伤寒等病相鉴别。猪瘟多呈流行性发生，发病急，病死率极高，病猪的皮肤上有较多的出血点，指压不退色，青霉素治疗无效。败血性链球菌病与急性猪丹毒极相似，用病料触片或心血涂片可检出长短不一呈链状排列的链球菌。最急性猪肺疫的咽喉部急性肿胀，呼吸困难，口鼻流泡沫样分泌物，但皮肤上无红斑形成。用病料触片做革兰氏染色，见革兰氏阴性椭圆形两端浓染的小杆菌。急性猪副伤寒多发生于2 ~ 4月龄猪，病猪先便秘后下痢，胸腹部皮肤呈蓝紫色。死后剖检见肝脏有小点状坏死灶，大肠壁的淋巴小结肿大或在相应部位的肠黏膜上形成溃疡。

二、猪巴氏杆菌病

猪巴氏杆菌病又称猪肺疫、锁喉风，是猪的一种急性细菌性传染病。本病的主要特征为最急性型呈败血症，咽喉及其周围组织急性炎性肿胀，高度呼吸困难；急性型呈现纤维素性肺炎变化，表现为肺、胸膜的纤维蛋白渗出和粘连；慢性型症状不明显，逐渐消瘦，有时伴发关节炎。

【病原特性】本病的病原体是多杀性巴氏杆菌。本菌为两端钝圆、中央微凸的短杆菌，单个散在，无芽孢、无鞭毛、不能运动，产毒株则有明显的荚膜，革兰氏阴性（图2-1）。本菌的致病力依菌型及动物而异，不同血清型之间多无交叉保护或保护力不强。

【典型症状】最急性型以败血症为主症，病猪常突然发病而迅速死亡，或发热，呼吸高度困难，咽喉部肿胀（图2-2），口鼻流出泡沫，呈犬坐姿势。后期耳根、颈部及下腹部等处皮肤变成蓝紫色，或有出血斑点，最后窒息死亡。剖检颈部见大量水肿液，呈胶样浸润（图2-3）。急性型以纤维素性胸膜肺炎为主症，病猪发生干咳，有鼻汁和脓性眼屎。剖检时常从气管中流出大量白色泡沫样水肿液（图2-4），肺脏初期以充血水肿为主（图2-5），继之纤维蛋白渗出和出血形成红

色肝样变（图2-6），病情严重时常发展为灰白色肝样变，肺脏呈斑驳

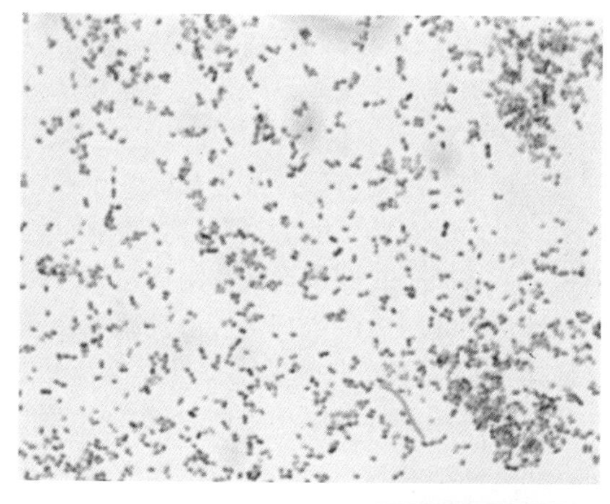

图2-1　多杀性巴氏杆菌

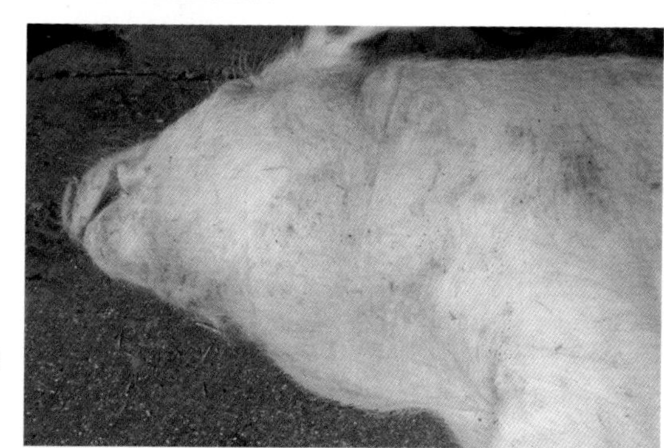

图2-2　咽喉部急性水肿

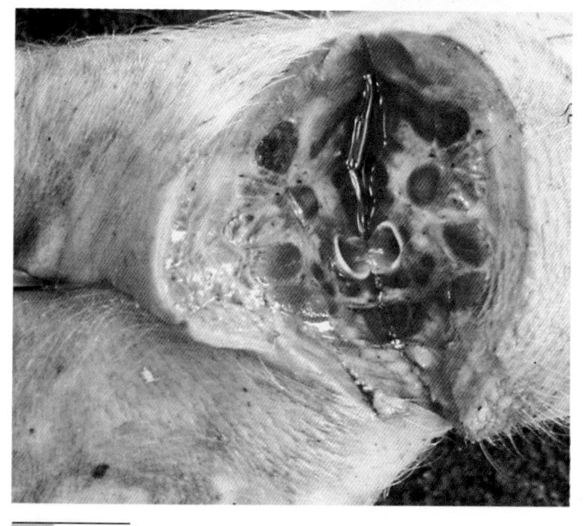

图2-3　咽喉部胶样浸润

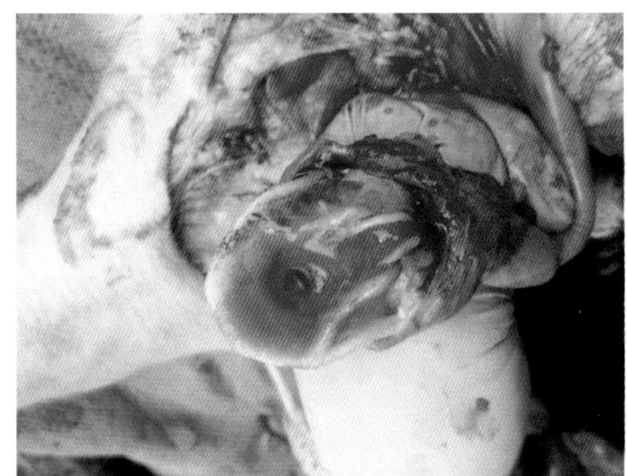

图 2-4　气管中有大量水肿液

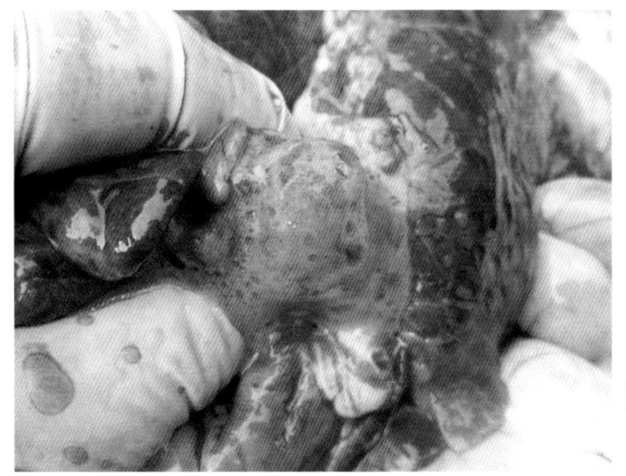

图 2-5　肺脏充血水肿

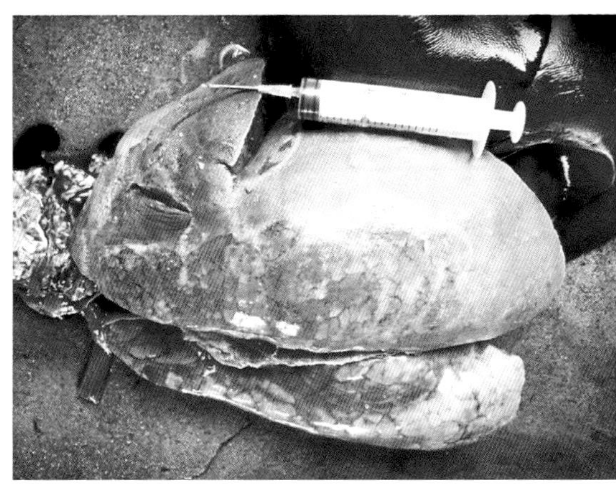

图 2-6　肺脏呈红色肝样变

状（图2-7）。此时，胸腔内常有大量纤维素性渗出物使肺脏与胸壁粘连（图2-8），心包腔内的纤维素性渗出物覆于心外膜形成绒毛心（图2-9）。慢性型以慢性肺炎或慢性胃肠炎为主症。病猪持续性咳嗽，呼吸困难，腹泻，逐渐消瘦；有的还伴发关节炎和皮肤湿疹。

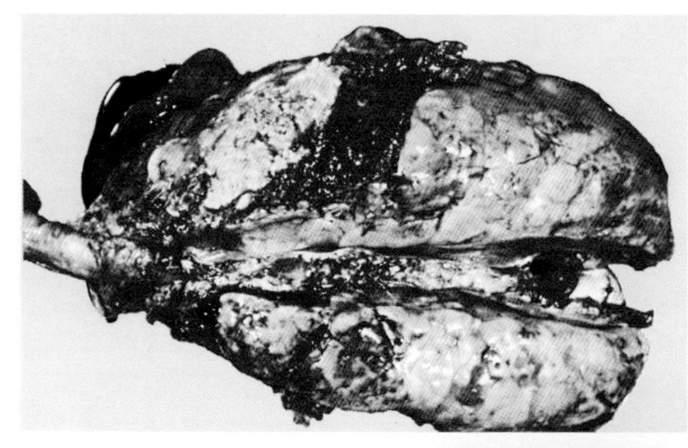
图2-7　肺脏呈斑驳状

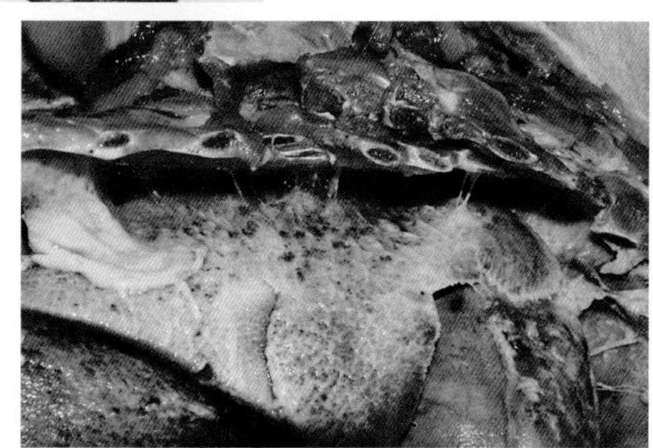
图2-8　纤维素性肺胸膜炎

图2-9　绒毛心

【诊断要点】一般根据病理特点，结合临床症状和流行情况即可确诊。必要时可采取病变部的肺、肝、脾及胸腔液，制成涂片，用碱性美蓝液染色后镜检，如从各种病料的涂片中均见有两端浓染的长椭圆形小杆菌，或用革兰氏染色检出阴性球杆菌时，即可确诊。有条件时可做细菌分离培养和鉴定。

【防治措施】治疗本病效果最好的抗生素是庆大霉素，其次是四环素、氨苄青霉素和青霉素。常规用量庆大霉素每千克体重1 ～ 2毫克；氨苄青霉素每千克体重4 ～ 11毫克；四环素每千克体重7 ～ 15毫克，均为每日2次肌内注射，直到体温下降、食欲恢复为止。但巴氏杆菌可以产生抗药性，如果应用某种抗生素后无明显疗效，应立即改换。如于使用抗生素的同时，再肌内注射抗猪巴氏杆菌病血清，则效果更佳。为防止同群健康猪被传染，对所有猪均应使用高免血清进行紧急预防（免疫期一般为10天），疫情终止后，应及早接种菌苗。

预防本病的根本办法是改善饲养管理和生活条件，以消除减弱猪抵抗力的外界因素。猪群应按免疫程序注射猪巴氏杆菌病氢氧化铝菌苗。一般每年春、秋各注射一次。猪巴氏杆菌病氢氧化铝菌苗，断奶后的大小猪一律皮下注射5毫升，免疫期9个月；口服冻干猪巴氏杆菌病弱毒苗，按瓶签规定使用，绝不可用于注射，免疫期为10个月。另外，在饲料中适当添加一些抗菌药如磺胺类药物，也有较好的预防效果。发生本病时，应将病猪及可疑病猪隔离治疗；对假定健康猪进行紧急预防接种或药物预防。

【注意事项】本病应与急性咽喉型炭疽、猪接触传染性胸膜肺炎和猪气喘病等鉴别。咽喉型炭疽主要侵害下颌、咽后及颈浅淋巴结，而肺脏没有明显的炎性病变。猪接触传染性胸膜肺炎的病变局限于呼吸系统，肺脏肝样变，呈匀质性紫红色。猪气喘病的主要症状是气喘、咳嗽，体温不高，肺脏呈胰样变或肉样变。

三、猪副伤寒

猪副伤寒又称猪沙门氏菌病，是由沙门氏菌引起仔猪的细菌性传染病，故又有仔猪副伤寒之称。本病的急性型以败血症变化为特点；

而慢性型则在大肠发生弥漫性纤维素性坏死性肠炎变化，表现顽固性腹泻。继发感染时，可发生卡他性或干酪性肺炎。

【病原特性】沙门氏菌为两端钝圆、中等大小的直杆菌，革兰氏染色阴性（图3-1），无荚膜，不形成芽孢，有周身鞭毛，能运动。本菌虽不产生外毒素，但具有毒力较强的内毒素，可引起发热、白细胞变化及中毒性休克；有的还可产生与大肠杆菌肠毒素性质相同的毒素。

【典型症状】败血型的病猪发热（41 ～ 42℃），恶寒怕冷，常聚堆取暖（图3-2）。先便秘后下痢，粪便恶臭，有时带血，常因腹痛而

图3-1　猪霍乱沙门氏菌

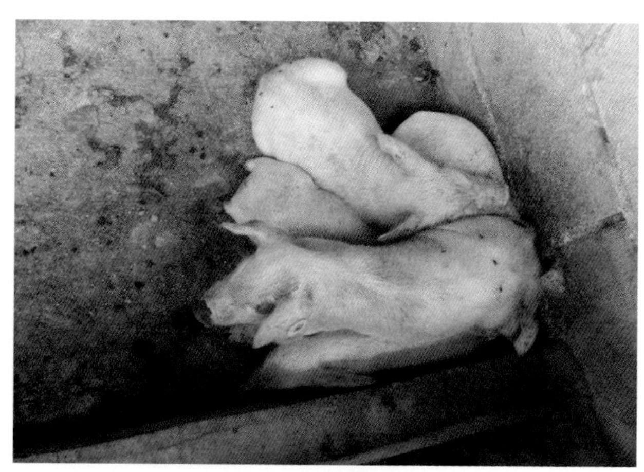

图3-2　病猪聚堆取暖

弓背尖叫。耳（图3-3）、腹部及四肢皮肤呈深红色，后期呈青紫色。剖检见全身瘀血并见瘀斑形成（图3-4），实质器官瘀血并见点状出血（图3-5），胃黏膜有不同程度的瘀血和出血（图3-6），小肠菲薄，内含

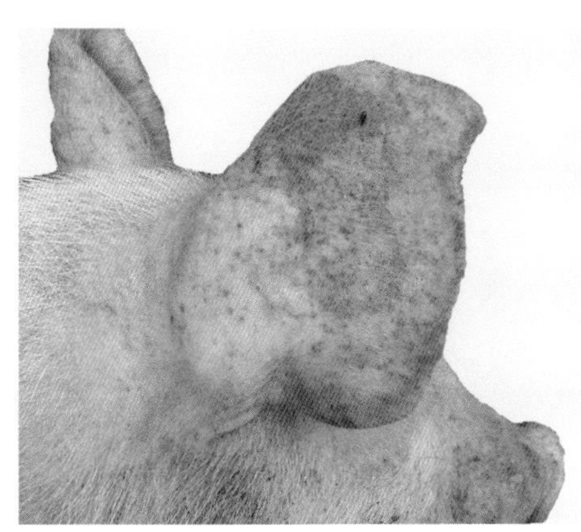

图3-3　病猪两耳潮红

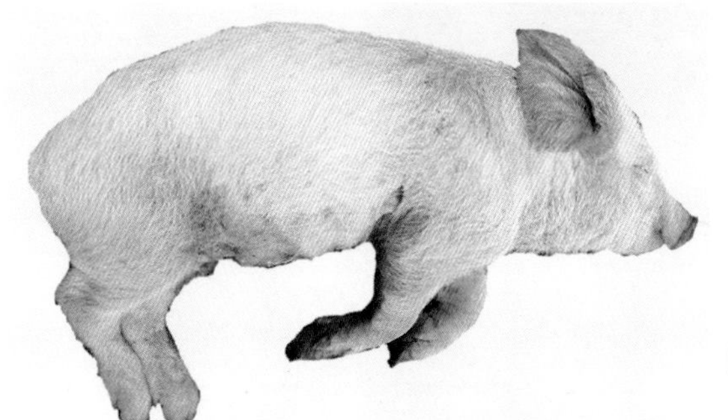

图3-4　败血型皮肤瘀斑

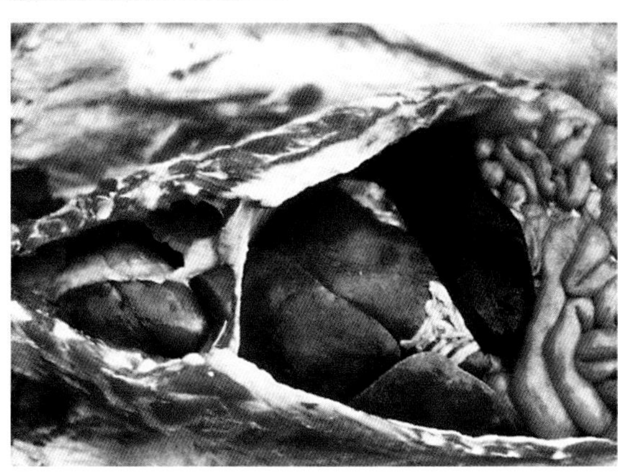

图3-5　实质器官瘀血、出血

大量气体和淡黄色内容物（图3-7），肠壁有点状出血，或整个小肠出血而呈紫红色（图3-8）。结肠炎型病猪便秘和下痢反复交替发生，粪

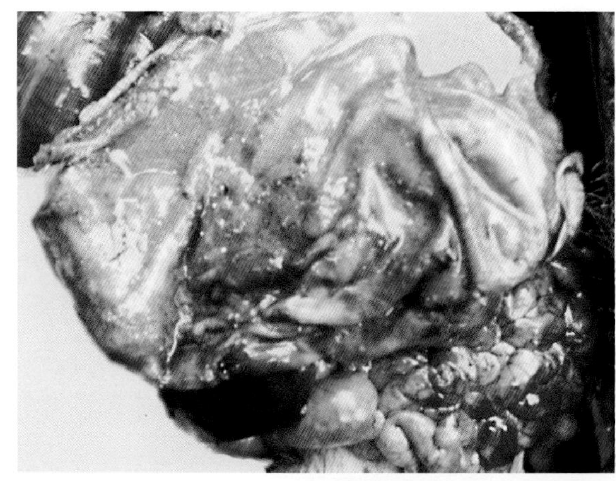

图3-6　胃黏膜瘀血、出血

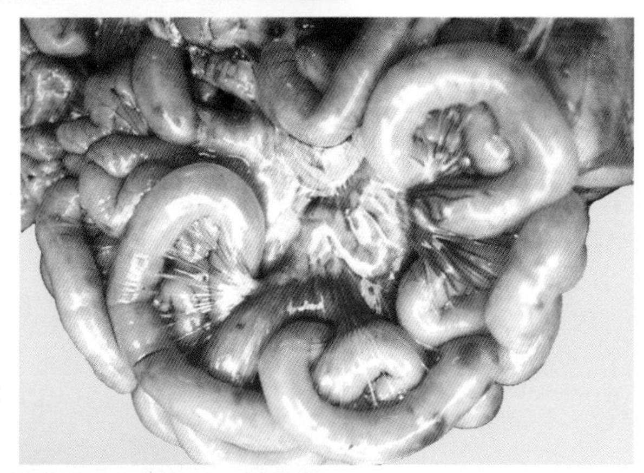

图3-7　卡他性肠炎

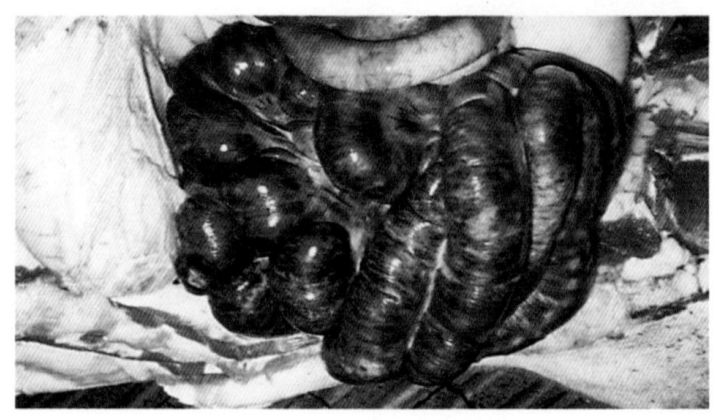

图3-8　出血性肠炎

便呈灰白色、淡黄色或暗绿色，呈粥状（图3-9），伴发恶臭。病猪脱水，极度消瘦（图3-10）。病情严重时病猪可排出大量血便（图3-11）。

图3-9 病猪腹泻

图3-10 病猪明显的消瘦

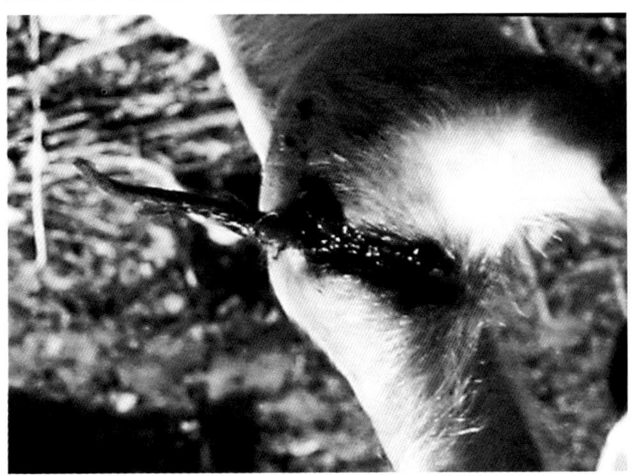

图3-11 病猪排血样粪便

剖检见盲肠和结肠壁的淋巴小结肿胀、坏死，并与渗出的纤维素性渗出物融合形成一层灰黄色或淡绿色麸皮样假膜，坏死组织脱落后形成溃疡（图3-12）。

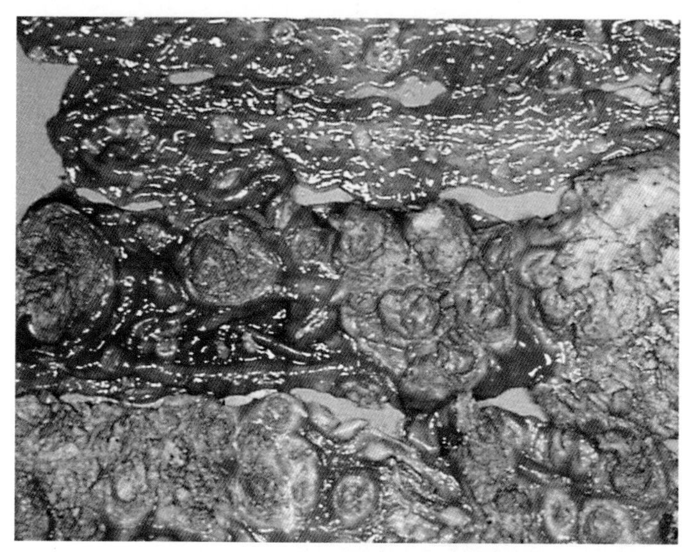

图3-12 纤维素性坏死性肠炎

【诊断要点】根据病理特点，结合临床症状和流行情况可做出初步诊断。实验室检查时可采取病猪的肝脏、脾脏和淋巴结等病料做成涂片，染色后在显微镜下观察病原菌的形态；或从病料中分离培养细菌并进行鉴定。

【防治措施】治疗本病的首选药物是土霉素和新霉素。土霉素，口服，每日每千克体重50～100毫克，分2～3次服；肌内注射，每千克体重40毫克，一次注射。新霉素，口服，每日每千克体重5～15毫克，分2～3次口服。另外，根据情况还可使用磺胺类药物。治疗本病时应注意：要在改善饲养管理的基础上进行隔离治疗，才能收到较好疗效。用药剂量要足，维持时间宜长，以免病菌产生抗药性。

平时加强饲养管理，消除发病诱因，及时给仔猪口服仔猪副伤寒弱毒冻干菌苗，是预防本病的重要措施。口服免疫时，应空腹用苗，使每头猪均能摄入足够的菌苗。本病发生后，将病猪隔离治疗，被污染的猪舍应彻底消毒。对未发病的猪可用药物预防，如在每吨饲料中加入金霉素或磺胺二甲基嘧啶100克，既可起一定的预防作用，又可促进仔猪的生长。

【注意事项】诊断本病时，应与猪瘟、猪痢疾和弯曲菌所引起的坏死性肠炎相区别。猪瘟的皮肤和各脏器的出血明显，回盲口附近有轮层状溃疡，各种药物治疗无效。猪痢疾常持续下痢，粪便常带血和黏液，呈棕红色或黑色，大肠黏膜主要的病变是弥漫性出血和坏死。弯曲菌病可见急性肠出血或下痢，剖检时见回肠出血坏死，而大肠的病变很轻微。

另外，本病与人类公共卫生有密切的关系。为防止本病从病猪和死猪传染给人，对病猪和死猪应严格执行无害化处理，以免发生人类食物中毒。猪场管理人员、饲养员、技术人员、屠宰人员和肉品经营人员应注意个人防护，加强消毒工作，以免感染。

四、仔猪黄痢

仔猪黄痢又称早发性大肠杆菌病，是仔猪出生后几小时到1周龄乳猪的一种急性、致死性肠道传染病，以排黄色稀粪为临床特征，是养猪场常见的传染病，防治不及时可造成严重的经济损失。

【病原特性】本病是由产肠毒素性大肠杆菌所引起的。大肠杆菌为中等大小的杆菌，有鞭毛，无芽孢，革兰氏阴性（图4-1）。目前已知的致病性血清型至少有10余种。这些菌株一般都具有K_{88}（表面抗原或称荚膜抗原）黏着素抗原。来自猪的K_{88}菌株都能产生热敏毒素，有的还能产生耐热毒素。

【典型症状】仔猪生后12小时内即可发病，一般情况是一窝仔猪中突然有1～2头仔猪表现全身衰弱，迅速死亡，以后其他仔猪相继发病。病猪排黄色稀便（图4-2），内含凝乳块（图4-3）；继之，仔猪不吃奶，很快消瘦，脱水（图4-4），眼球下陷，肛门呈红色，最后衰竭而死亡。剖检见病死猪体表常被黄色的稀便污染（图4-5），其胸部皮肤常见瘀血和点状出血（图4-6）。胃极度膨胀（图4-7），胃内充满多量带有酸臭味的白色、黄白色甚至混有暗红色血液的乳凝块

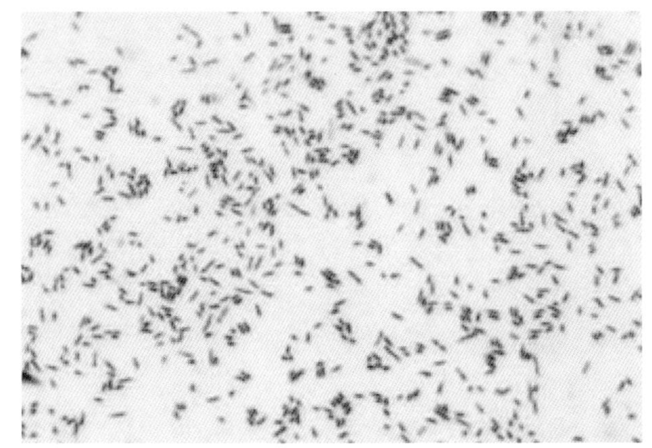

图4-1　革兰氏阴性大肠杆菌

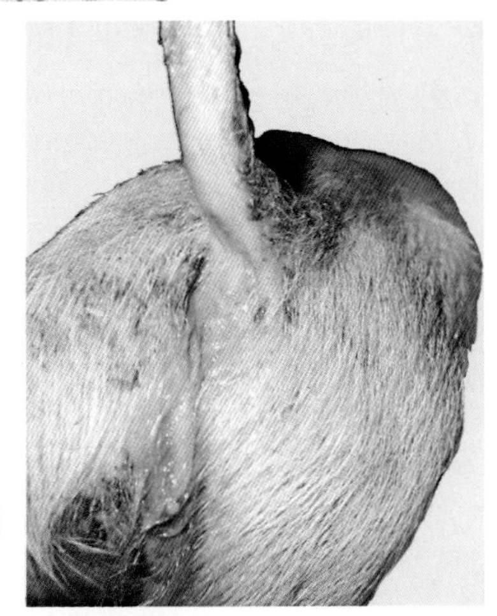

图4-2　病猪排黄色稀便

图4-3　混有凝乳块的稀便

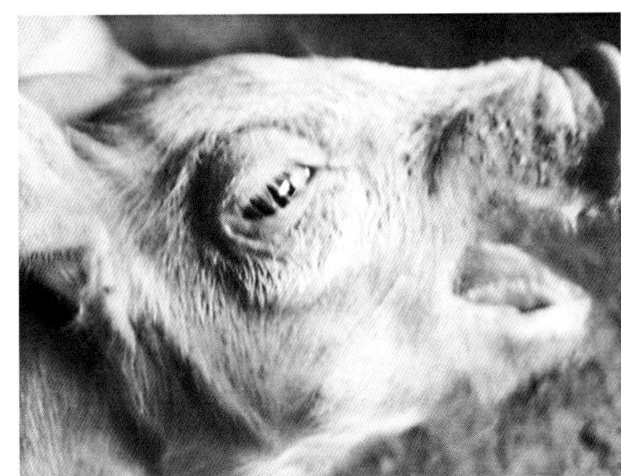
图4-4　病猪呈现脱水症状

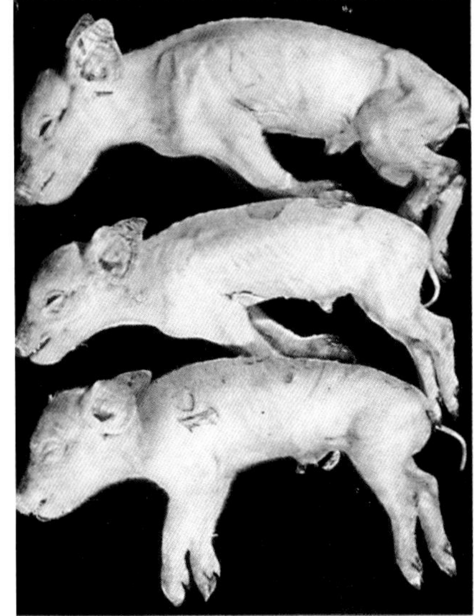
图4-5　病尸脱水，体表有黄色稀便

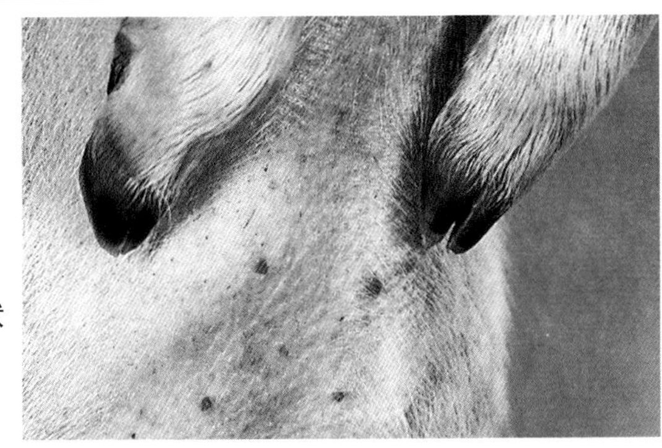
图4-6　胸部皮肤瘀血和点状出血

（图4-8）。肠壁变得菲薄，呈半透明状（图4-9）。大部分病例的肠黏膜呈淡红色（图4-10）、鲜红色或暗红色，湿润，表面覆有大量黄白色黏

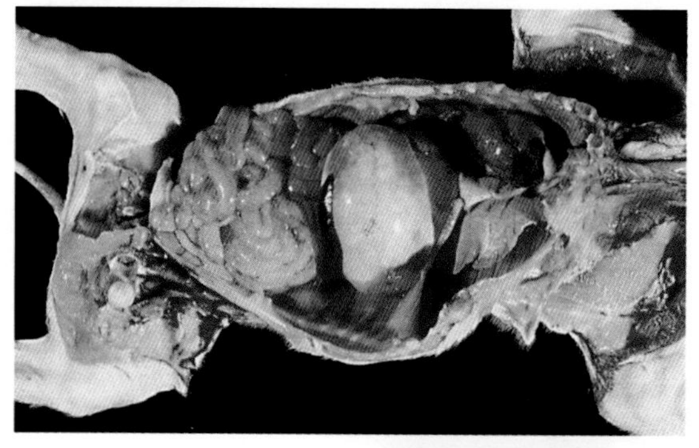

图4-7　胃膨满，呈扩张状

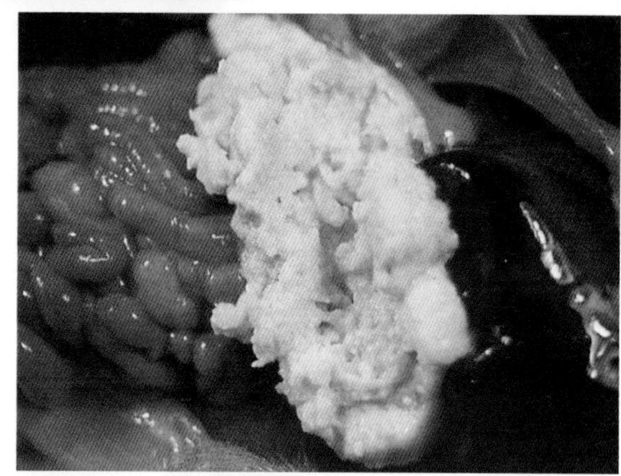

图4-8　胃内含大量黄白色乳凝块

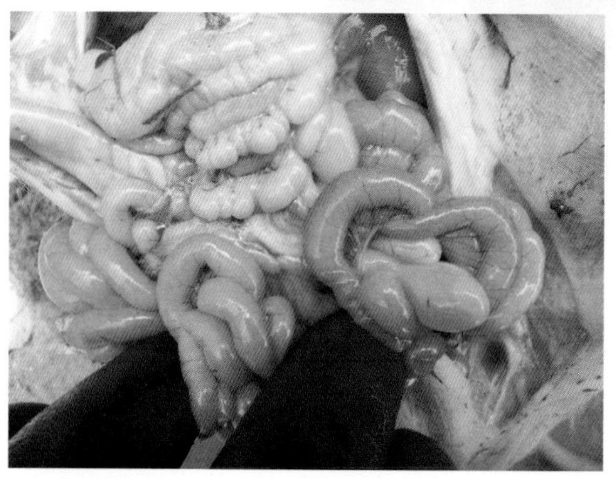

图4-9　肠壁菲薄，呈半透明状

液（图4-11）。病情严重或发生继发感染时，可见肠壁的出血明显，常常发生出血性肠炎病变（图4-12）。

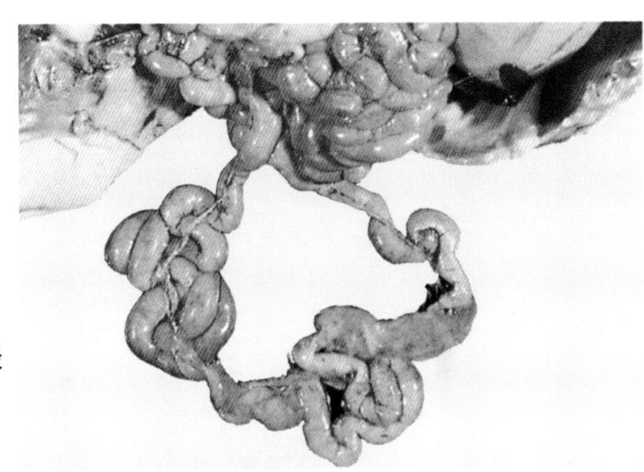

图4-10　肠黏膜呈淡红色

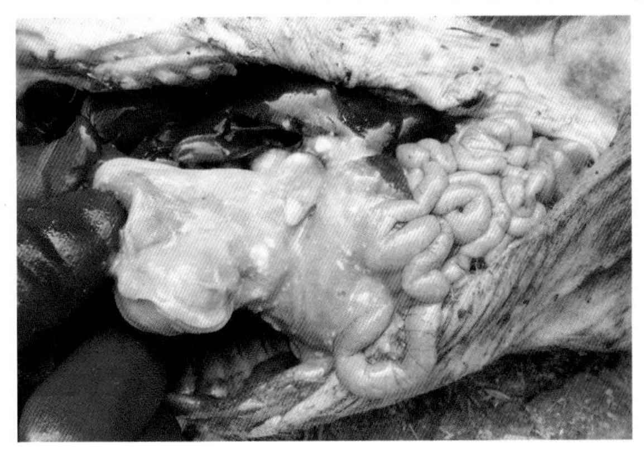

图4-11　卡他性肠炎

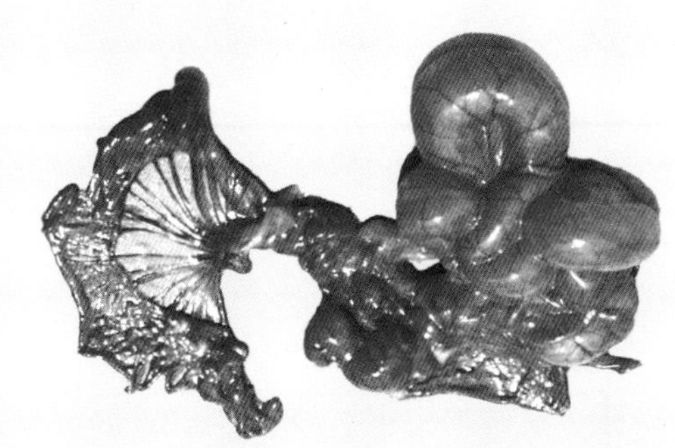

图4-12　出血性肠炎

【诊断要点】根据流行情况、特有的临床症状（即5日龄以内的仔猪大批发病，排出黄色稀便）及特有的病理特点，一般可做出诊断。若从病死猪肠内容物及粪便中分离出致病性大肠杆菌，而且证实大多数菌株具有K_{88}黏着素抗原和能产生肠毒素，则可确诊。

【防治措施】若发现1头出生不久的仔猪发病，则应坚决地将病猪淘汰，同时全窝仔猪立即进行预防性治疗。治疗本病可使用经药敏试验对分离的大肠杆菌血清型有抑制作用的抗生素和磺胺类药物，如土霉素、磺胺甲基嘧啶、磺胺脒等，并辅以对症治疗。据报道，将链霉素溶于水后，经口投入，每次5万～10万微克，每日2次，连续3天以上，可获得较好的疗效。近年来，使用活菌制剂，如促菌生、乳康生和调痢生等治疗仔猪黄痢，也有良好的效果。如用促菌生，按每日每千克体重投服3亿～10亿活菌，连用3～6天，疗效显著。

控制本病重在预防，特别是对妊娠母猪应加强产前产后的饲养和护理。母猪进入产房前，应彻底消毒产房及临产母猪，产房铺垫干净垫草；产前3～5天对母猪的乳房及腹部皮肤用0.1%高锰酸钾擦拭，哺乳前应再重复一次。在有本病存在猪场，在母猪产前2～3天对其应用抗菌药物，连续用至产后数天，可有效地防止仔猪黄痢。注意饲料配合，改善环境卫生，保持产房温度。我国对本病的预防非常重视，现已相继研制出大肠杆菌K_{88}ac-LTB双价基因工程苗，新生猪腹泻大肠杆菌K_{88}、K_{99}双价基因工程苗，仔猪大肠杆菌腹泻K_{88}、K_{99}、987P三价灭活苗，给妊娠母猪免疫后，均可使哺乳仔猪获得很好的被动免疫效果。

【注意事项】本病应与由病毒所引起的猪传染性胃肠炎和猪流行性腹泻等鉴别。后两者都是传播迅速的急性胃肠道病，表现为剧烈腹泻，各种年龄的猪都可以发生，但以仔猪多发且病情严重。病猪呕吐，排出水样便，仅仔猪易死亡，而大猪多能康复。

五、仔猪白痢

仔猪白痢是由细菌所致10～30日龄仔猪的一种急性肠道性传染病。临床上以排乳白色或灰白色、糨糊样稀粪，带有腥臭味为特征；

发病率较高，而病死率较低。

【病原特性】本病的病原体主要是致病性大肠杆菌。现已证明从病猪分离的大肠杆菌中有许多菌株的血清型与引起仔猪黄痢和仔猪水肿的大肠杆菌的血清型基本一致，但这些菌株在实验室感染时其毒力和致病力有很大的差异。

【典型症状】病猪恶寒怕冷，常聚集在一起取暖（图5-1），典型的症状为下痢，粪便呈乳白色或灰白色（图5-2），常呈浆状或混有黏液而呈糊状，其中含有气泡，有特殊的腥臭味。病猪的尾、肛门及其附近常沾有粪便，污秽不洁。剖检见胃膨满，浆膜血管瘀血、怒张，呈

图5-1　病猪恶寒怕冷

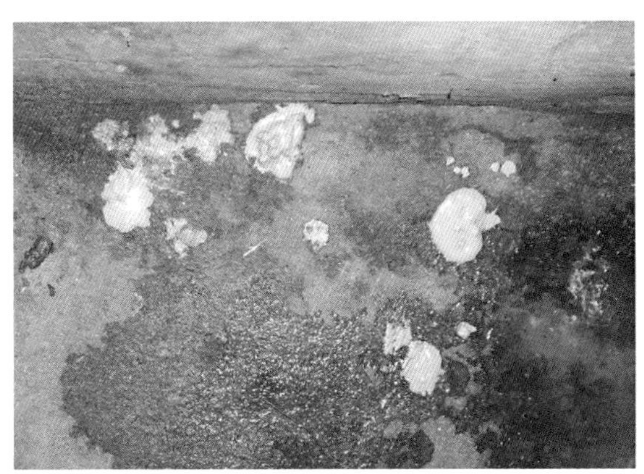

图5-2　病猪排出的灰白色稀便

树枝状（图5-3）；胃内有大量灰白色凝乳块（图5-4）。小肠黏膜潮红，有点状出血，黏膜面被覆较多的黏液（图5-5）。肠腔内有黄白色至灰

图5-3　胃膨大，血管怒张

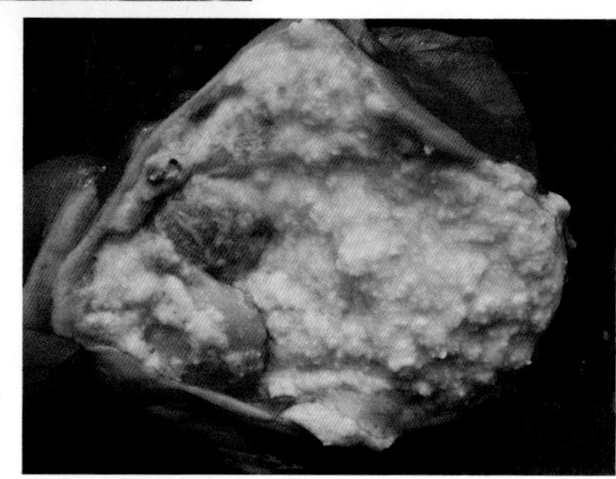

图5-4　胃内充满凝乳块

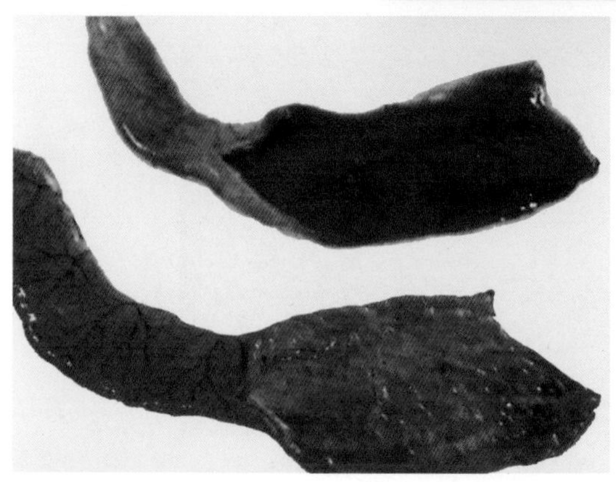

图5-5　卡他性出血性肠炎

白色带黏性的稀薄内容物，混有气泡，发出恶臭气味（图5-6）。肠系膜淋巴结常呈串珠状肿大，发生卡他性出血性淋巴结炎（图5-7）。

图5-6　含大量灰白色内容物的小肠

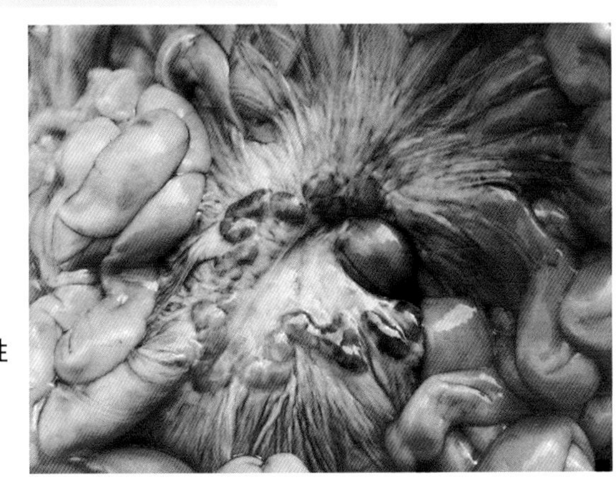

图5-7　卡他性出血性淋巴结炎

【诊断要点】诊断本病时可根据临床上主要发生于10 ~ 20日龄的仔猪；病猪以胃肠道变化为主症，普遍排出灰白色稀粪，死亡率低等特点；结合病理剖检以消化吸收障碍明显、胃肠炎性反应及其他器官病变轻微的特征，即可做出诊断。

【防治措施】仔猪白痢的治疗方法很多，许多药物都有一定的治疗效果，可因时因地选用抗生素、磺胺类药物等，也可用促菌生进行治疗和预防。如内服脒铋酶合剂（磺胺脒、次硝酸铋、含糖胃蛋白酶等量混合物），出生7天的仔猪每次0.3克；14天的每次0.5克；21天的每次0.7克；30天的每次1克。重病者1日3次，轻病1日2次。一般服药1～2天后即可收到明显的效果，甚至治愈。此外，一些中药方剂也有较好的疗效，如白龙散等。但应该注意，无论采用何种药物和何种方法治疗，只有与改善饲养管理和消除致病因素相结合，才能收到良好效果。

改善饲养管理，提高母猪健康水平是预防本病的重要措施。预防接种，应用K_{88}ac-LTB双价基因工程苗，于妊娠母猪预产期前55～25天进行免疫；给母猪口服300亿活菌或注射50亿活菌，所产仔猪通过吮吸初乳可获得免疫力。也可于仔猪出生后立即内服乳康生或促菌生来预防本病。

【注意事项】诊断本病时应与猪传染性胃肠炎、猪流行性腹泻、猪痢疾、仔猪红痢等疾病相鉴别。猪传染性胃肠炎和猪流行性腹泻的病原体是病毒，二者均为传播迅速的急性胃肠道病，表现为剧烈腹泻，各种年龄的猪都可以发生，但以仔猪多发且病情严重。病猪呕吐，排出污秽不洁的水样便，仅仔猪易死亡，成猪多能康复。猪痢疾是由蛇形螺旋体引起，虽然各种年龄的猪均可感染，但主要感染3月龄的仔猪，其腹泻主要表现为拉血便，在稀便中常混有血凝块、黏液和坏死组织片的混合物。仔猪红痢是由C型产气荚膜梭菌引起的，腹泻的特点是粪便呈红褐色、水样，继而带有灰白色坏死组织碎片。

六、猪水肿病

猪水肿病是断奶仔猪的一种过敏性疾病，由某些溶血性大肠杆菌产生的内毒素所引起。其临床特征是突然发病，头部水肿，运动失调、惊厥和麻痹，发病率低，死亡率高；剖检见病猪头部皮下水肿，胃壁和肠系膜显著水肿。

【病原特性】本病的病原体主要为溶血性大肠杆菌，虽然各地分离到的常见血清型并不完全相同，但主要是O_{138}、O_{139}、和O_{141}。

【典型症状】病猪的眼睑、眼结膜（图6-1）、齿龈、头部（图6-2）、颈部甚至前肢水肿；严重时水肿可累及全身（图6-3），指压水肿部位有压痕。病猪先便秘，继之轻度腹泻，或因内脏水肿而经常趴

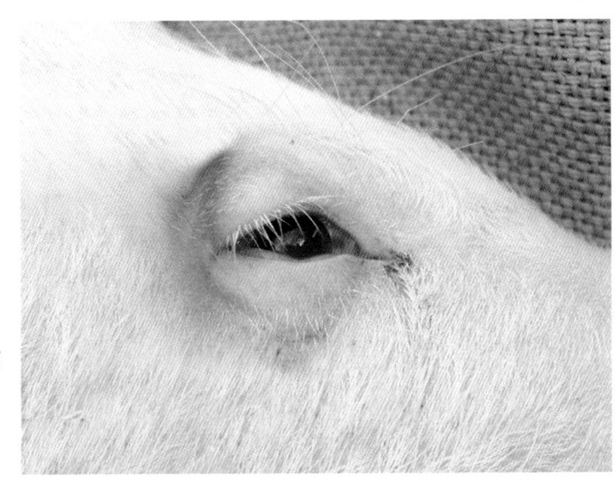

图6-1　病猪眼睑及眼结膜红肿

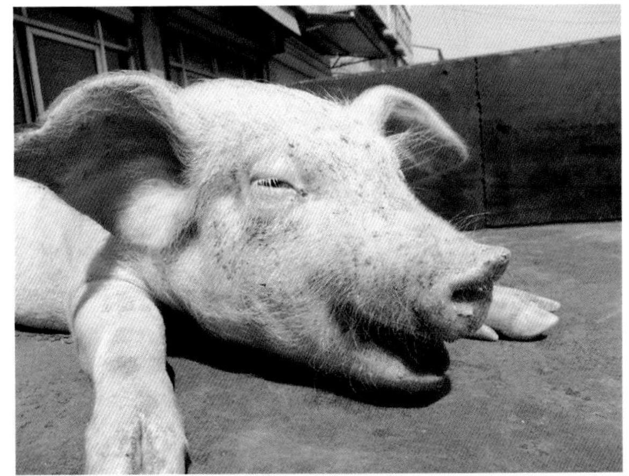

图6-2　病猪头部浮肿

图6-3　病猪全身性水肿

卧（图6-4），起立困难。神经症状也很明显，病猪的肌肉震颤，不时抽搐，触之敏感，发出呻吟或嘶哑的鸣叫；站立时背腰拱起，发抖，当后躯麻痹时，病猪不能站立而呈现出犬坐姿势（图6-5）。有的病猪还出现兴奋不安，转圈，痉挛或运动失调等症状。

剖检胃壁增厚，有胶冻样感（图6-6），切开时有大量淡黄色的浆

图6-4　病猪因内脏水肿而趴卧

图6-5　病猪呈现犬坐姿势

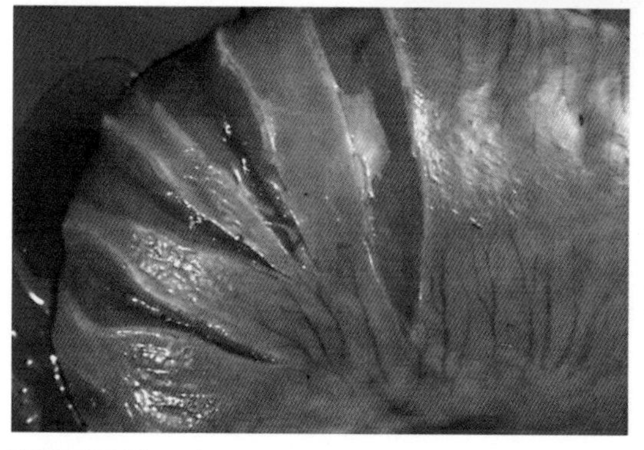

图6-6　胃壁水肿增厚，有胶冻样感

液流出（图6-7），胃内常有大量较干的内容物（图6-8）；严重时水肿可波及贲门和幽门；肠系膜间有大量水肿液而使肠系膜呈灰白色胶冻样（图6-9）；大肠，尤其是结肠盘曲部的肠系膜高度水肿，呈白色透

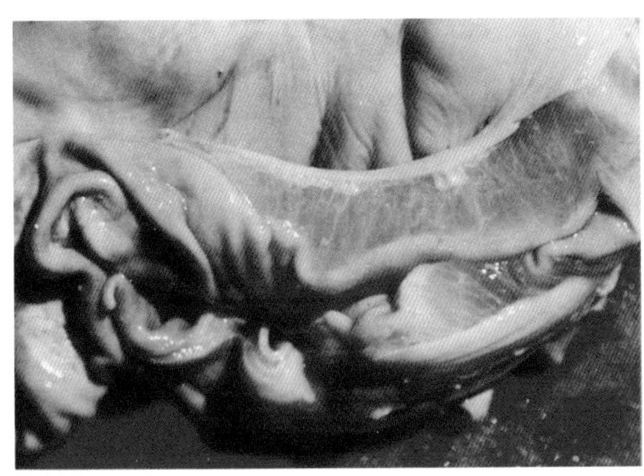
图6-7　胃壁呈现胶样浸润

图6-8　胃内有大量干燥的内容物

图6-9　肠系膜胶样浸润

明胶冻样（图6-10），腹腔常有大量淡红色腹水（图6-11）。头部常水肿（图6-12），切开时皮下有大量透明或微带黄色液体流出（图6-13）。心脏冠状沟中的脂肪组织消失，发生胶样萎缩（图6-14）。

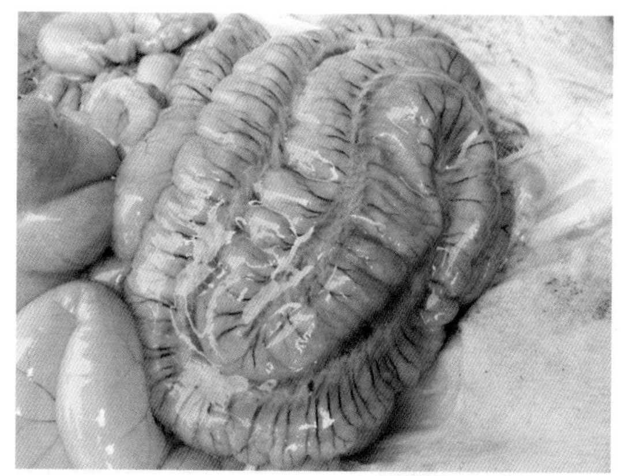
图6-10　肠袢间胶样浸润

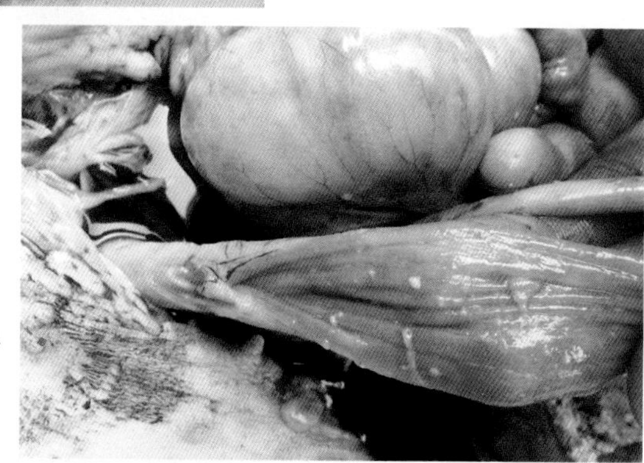
图6-11　腹腔有大量淡红色腹水

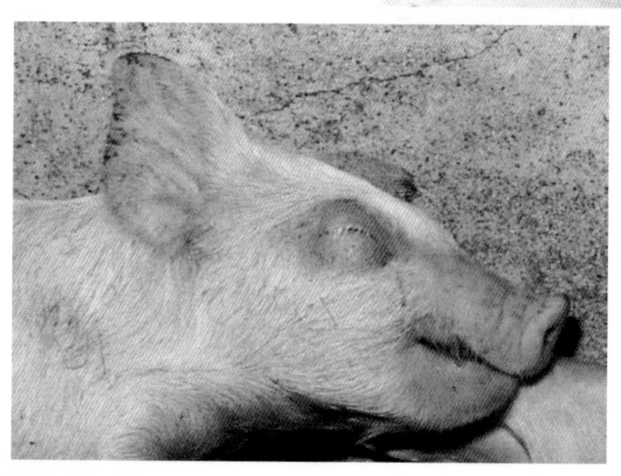
图6-12　病猪头颈部水肿

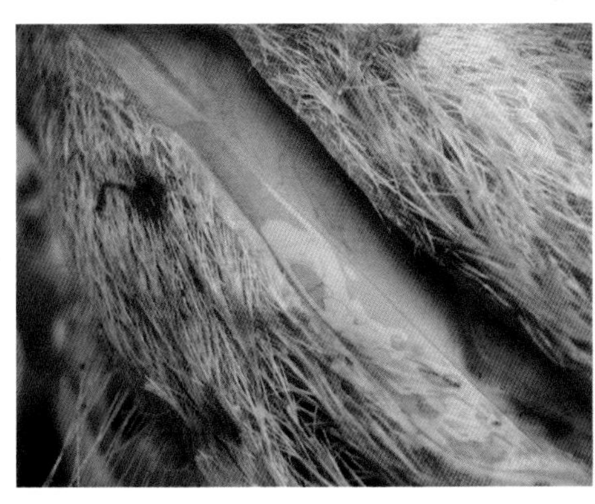

图6-13　头部皮下水肿

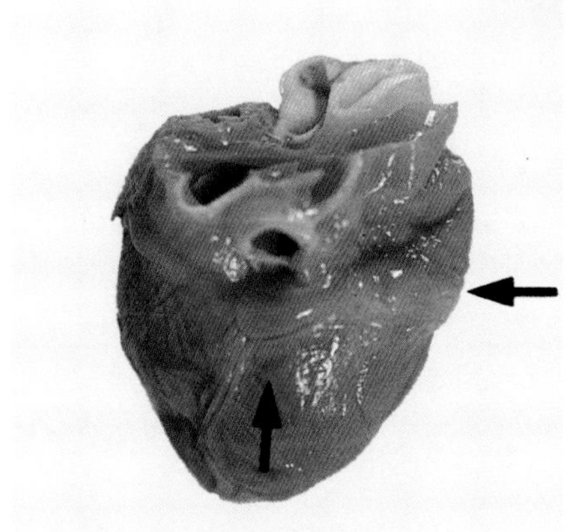

图6-14　冠状沟胶样萎缩（箭头）

【诊断要点】根据临床的特殊症状，即断奶的健壮仔猪突然发病，颜面肿胀，常伴发神经症状，发病率低，死亡率高等；结合特征性的病理变化，即胃壁、结肠盘曲部的肠系膜、眼睑和面部以及下颌淋巴结的水肿等，即可做出诊断。如果能分离到大量溶血性大肠杆菌，并证实该菌株能产生水肿因子等，则可确诊。

【防治措施】本病的治疗比较困难，通常一旦病猪出现症状，常常以死亡告终。因此当发现第一个病例后，立即对同窝仔猪进行预防性治疗，多采用一些综合性疗法，方能收到较好的效果。临床实践证明，应用下方可收到较为满意的疗效。处方：50%葡萄糖40 ~ 50毫升、维生素C 1克、樟脑磺酸钠0.1 ~ 0.2克、20%磺胺嘧啶钠15 ~ 20毫升，静脉注射。开始治疗时，每隔2 ~ 3小时一次，连续应用3 ~ 4次，以后每8 ~ 12小时一次。如此治疗，病猪一般经治疗2天后就能采食，此时可停止治疗，令其逐渐恢复。注意，在治疗过程中，应限制恢复期的病猪饮水，更不能一次多量饮用冷水，否则会出现病情恶化。另外，治疗本病也可参见仔猪白痢的治疗。

本病应防重于治，特别应加强对仔猪断奶前后的饲养管理。断奶时要有一定的缓冲时间；提早给将断奶的仔猪补充精料，防止饲料的单一化，注意补充富有无机盐和维生素的饲料。断奶后不要突然改变饲养条件，使断奶的仔猪有一个平稳的过渡期。对发现病猪的猪群应立即变换饲料，喂以麸皮粥，或喂给适量的盐类泻剂，如芒硝、硫酸镁等，帮助仔猪进行胃肠调理。按每千克体重用土霉素盐酸40毫克或诺氟沙星10毫克混于饲料中喂给或灌服，每天一次，连续5天，可取得较好效果。

【注意事项】诊断本病需与仔猪断奶后肠炎、桑葚心病、食盐中毒、沙门氏菌性脑膜炎和其他表现为神经症状的传染性脑炎相区别。上述疾病虽然具有一些神经症状，易与猪水肿病相混淆，但它们都缺乏水肿病特有的眼睑水肿，胃、结肠肠系膜的水肿。因此，借助这些水肿病的特殊症状和病理特点，易与上述疾病相鉴别。

七、结核病

结核病是由结核分支杆菌引起人、畜和禽共患的一种以慢性经过为主的传染病。其病理特点是在某些器官形成结核结节，继而结节的中心发生干酪样坏死（如豆腐渣样）或钙化。

【病原特性】结核分支杆菌细长，呈直的或微弯曲的杆状，两端钝圆，多为棒状，间有分支状，单在或成丛排列，革兰氏和抗酸性染色呈阳性（图7-1），不产生芽孢和荚膜，也不能运动。本菌可分为3个主型，即人型、牛型和禽型，对猪都有感染性，但以牛型的感染力最强。

【典型症状】结核病病猪主要表现消化道结核，很少出现症状，只有当肠道病变严重时才会出现下痢。猪感染牛型结核时则呈进行性消瘦，严重时可引起死亡。

剖检，结核病变常发的部位为咽（图7-2）、下颌淋巴结（图7-3）、

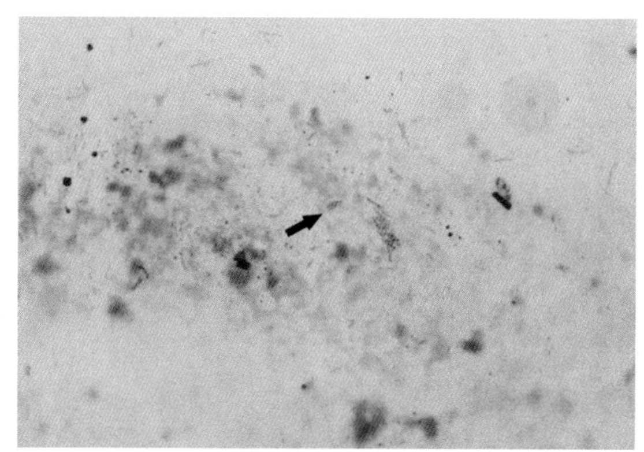

图7-1　抗酸阳性的结核分支杆菌

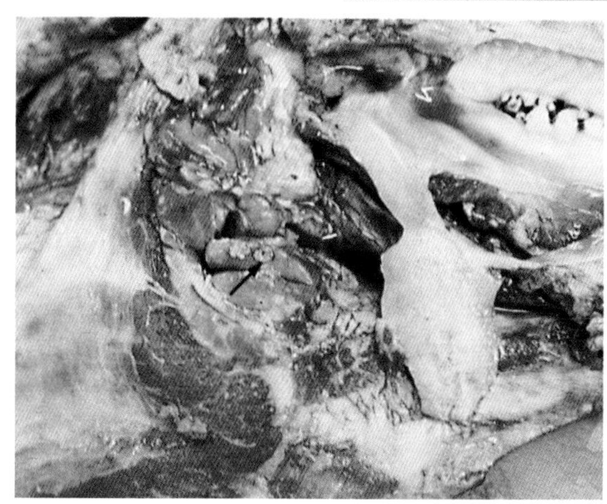

图7-2　咽淋巴结结核（箭头）

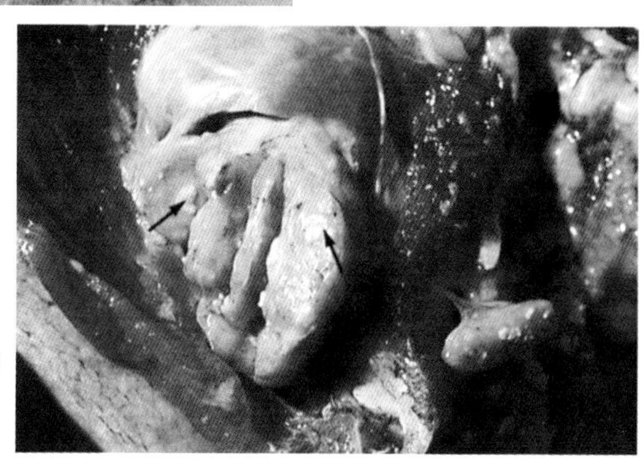

图7-3　下颌淋巴结结核（箭头）

肠系膜淋巴结（图7-4）和支气管淋巴结（图7-5）。结核病变有的呈结节性，即表现为粟粒大至高粱米粒大，切面呈灰黄色干酪样坏死或钙化的病灶；有的呈弥漫性增生，即器官急性肿胀而坚实，切面呈灰白色而无明显的干酪样坏死变化（图7-6）。脾脏的结核病灶多时，体

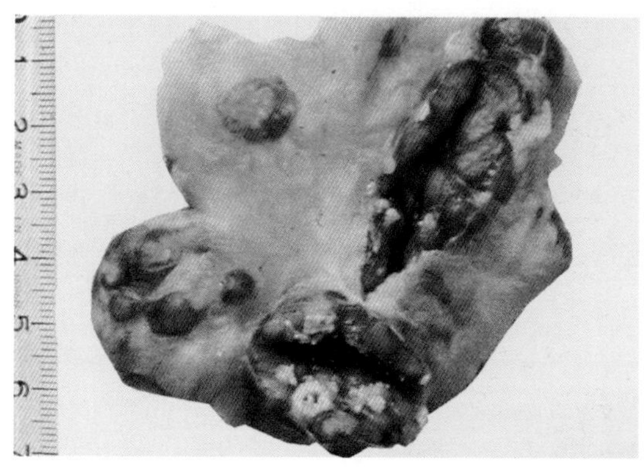

图7-4　肠系膜淋巴结结核

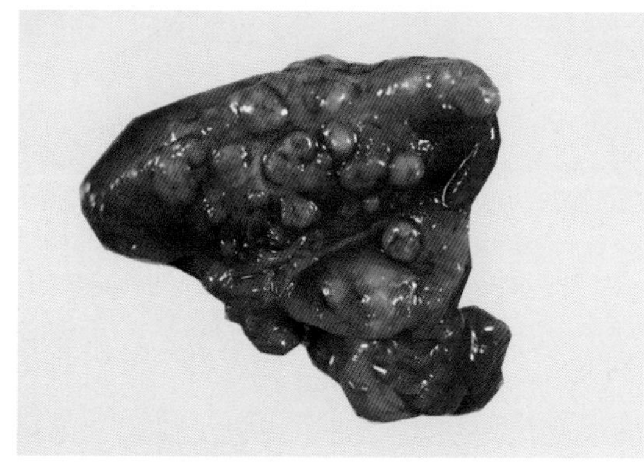

图7-5　支气管淋巴结结核

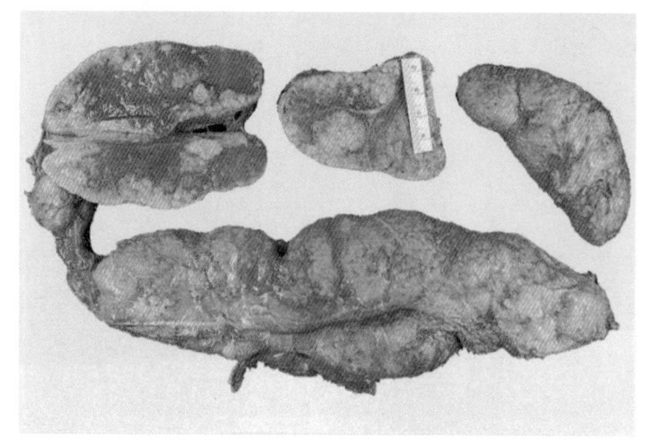

图7-6　弥漫增生性淋巴结结核

积较小，从米粒大至榛子大（图7-7），病灶少时则体积大，切面呈现干酪样坏死（图7-8）。肝脏常见数量较多、大小不等的结核结节（图7-9）。

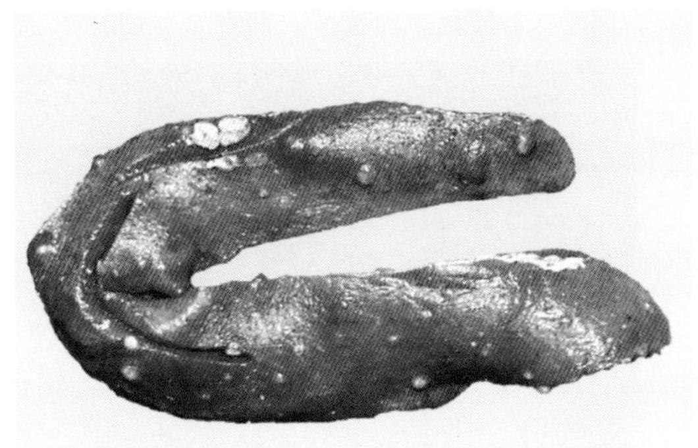

图7-7　脾脏的结核结节

图7-8　结核结节呈干酪样坏死

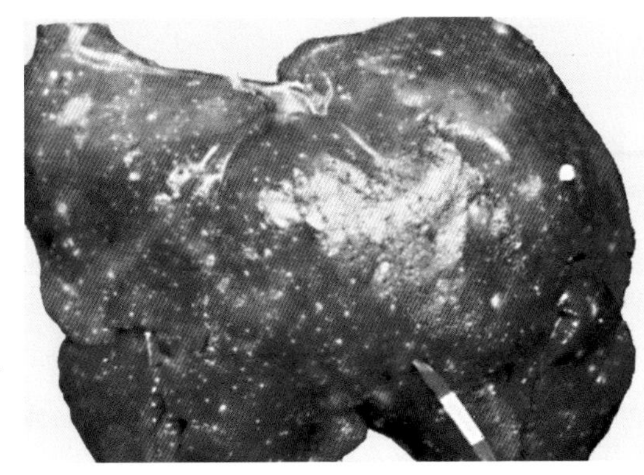

图7-9　肝脏的结核结节

【诊断要点】病猪生前无特异性症状，难以诊断；必须依据死后剖检变化才能确诊。生前诊断，可用牛型结核菌素和禽型结核菌素各0.1毫升分别同时注射于两侧耳根皮内，经48 ~ 72小时，观察注射部位的反应，任何一侧局部发红肿胀，皮肤明显增厚（图7-10），均可判为阳性。

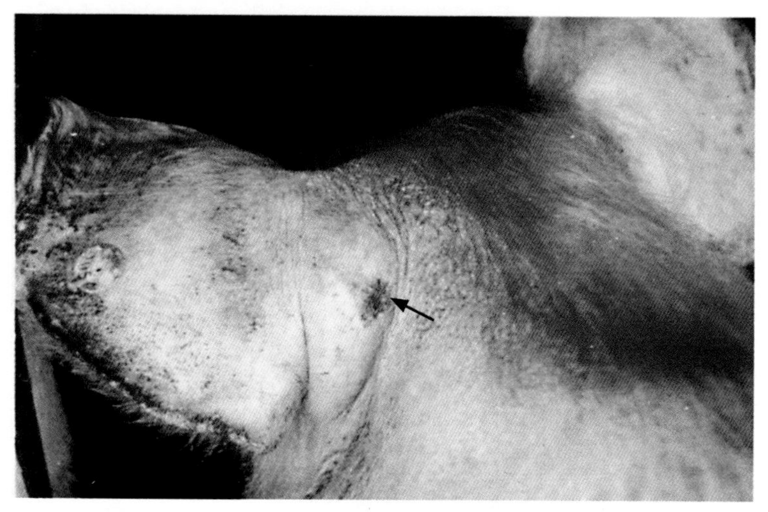

图7-10　结核菌素阳性反应（箭头）

【防治措施】结核分支杆菌对磺胺类药物、青霉素及其他广谱抗生素均不敏感，而对链霉素、异烟肼、对氨基水杨酸和环丝氨酸等较敏感。对猪结核病一般不予治疗，但对一些具有经济意义的种猪，可试用药物进行治疗。

预防猪结核病，一般采用综合性预防措施，加强检疫，隔离病猪，防止疾病传播，净化污染猪群和培养健康猪群等。严禁结核病人饲养和接触猪。牛、猪和鸡应分开饲养。如果猪群内常发现结核病猪，应查明原因，采取相应措施；对发现可疑病例的猪群，可采用结核菌素试验进行检疫，并彻底淘汰阳性猪。加强消毒工作，应定期进行预防性消毒，常用的消毒药为5%来苏儿、10%漂白粉、3%福尔马林和3%苛性钠溶液。

【注意事项】在猪死后剖检或宰后检验时，应注意将各器官、组织中的结核病变与放线菌结节、寄生虫结节和真菌性肉芽肿相区别。放线菌结节中有灰黄有脓汁，无干酪样坏死，脓汁内常混杂着黄色硫黄样颗粒或砂粒状放线菌块。寄生虫结节不伴发淋巴结变化，而且钙化的结节易从包膜刮下。真菌性肉芽肿一般不发生干酪样坏死，也很少钙化，镜检可发现孢子或菌丝。

八、猪传染性萎缩性鼻炎

猪传染性萎缩性鼻炎是一种细菌性慢性呼吸道传染病，以鼻甲骨（特别是下卷曲）萎缩，额面部变形，慢性鼻炎为特征。临床上病猪的主要表现为打喷嚏、鼻塞、颜面变形或歪斜。随着养猪生产的工业化和集约化程度的提高，本病的发病率有增加趋势，严重影响仔猪的生长发育，导致饲料报酬降低，造成巨大的经济损失。世界卫生组织（OIE）于2002年将之列为B类动物疫病。

【病原特性】本病的病原体主要是Ⅰ相支气管败血波氏杆菌，其次为D型巴氏杆菌。支气管败血波氏杆菌为球杆菌，呈两极染色，革兰氏染色阴性，不产生芽孢，有的有荚膜，有周鞭毛，能运动，多散在或成对排列，偶呈短链。

【典型症状】病猪首先出现喷嚏和鼾声，呼吸困难，并常从鼻孔流出大量浆液性或黏脓性分泌物（图8-1），有时含有血丝。眼角常有黏

图8-1　呼吸困难，流大量鼻液

液性分泌物，并形成泪斑（图8-2）。随着病情加重，鼻甲骨开始萎缩。若两侧鼻腔的病理损害大致相等，则鼻腔变得短小，鼻端向上翘起，下颌伸长，不能正常咬合，俗称“短鼻子”（图8-3）；若一侧鼻腔病损严重时，则鼻端歪向病损严重的一侧，故又有“歪鼻子”（图8-4）之

图8-2　两眼角泪斑形成

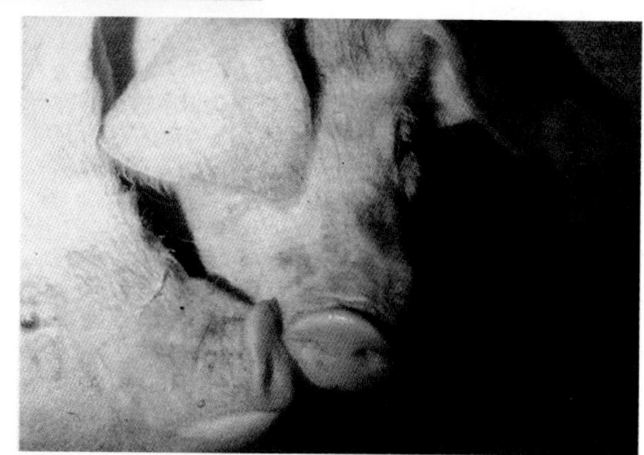

图8-3　短鼻子

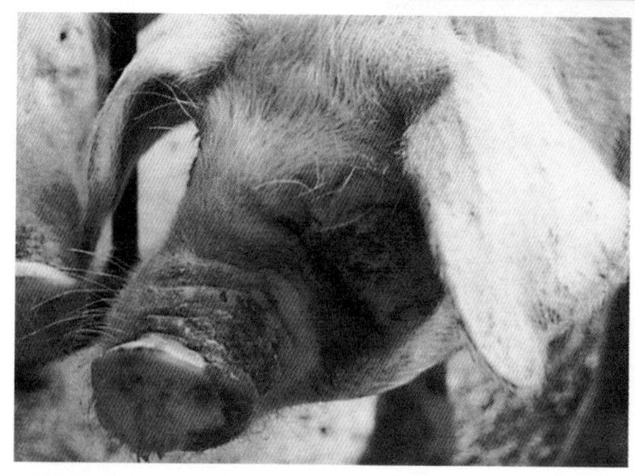

图8-4　歪鼻子

称；当额窦受害而不能以正常比例发育时，则两眼间的宽度变狭，头形似小猪的头形，称此为“小头症”（图8-5）。剖检见鼻甲骨不全萎缩（图8-6）或完全萎缩（图8-7），肺脏多为支气管肺炎变化（图8-8）。

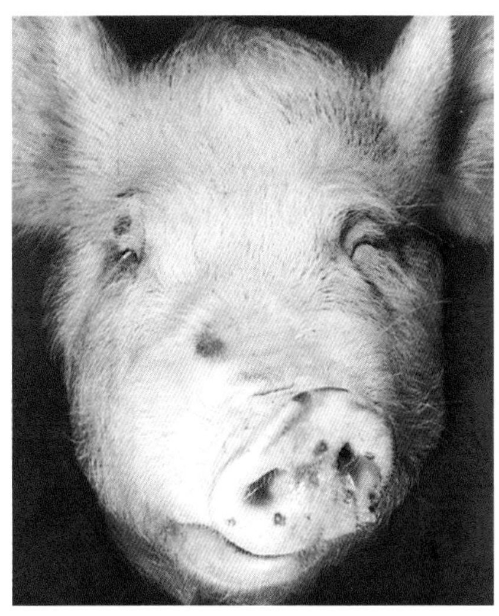

图8- 5小头症

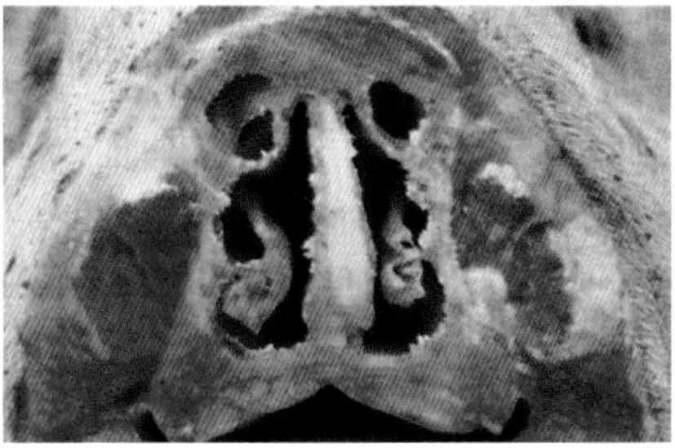

图8-6 左右侧鼻甲骨萎缩

图8-7 右鼻甲骨完全萎缩

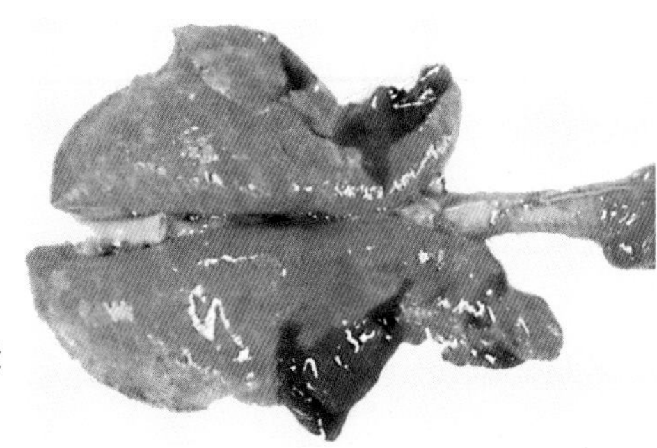

图8-8 融合性支气管肺炎

【诊断要点】通常根据本病特定的临床症状和病理特点均可做出正确诊断，但在疾病的早期，其症状和病变均不典型时，则需从病猪鼻腔的1/2深处用灭菌的棉棒采集病料进行细菌分离培养和鉴定。也可采取感染猪的血清做凝集试验。

【治疗方法】支气管败血波氏杆菌对抗生素和磺胺类药物敏感，治疗时可选用磺胺二甲嘧啶、磺胺嘧啶钠、金霉素、青霉素等混饲。具体使用方法如下：磺胺二甲嘧啶100～450克，加入1吨饲料中拌匀，连喂4～5周；磺胺嘧啶钠按每升水加入0.06～0.1克，溶解后供猪自由饮用，连用4～5周；为了防止产生耐药性，可用磺胺二甲嘧啶、金霉素各100克，青霉素50克，混入1吨饲料中，连续饲喂3～4周。也可选用四环素或硫酸卡那霉素等注射、滴鼻或鼻腔喷雾。在疫区，为了减少本病的发生，可于仔猪出生后的第3、6、12天各注射四环素1次；可用25%硫酸卡那霉素、0.1%高锰酸钾溶液鼻腔喷雾预防。

本病以常规预防为主，应做好以下两点：一是加强饲养管理，猪场应制订严格的科学管理制度。二是积极预防接种，按要求及时给仔猪注射支气管败血波氏杆菌（Ⅰ相菌）灭活油剂苗或支气管败血波氏杆菌－多杀性巴氏杆菌灭活油剂二联苗。对仔猪免疫时应根据具体的情况而定。对于有母源抗体的仔猪，可在4周龄和8周龄各免疫一次；对无母源抗体的仔猪可在1周龄、4周龄和8周龄分别免疫一次。对受威胁的猪群，可考虑用猪传染性萎缩性鼻炎灭活菌苗对母猪进行免疫。为了保证妊娠母猪有较高水平的母源抗体，使所生仔猪能获得良好的被动免疫，可于母猪分娩前60天及30天，分别注射菌苗各一次。

【注意事项】诊断本病时应注意与下列疾病相鉴别。传染性坏死性鼻炎：主要表现为鼻腔组织的坏死，流出腐败恶臭的分泌物，而无鼻甲骨萎缩；骨软症：颜面骨疏松，鼻部肿大变形，呼吸困难，但患骨软症的病猪不打喷嚏，无泪斑，鼻甲骨不萎缩；猪传染性鼻炎：呈现出血性化脓性鼻炎症状，鼻甲骨无损；猪细胞巨化病毒感染症：主要侵害乳猪，表现为打喷嚏，吸气困难，流出少量浆液性鼻汁或卡他性化脓性鼻漏，但不引起鼻甲骨萎缩。

九、猪炭疽

猪炭疽是由炭疽杆菌所致的一种细菌性疾病。猪对炭疽杆菌具有较强的抵抗力，感染后多为局灶性炎症，即以形成炭疽痈为特点；有时呈阴性感染，在临床上不显任何症状，只有在屠宰检疫过程中才被发现。猪炭疽最常见的是咽喉炭疽，其次是肠炭疽和败血型炭疽。

【病原特性】炭疽杆菌是一种游离端钝圆、呈竹节状、长而粗的需氧大杆菌，无鞭毛，不能运动，革兰氏染色阳性（图9-1）。病菌在病猪体内常呈单个散在或由2～3个菌体形成短链。在菌体的周围具有肥厚的黏液样荚膜，后者对组织腐败具有较大的抵抗力，故用已腐败的病料做涂片检查时，常常见到无菌体的荚膜阴影，称此为“菌影”。

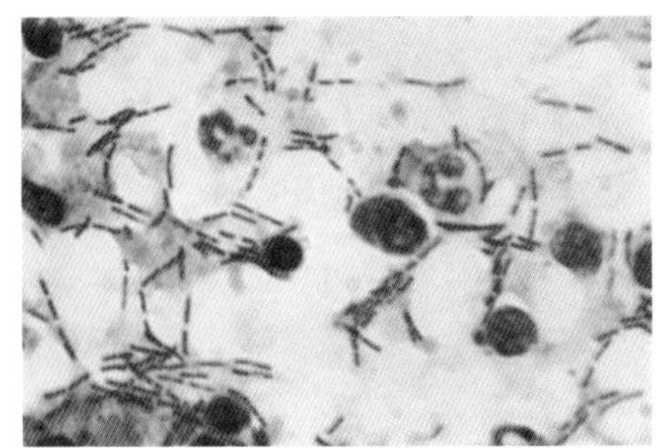

图9-1　革兰氏阳性的炭疽杆菌

【典型症状】咽喉炭疽表现为咽喉部显著肿胀，渐次蔓延到头、颈，甚至下胸与前肢内侧。剖检，咽喉淋巴结出血肿大，周围组织肿胀呈出血性胶样浸润，切开时有大量出血性渗出液流出（图9-2），或淋巴结出血坏死，呈紫红色，周围组织呈出血性浸润（图9-3）。肠炭疽的临床表现为体温升高，不食，呕吐，便秘和血痢交替发生，最后

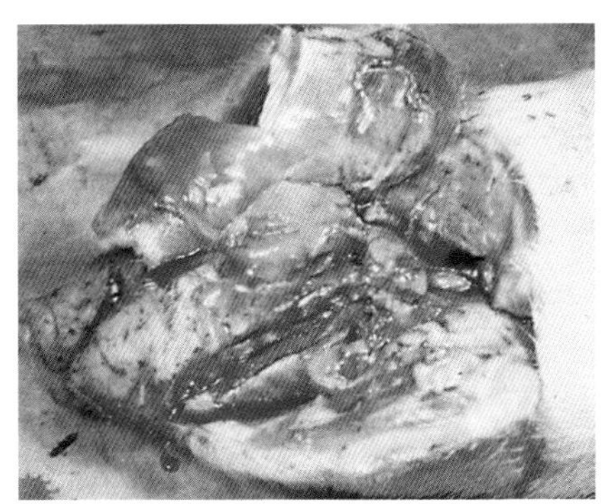

图9-2　咽喉部出血性胶样浸润

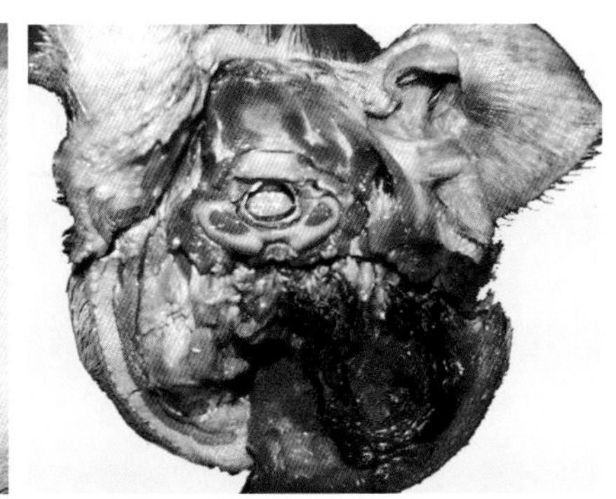

图9-3　咽喉炭疽

病情恶化而死亡。剖检，小肠以肿大、出血和坏死的淋巴小结为中心，形成局灶性出血性坏死性肠炎变化（图9-4）。淋巴结肿大，质地硬脆，切面呈暗红色、樱桃红色或砖红色（图9-5）。切开肠管，肿大、坏死的淋巴小结黏膜呈暗红色，其表面覆有纤维素性坏死性红褐色假膜

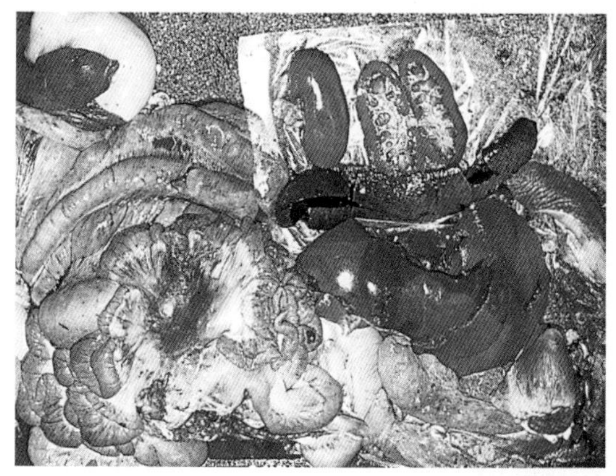
图9-4　出血性坏死性肠炎

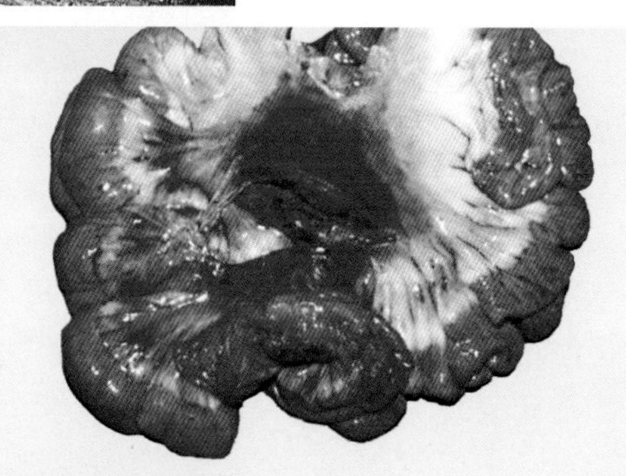
图9-5　出血性坏死性淋巴结炎

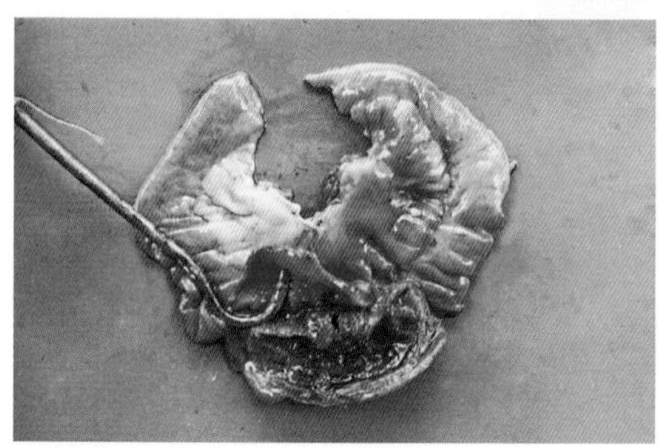
图9-6　肠炭疽假膜形成

（图9-6），邻接的肠黏膜呈出血性胶样浸润；若病变发展时则形成痈型炭疽（图9-7）。败血型炭疽主要表现为实质脏器和胃肠的出血（图9-8），以及败血脾的形成（图9-9）。有时，脾脏虽然不明显肿大，但在脾脏组织中可检出红褐色炭疽痈（图9-10）。

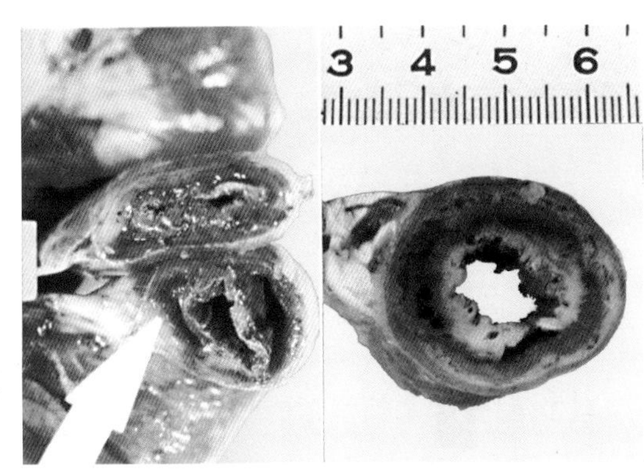

图9-7　肠炭疽痈形成

图9-8　败血型炭疽

图9-9　炭疽性败血脾

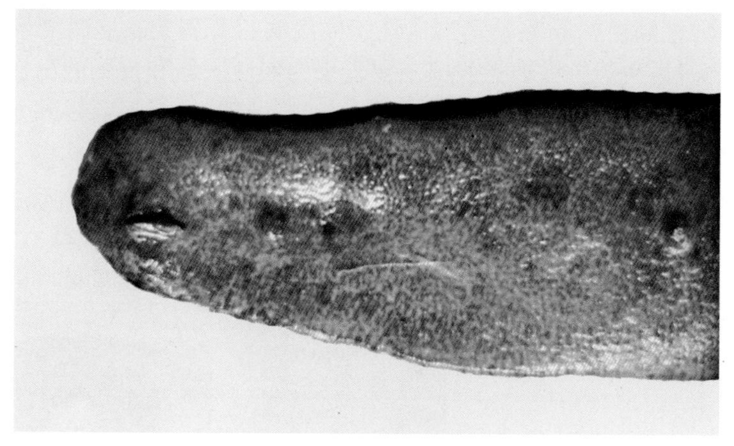

图9-10　脾炭疽痈

【诊断要点】猪炭疽的临床症状仅有一定的参考意义，而通过病理剖检特点常能做出正确的诊断。为了及时确诊，于病猪生前从耳尖采血涂片染色镜检，若发现具有荚膜、单个、成双或数个菌体成短链的粗大的竹节状杆菌即可确诊。

【防治措施】抗炭疽血清对本病有特效，如大猪50 ~ 100毫升，小猪30 ~ 80毫升，静脉注射或皮下注射，必要时12小时后再次注射一次，可收到较好的疗效。另外，本菌对青霉素也较敏感，如早诊断，及时使用，也可获较好的疗效。如用青霉素40万~ 100万国际单位静脉注射，每天3 ~ 4次，连续5天，可以收到一定效果。如遇到耐药菌株而疗效不佳时，应选用其他敏感的广谱抗菌药，如环丙沙星、先锋霉素、四环素、强力霉素（多西环素）、卡那霉素等治疗。磺胺类药物有时也有奇效。

炭疽是一种烈性传染病，不仅危害家畜，也威胁人类健康。因此，必须时刻警提，积极预防。平时应加强对猪炭疽的屠宰检疫力度；每年最好用无毒炭疽芽孢苗对猪进行免疫，接种14天后即可产生免疫力，通常的免疫期为1年。发生本病后，应尽快上报疫情，划定疫点，封锁疫区，并采取隔离治疗、紧急接种和严格消毒等有力措施，尽快扑灭疫情。

【注意事项】诊断本病时，应与急性猪巴氏杆菌病和肠型猪瘟相区别。急性猪巴氏杆菌病的咽喉部肿胀是发生于周围的软组织而不是淋巴结，肺脏病变明显；肠型猪瘟在回盲瓣形成轮层状溃疡而不像炭疽那样以肠系膜淋巴结为中心的局灶性出血性炎症，且受损淋巴结干燥、脆硬和坏死，切面无大理石样外观。

另外，对接触过病猪的人员，应加强个人防护和进行医学观察，一般以12天为宜。

十、布鲁氏菌病

布鲁氏菌病是由布鲁氏菌所致的一种人畜共患的慢性传染病。本病的特征是生殖系统受侵，母猪发生流产和不孕，公猪引起睾丸炎，腱鞘炎和关节炎等。人与病猪、带菌猪或流产物接触，或食用病猪肉，均可招致感染而发生波浪热。因此，本病具有重要的公共卫生意义。

【病原特性】猪布鲁氏菌主要有4个生物型，但各型在形态上并无太大差异。它们都是细小的球杆菌或短杆菌，无运动性，不形成荚膜和芽孢，革兰氏染色呈阴性（图10-1）。由于布鲁氏菌吸收染料的速度较慢，比其他细菌难于着色，所以可用两种不同的染料进行鉴别染色，如沙黄－孔雀绿染色，染色后布鲁氏菌呈红色，而其他细菌则呈绿色。

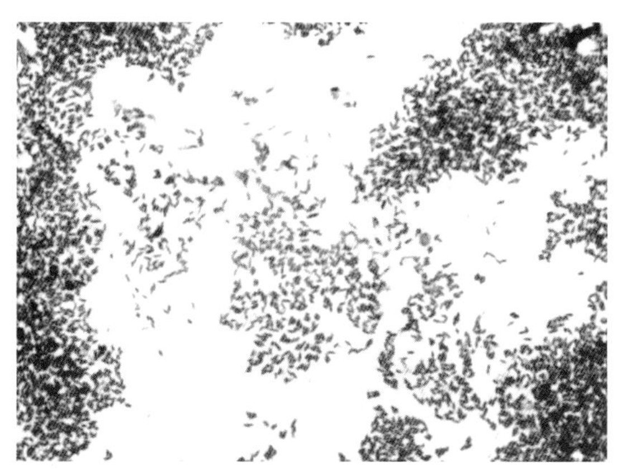

图10-1　革兰氏阴性的布鲁氏菌

【典型症状】主要症状为妊娠母猪流产，公猪发生睾丸炎。母猪流产可发生于妊娠的任何时期，流产前的主要征兆是阴唇和乳房肿胀，有时从阴道常流出黏性红色分泌物。

公猪的一侧（图10-2）或两侧（图10-3）睾丸肿胀，硬固，有热痛感；病情严重时，有病的睾丸极度肿大，状如肿瘤，而无病侧的睾

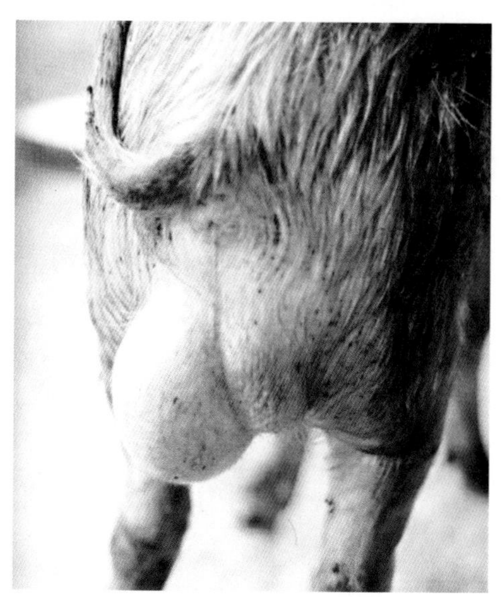

图10-2 左侧睾丸肿大

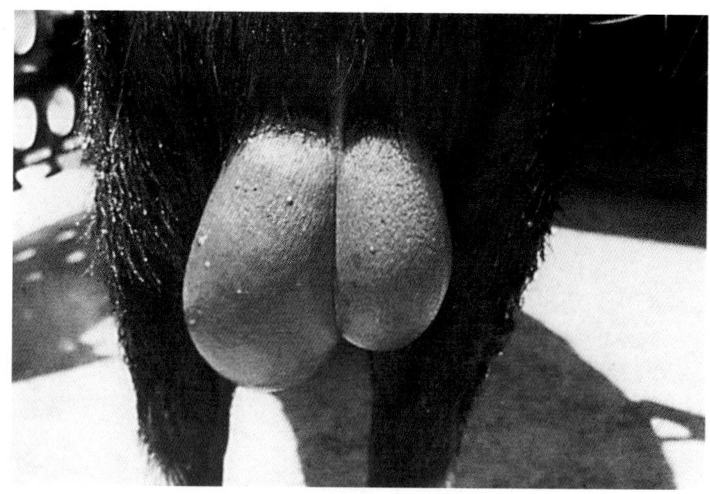

图10-3 两侧睾丸均肿大

丸则萎缩，并依附于肿大的睾丸上（图10-4）。切开睾丸，萎缩的睾丸多发生出血和坏死，睾丸的实质明显减少，而肿大的睾丸多呈灰白色，在增生组织中常见出血及坏死灶（图10-5）。

【诊断要点】虽然本病的流行病学资料、母猪发生流产的情况、胎儿及胎衣的病理变化、公猪不育等均有助于诊断，但因本病的临床症状和病理变化均无明显特征，同时隐性感染动物较多，故诊断本病时

图10-4　左侧睾丸肿大呈肿瘤状

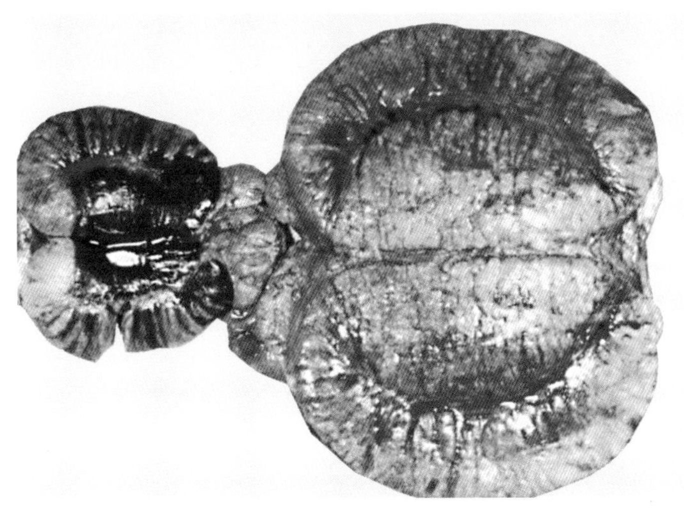

图10-5　肿大的睾丸切面呈灰白色

应以实验室检查为依据，结合流行情况、临床症状和病理变化进行综合诊断。

【防治措施】本病是一种慢性感染，以引起流产和睾丸炎为特点。病猪一旦出现症状，治疗意义不大。又因布鲁氏菌是兼性细胞内寄生菌，化学药物的治疗作用不明显。因此，对病猪一般不进行治疗，而是淘汰和屠宰。本菌对四环素最敏感，其次是链霉素和土霉素，对于一些有必要治疗的猪可试用上述敏感药物进行治疗。

对本病应着重于预防，控制本病的最好方法是自繁自养；必须引进种猪时，要严格执行检疫规程。每年应用猪布鲁氏菌2号弱毒活苗进行免疫接种。对检疫（5月龄以上）证明无病的后备母猪，可用猪布鲁氏菌2号弱毒活苗进行预防免疫。最好采用以下方法，在配种前1个月免疫1次，以后每隔1个月免疫1次，共免疫3次，免疫期1年。应注意，弱毒活苗对人仍有一定的毒力，在应用过程中应做好工作人员的自身防护。

在疫区，消灭本病的基本原则是：检疫、隔离、彻底消毒、控制传染源、切断传播途径、培养健康猪群和定期进行免疫接种。另外，对种公猪在配种前也应进行检疫，以防隐性感染种猪对猪群的持续性传染。

【注意事项】猪布鲁氏菌病的最明显症状是流产，需与引起相同症状的一些疾病相互鉴别，如可引起流产的弯曲菌病、胎儿毛滴虫病、钩端螺旋体病、乙型脑炎和弓形虫病等。与这些病鉴别的关键是病原体的检出和特异性抗体的检测。

十一、猪放线菌病

猪放线菌病是由猪放线菌所引起的一种慢性非接触性传染病。其临床及病理特点是在乳房部、耳部等软组织内形成化脓性肉芽肿并在其脓汁中出现“硫黄颗粒”样放线菌块。本病也能影响人的健康，具有重要的公共卫生意义。

【病原特性】猪放线菌为革兰氏染色阳性、不运动、不形成芽孢、非抗酸性的兼性厌氧菌。菌体呈纤细丝样，有真性分枝，故与真菌相似。病原在病灶内常形成菊花形或玫瑰花形的菌块，称此为菌芝，外观似硫黄颗粒。用革兰氏染色，可见中心部为革兰氏阳性的丝球状菌丝体，菌丝体周围为放射状的棍棒体，形体较粗大，宛如棒球棍，有明显的嗜伊红性，革兰氏染色为阴性，呈红色反应（图11-1）。

【典型症状】猪乳房放线菌病多在一个乳头基部形成硬性肿块，并逐渐蔓延增大，使乳房肿胀，表面凹凸不平（图11-2），病情严重时，外观呈肿瘤状（图11-3）。切开肉芽肿，放线菌肿由致密结缔组织构

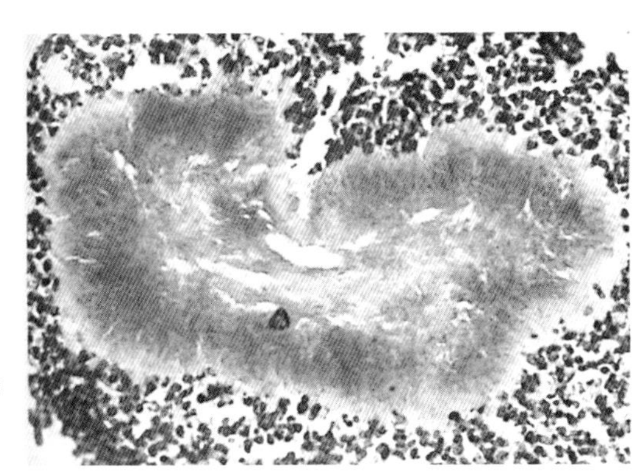

图11-1　菊花形的放线菌菌块

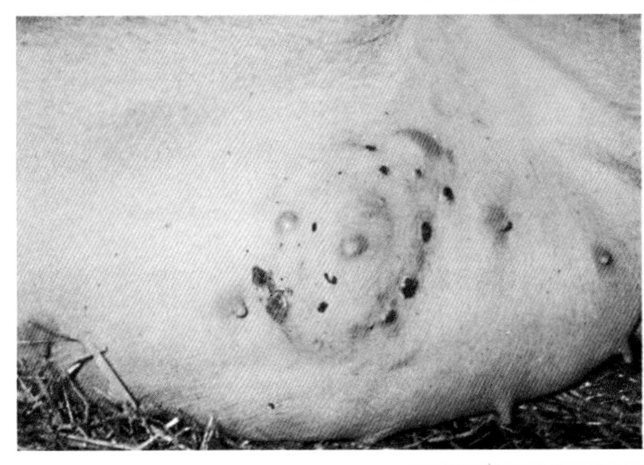

图11-2　放线菌性乳腺炎

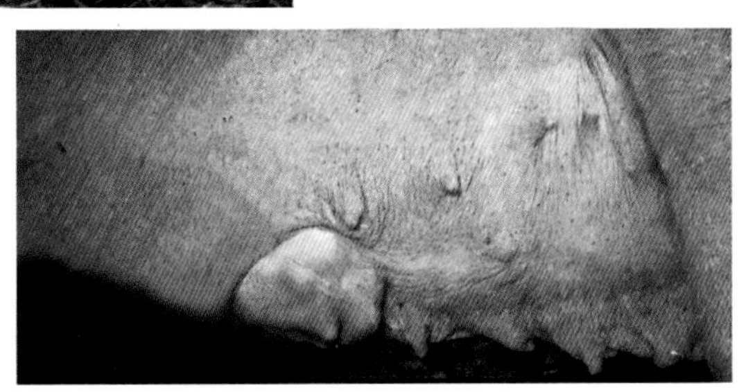

图11-3　肿瘤样乳腺增生

成，其中含有大小不等的脓性软化灶，灶内有含黄色砂粒状菌块的脓汁（图11-4）。猪放线菌侵入外耳软骨膜及皮下组织中，引起肉芽肿性炎症，形似纤维瘤外观。侵入下颌骨时可形成瘘管，并见蘑菇状突起的排脓孔。局部淋巴结出现大量化脓灶或小脓肿（图11-5）；病程较久时，其外周有厚层脓肿膜包裹（图11-6）。

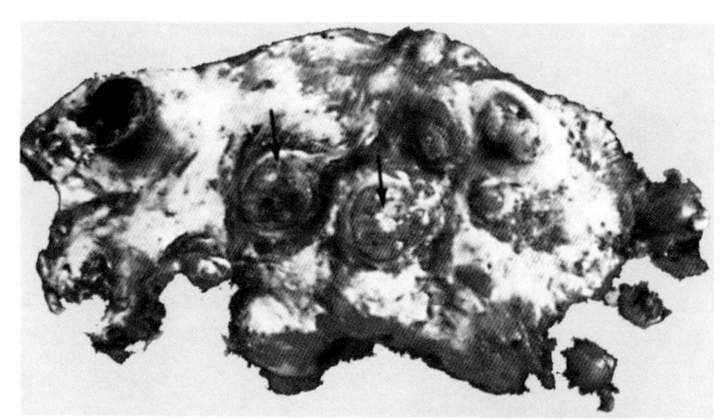

图11-4　化脓性肉芽肿（箭头）

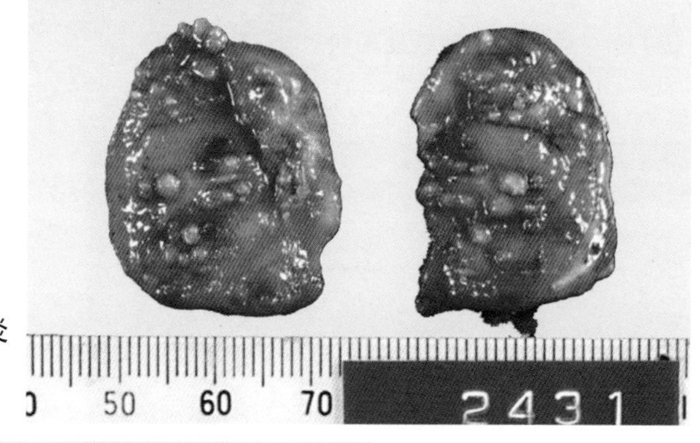

图11-5　化脓性淋巴结炎

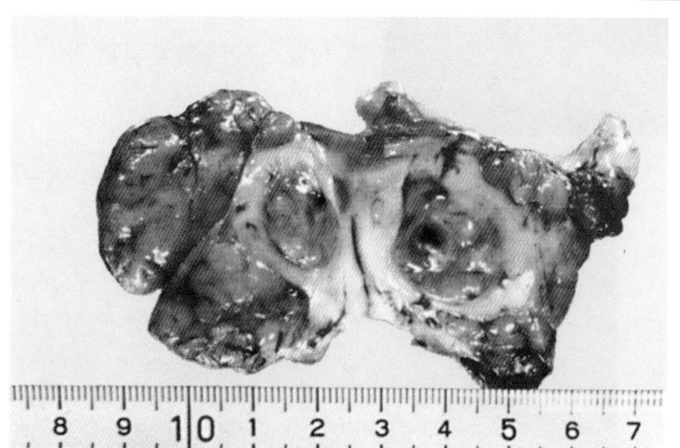

图11-6　肉芽肿性淋巴结炎

【诊断要点】根据放线菌病特征性病变，并将组织切片用革兰氏染色，观察脓性肉芽肿中心菌丛的特殊形态而获得诊断。对新鲜标本，可从脓汁中挑出“硫黄颗粒”，以灭菌盐水洗涤后置清洁载玻片上压碎，在显微镜下降低光亮度观察，发现有光泽的放射状棍棒体的玫瑰形菌块，即可确诊。

【防治措施】局部处理与全身用药相结合是治疗本病的基本方法。局部处理主要用外科手术的方法，先将位于体表的肉芽肿或瘘管切除，之后，在新创腔内填入碘甘油纱布进行消毒、压迫止血和引流，每天更换一次，待创腔内的异物和分泌物减少时，涂布红霉素等软膏即可；与此同时，在伤口周围环形注射10%碘仿醚或2%鲁戈氏液进行封闭，内服碘化钾1周。在进行局部治疗的同时，为了防止继发感染的发生，可选用对放线菌较为敏感的青霉素、红霉素、四环素等肌内注射。由于放线菌多位于肉芽肿之内，所以使用抗生素时应加大剂量，只有这样，才能取得较好的疗效。

预防本病的要点是防止皮肤和黏膜的损伤，当发现有损伤时，应及时用碘酊等消毒剂处理。特别是哺乳期的母猪，如发现乳房损伤，应立即消毒包扎，停止该乳头的授乳。对有过长齿的乳猪，应打牙或挫平，防止其对母猪乳房的伤害。

【注意事项】放线菌也能感染人，最常见的是因为口腔和咽部黏膜的损伤而引起的面颊型放线菌病。病变主要发生于面颊和下颌等部位，先是局部肿疼，皮下形成硬结，并逐渐软化，形成脓肿，破溃后从瘘管流出带有硫黄样颗粒的脓汁。颌骨常有骨膜炎和骨髓炎，病变可达眼睛、鼻旁窦，甚至累及脑膜，引起更为严重的后果。因此，饲养病猪和对病猪进行处理或有接触的人员一定要注意，既要做好防护措施，又要保持个人卫生，特别是对有损伤部位皮肤和黏膜加强保护，防止本菌的感染。

十二、化脓性放线菌病

化脓性放线菌病是由化脓性放线菌所引进的一种接触性传染病，以某些组织或器官发生化脓性或干酪性病变为特征。本病可发生于各种年龄的猪，但以断乳后的仔猪和育肥前期的架子猪最易感。

【病原特性】化脓性放线菌的菌体外形正直或微弯曲，多为一端较粗大的棍棒状，也有呈长丝状或分枝状的，革兰氏染色呈阳性，无鞭毛、荚膜，也不形成芽孢。用Neisser氏法或美蓝染色，呈蓝色（图12-1），但常着色不匀。

【典型症状】在机体的不同部位形成化脓性炎性病灶或脓肿。体表浅脓肿，呈数量不等、从榛子大到鸡卵大的结节（图12-2）；触摸时有温热感，病猪有疼痛反应，脓肿破溃或切开后，流出大量黄白色或灰

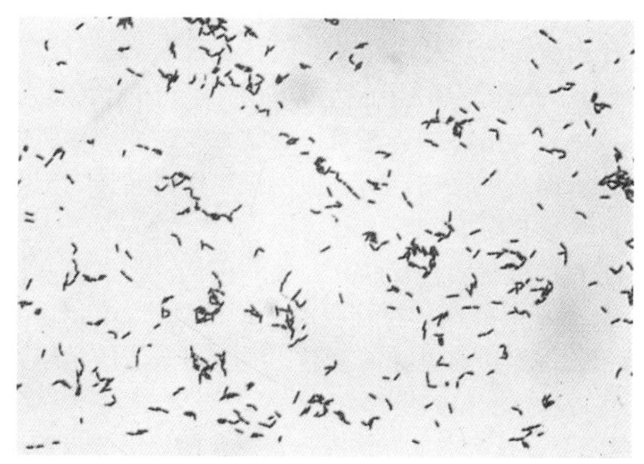

图12-1　化脓性放线菌

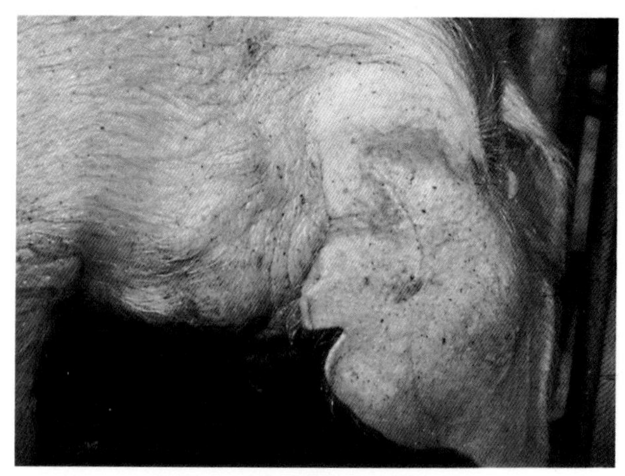

图12-2　皮下的放线菌性脓肿

绿色黏稠或稀薄的脓汁（图12-3）。发生化脓性关节炎时，患病关节肿大变形（图12-4），关节液增多，触之有波动感，强迫运动时出现跛行（图12-5）。病情严重时，关节极度肿大，似肿瘤（图12-6），但质地较

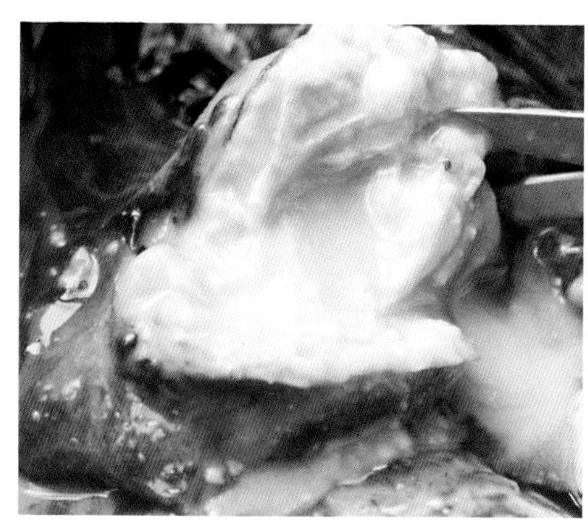

图12-3 脓肿中的灰绿色脓汁

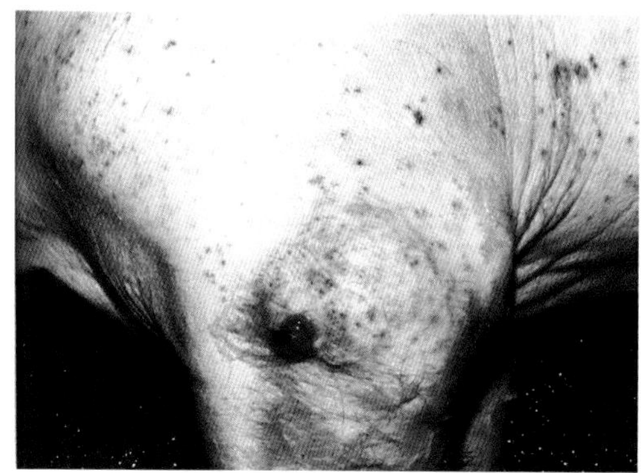

图12-4 肘关节化脓、变形

图12-5 肘关节炎导致运动障碍

软，切开时，流出大量灰绿色黏稠的脓汁（图12-7）。发生子宫内膜炎或尿道炎时，可见病猪的外阴部有脓性分泌物（图12-8），排少量的血尿。发生化脓性脊柱炎时，病猪运动不灵活，背腰僵硬，常相互依托

图12-6　关节肿大，似肿瘤

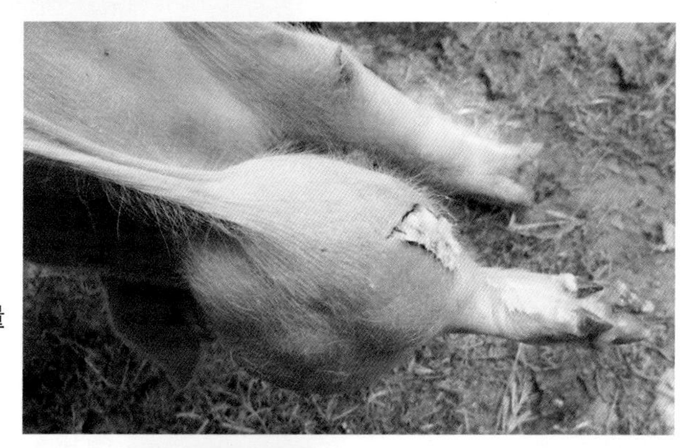

图12-7　关节内有大量灰绿色脓汁

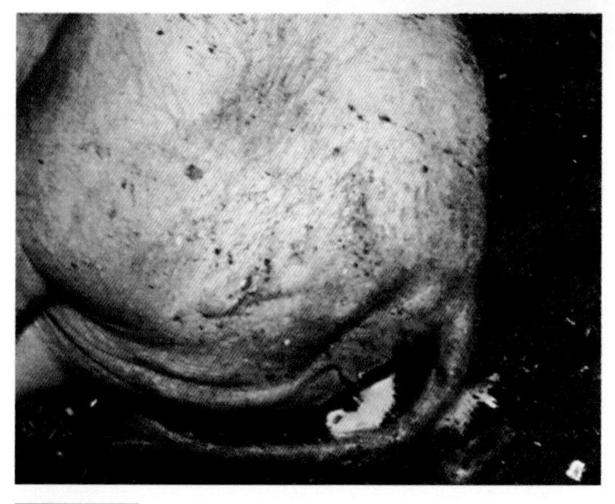

图12-8　子宫内流出的脓性分泌物

而站立；病情严重时，病猪的后躯麻痹，不能站立（图12-9）。剖检时可在脊柱管中发现大小不一的脓肿（图12-10）；有时在肋胸膜处检出大小不一的脓肿（图12-11）。妊娠母猪感染后常能引起胎儿的化脓性

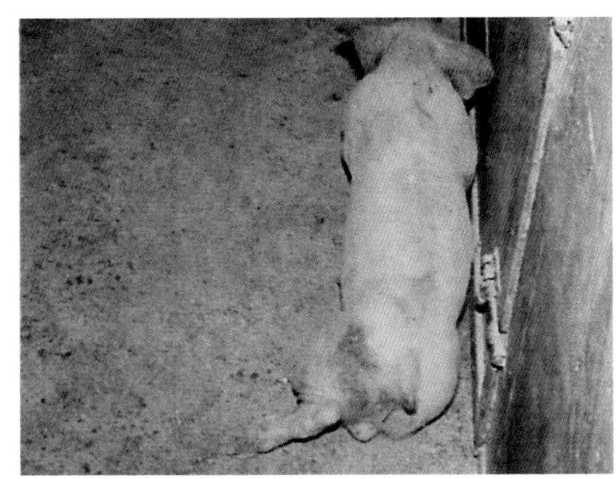

图12-9　化脓性脊柱炎

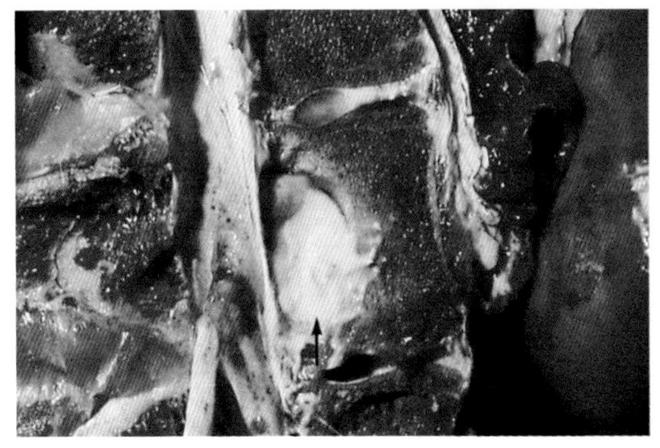

图12-10　椎管内的脓肿（箭头）

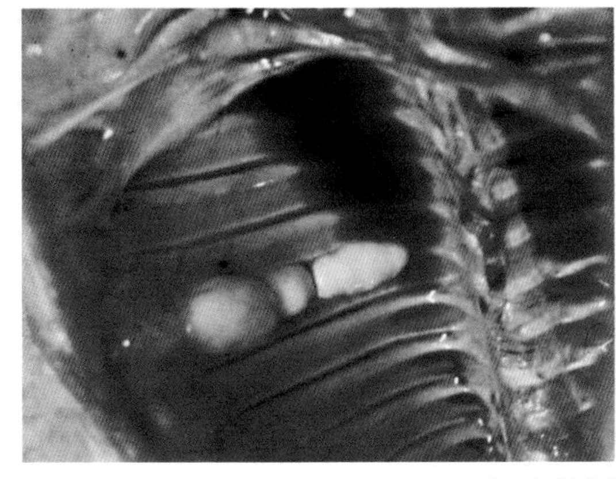

图12-11　肋胸膜的多发性脓肿

溶解，从化脓性坏死组织中多可检出胎儿的残骨（图12-12）。剖开子宫，多见化脓性子宫内膜炎的变化（图12-13）。

此外，在肝脏（图12-14）和心包（图12-15）有脓肿或化脓性炎

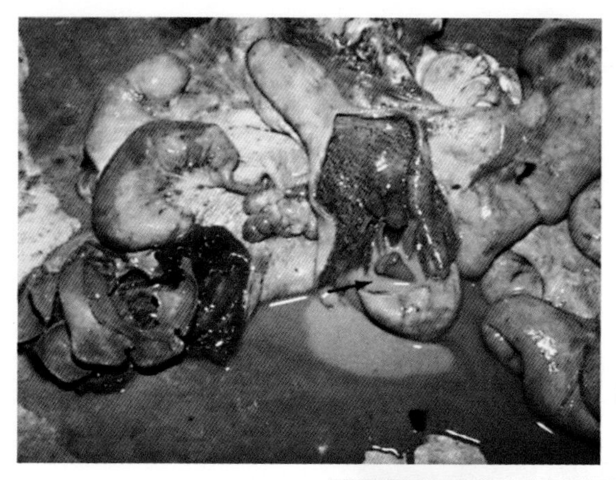
图12-12　胎儿化脓性溶解

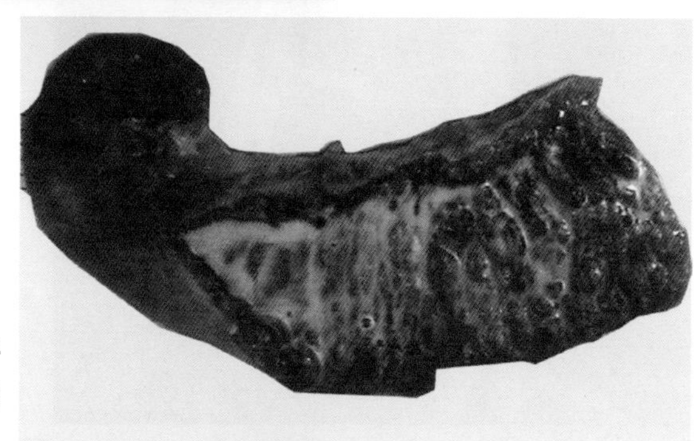
图12-13　化脓性子宫内膜炎

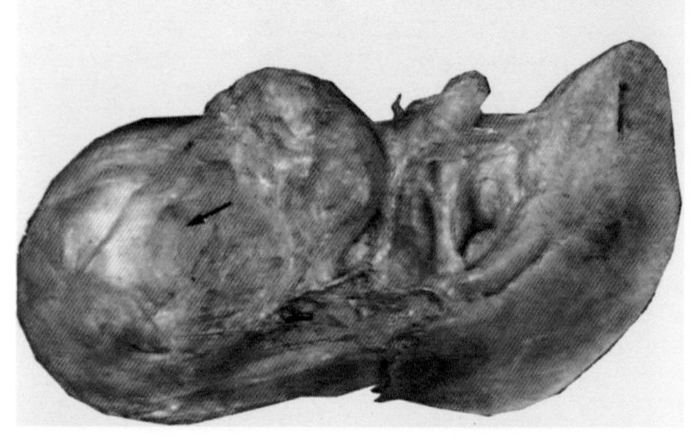
图12-14　多发性肝脏脓肿

症。有神经症状的病猪，剖检时常可检出化脓性脑炎或脑脓肿（图12-16）。

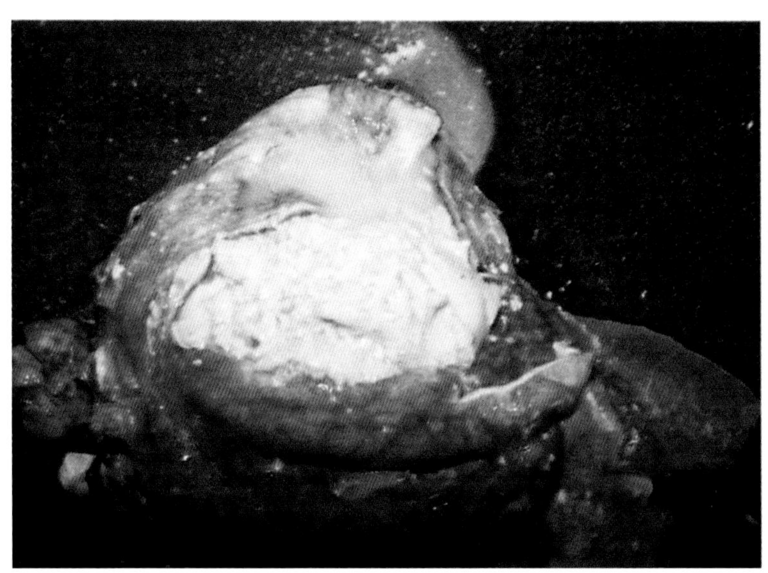

图12-15　化脓性心包炎

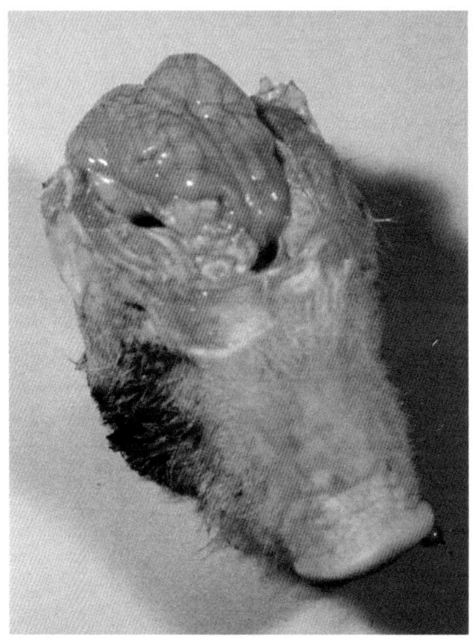

图12-16　化脓性脑炎

【诊断要点】根据临床症状和病理特点，结合流行情况，一般可做出初步诊断。确诊需做细菌学检查，方法是：取化脓性病灶或脓汁涂片，革兰氏染色后显微镜检查，如发现在多形态杆菌中，有较多的一端较粗大的棍棒状细菌，即可确诊。

【防治措施】早期及时应用青霉素或广谱抗生素并与磺胺类药物联合使用，可获得良好的疗效。当脓肿形成后，由于脓肿有较厚的包膜，影响药物对脓肿膜内病原的杀灭作用，故疗效不佳，但用药可防止病原的继续扩散。体表的脓肿成熟之后，应切开排脓，并按创伤进行治疗。

预防本病主要做好管理工作，及时清除带刺、带尖或锋刃的物品，以免猪与之接触而发生损伤；当发现猪体有外伤时，应及时进行外科处理，轻微的浅表损伤，应用碘酊、酒精或龙胆紫等消毒药物处理，对较大或较严重的损伤，则视情况而进行相应的创伤或缝合处置，必要时可配合一些全身性疗法。

十三、猪细菌性肾盂肾炎

猪细菌性肾盂肾炎是由肾棒状杆菌引起的以膀胱、输尿管、肾盂和肾组织的化脓性或纤维素性坏死性炎为特征的一种传染病。病原菌多经尿道、生殖道口感染，故首先引起尿道炎或子宫内膜炎、膀胱炎，然后导致肾盂肾炎。

【病原特性】肾棒状杆菌呈多形态状，有的短似球状，有的正直或微弯曲，经常呈一端较粗大的棍棒状，也有呈长丝状或分枝状的。革兰氏染色阳性，无鞭毛、荚膜，也不形成芽孢。用Albert染色时呈紫红色（图13-1）。扫描电镜下见棒状杆菌呈长短不一的杆状或鼓槌状(图13-2)。

【典型症状】病初，病猪的外阴部轻度肿胀，有脓性分泌物，排少量的血尿；重症时，病变波及整个尿道及肾脏，病猪频频排尿，尿量少而浑浊带血色，或排尿困难；排尿时有疼痛反应，腰背拱起，不愿走动；尿中含有脓球、血块、纤维素及黏膜碎片等。剖检见一侧或两侧肾脏肿大，被膜下有细小的黄白色化脓灶（图13-3)；病肾由于化脓

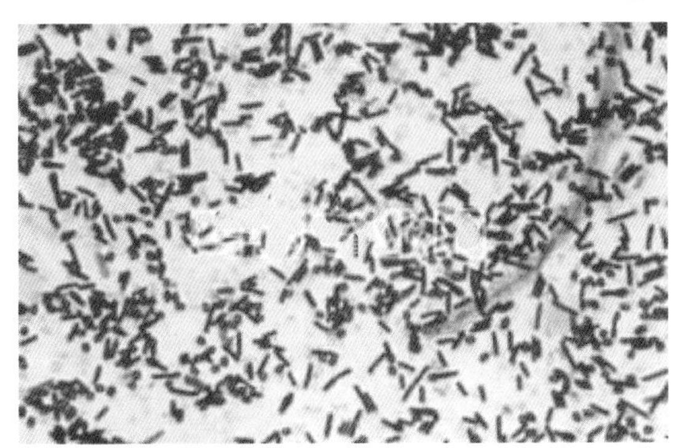

图13-1 Albert染色的棒状杆菌

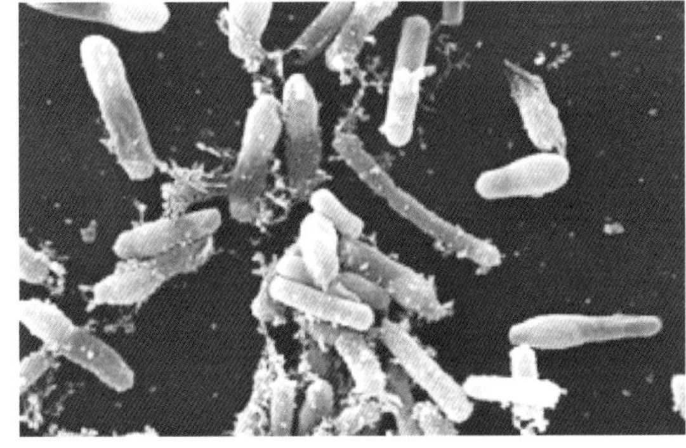

图13-2 扫描电镜下的棒状杆菌

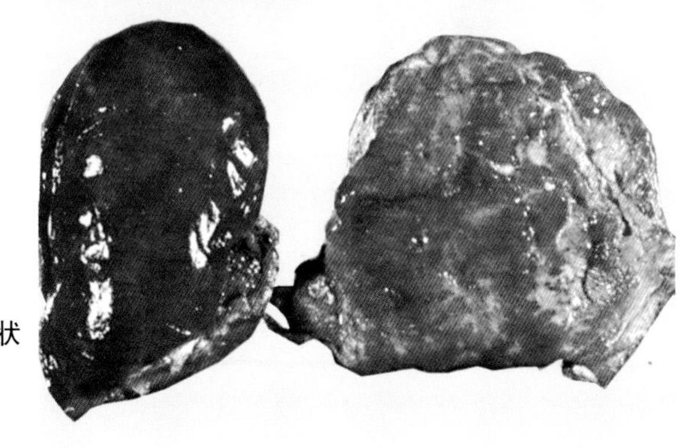

图13-3 肾表面点状化脓灶

而形成灰黄色小坏死灶，致肾表面呈斑点状（图13-4）。切面可见肾盂由于渗出物和组织碎屑的积聚而扩大，肾乳头坏死（图13-5）。肾盂内积有灰色无臭的黏性脓性渗出物，并混有纤维素凝块、小凝血块（图13-6）、坏死组织和钙盐颗粒。膀胱壁增厚，黏膜肿胀、出血

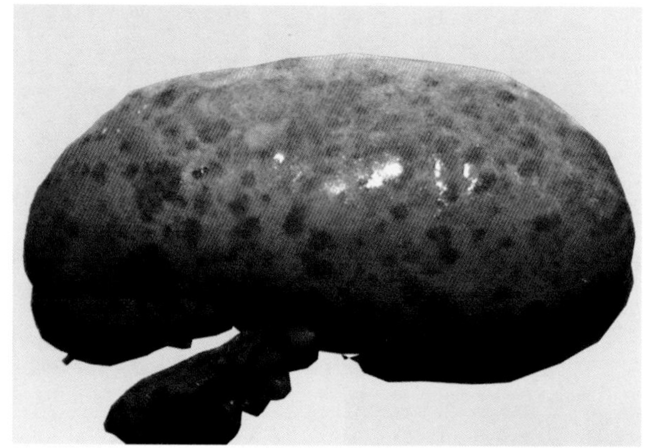
图13-4 肾表面新鲜的化脓灶，致肾表面呈斑点状

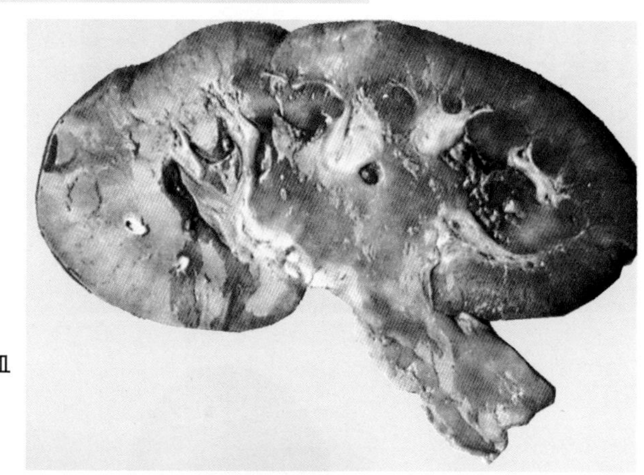
图13-5 肾乳头出血坏死

图13-6 化脓性肾盂肾炎

（图13-7）、坏死或形成溃疡。一侧或两侧输尿管肿大变粗，内含脓汁（图13-8），黏膜肿胀或坏死。

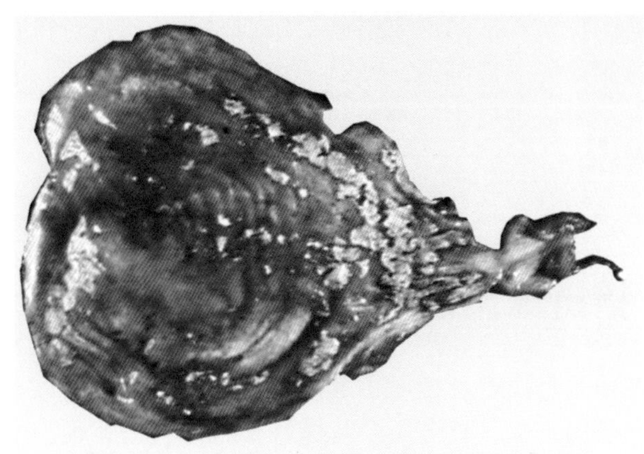

图13-7　化脓性膀胱炎

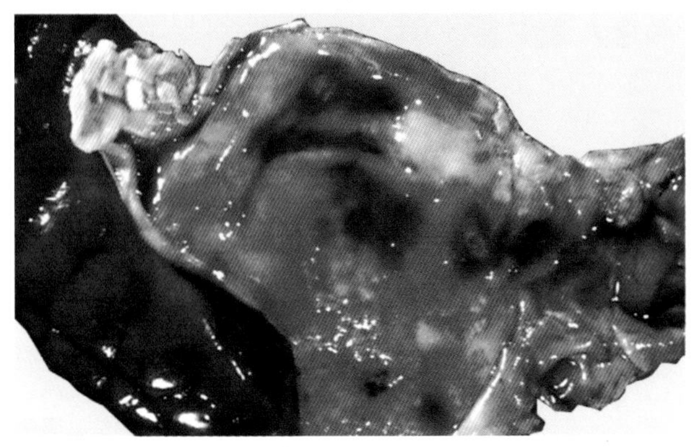

图13-8　化脓性输尿管炎

【诊断要点】本病的临床症状和病理变化都比较特殊，不难做出诊断，但确诊还需无菌采取尿液，离心沉淀作涂片，革兰氏染色后显微镜检查，如见到紫色的多形态杆状菌，并经常遇一端较粗大的棍棒状菌，即可确诊。

【防治措施】青霉素、四环素等对本病均有良好疗效，但停药后容易复发，因此常需适当延长用药时间。临床上常用青霉素治疗本病，病初即进行治疗常可取得很好的疗效。其使用方法是：首次用倍量进行肌内注射，以后每隔一天注射一次，连续用药3～4周，即可治愈。

母猪患本病主要是由于配种而感染，带菌的种公猪是最危险的传染源。因此，预防本病的主要措施是定期对种公猪进行检查，如发现病猪或带菌猪，应立即隔离，及时治疗，停止用其配种。因为本病治愈后易复发，所以被检出的种公猪不宜再留作种用，而应去势，肥育后屠宰。

十四、猪链球菌病

猪链球菌病是由链球菌所引起的一种急性高热性传染病，临床上以败血症、脑膜脑炎、关节炎及化脓性淋巴结炎为特征。本病的分布很广，发病率较高，败血症型和脑膜脑炎型的病死率较高，对养猪业的发展有较大的威胁。

【病原特性】致病性链球菌为球形菌，呈单个、双个和短链排列，链的长短不一，短者仅由4～8个菌体组成，长者数十个甚至上百个（图14-1），革兰氏染色阳性，有荚膜，但不形成芽孢，多数无鞭毛，不能运动。

【临床症状】败血症型多突然死亡，或高热稽留，眼结膜潮红（图14-2），有出血斑，流泪或有脓性分泌物；鼻镜干燥，有浆液性、脓性鼻汁流出，呼吸促迫，间有咳嗽；耳郭、颈部、胸部和腹下及四肢下端的皮肤呈紫红色（图14-3）并有出血斑（图14-4）。有的病猪还伴发

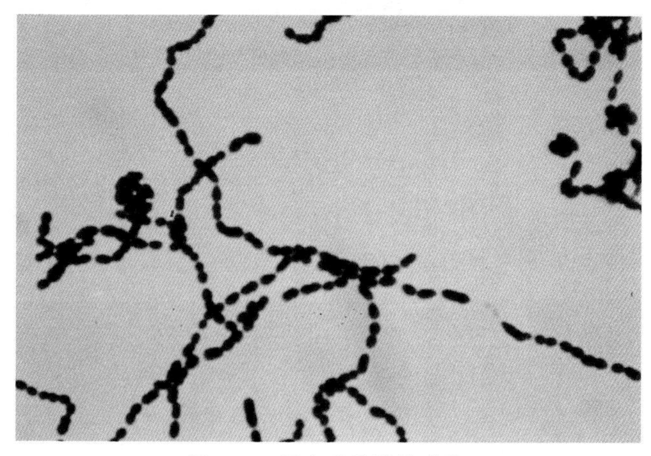

图14-1　呈串珠状的链球菌

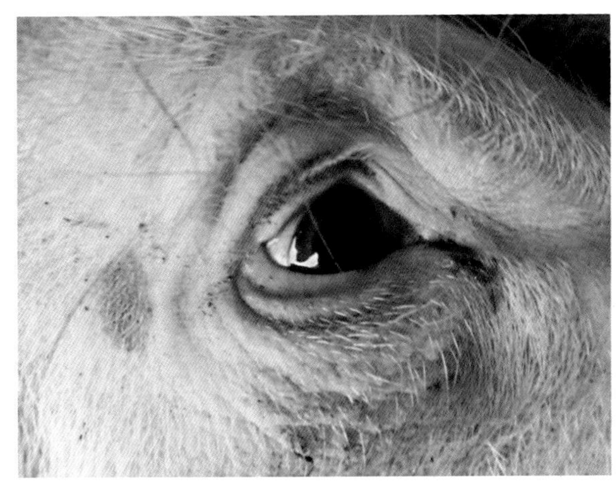

图14-2　眼结膜充血、潮红

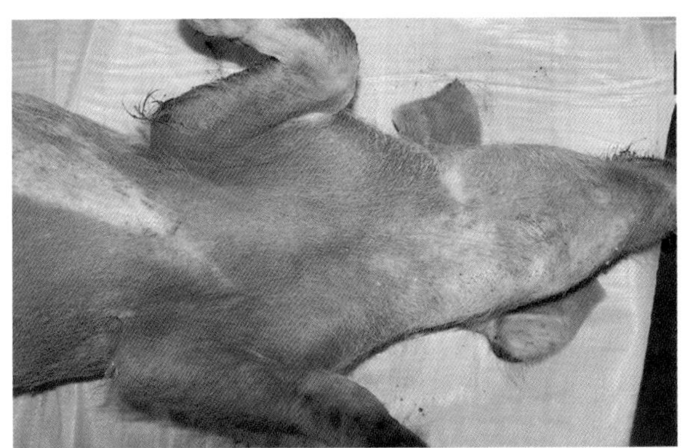

图14-3　下颌及前胸皮肤呈紫红色

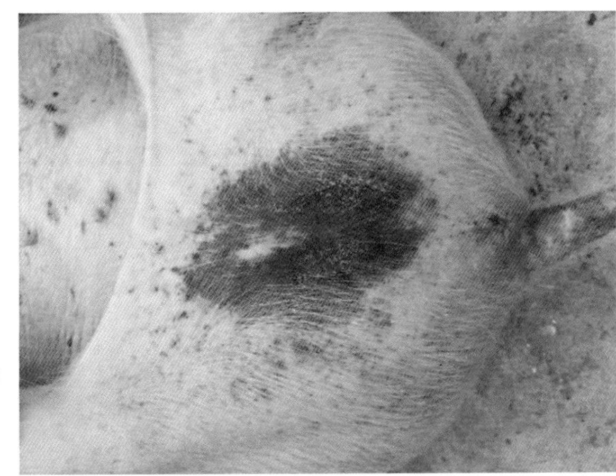

图14-4　局灶性皮肤出血斑

急性关节炎而出现运动障碍（图14-5）。剖检多见败血症的病变，肺脏常见大面积出血、水肿（图14-6），并见大的局灶性脓肿（图14-7）或弥漫性化脓性结节（图14-8）；心外膜出血（图14-9）或心包腔内蓄积混有纤维素絮片的渗出液。

图14-5　败血型伴发急性关节炎

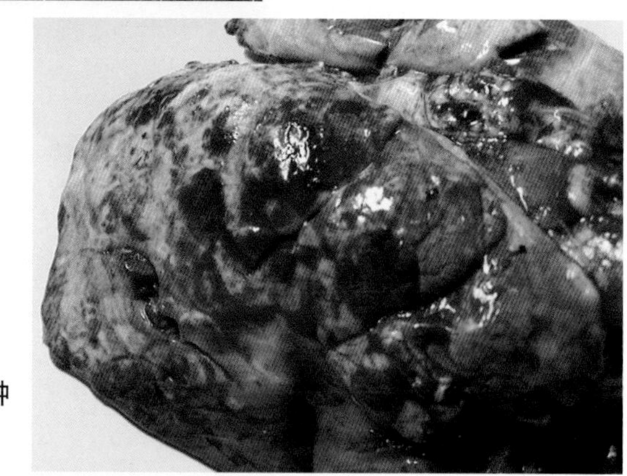

图14-6　肺脏出血、水肿

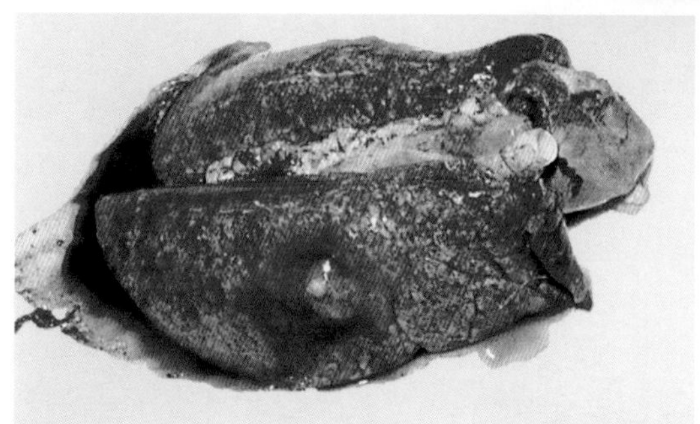

图14-7　肺脏出血和肺脓肿

脑膜脑炎型表现为运动失调，转圈，空嚼，磨牙；当触及躯体时发出尖叫或抽搐，或突然倒地，口吐白沫，侧卧于地，四肢作游泳状运动（图14-10），甚至昏迷不醒；有的病猪于死前常出现角弓反张等

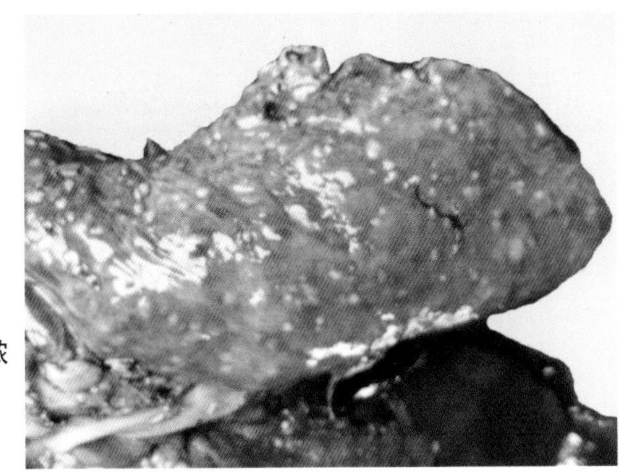

图14-8　肺脏密发化脓性结节

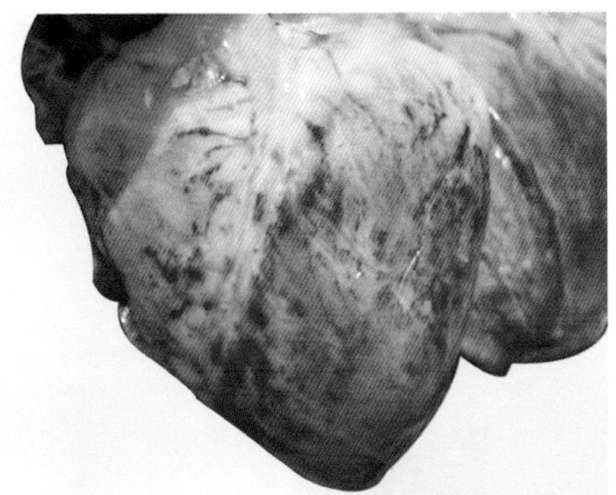

图14-9　心外膜出血

图14-10　脑膜脑炎型游泳状姿势

特殊症状。剖检见脑膜瘀血、水肿（图14-11），脑沟变浅，脑脊液增多。切面可见脑实质变软，毛细血管充血和出血，脑脊液增多，有时可检出细小的化脓灶。

关节炎型（图14-12）表现为一肢或几肢关节肿胀，疼痛。病猪呆

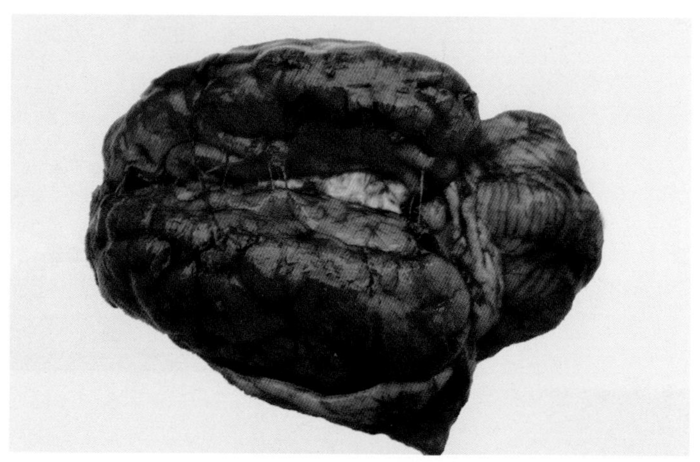

图14-11　脑膜瘀血、水肿

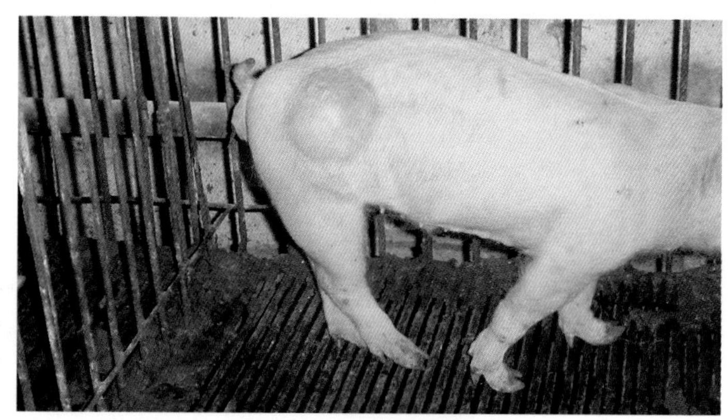

图14-12　化脓性髋关节炎

立，不愿走动，甚至卧地不起；运动时出现高度跛行，甚至患肢剧痛而不能起立（图14-13）。剖检见关节因周围组织渗出、化脓和增生而明显肿大变形，切开关节见大量脓汁流出（图14-14）。

化脓性淋巴结炎型多发生于下颌淋巴结（图14-15），其次是咽部

图14-13　腕关节炎性运动障碍

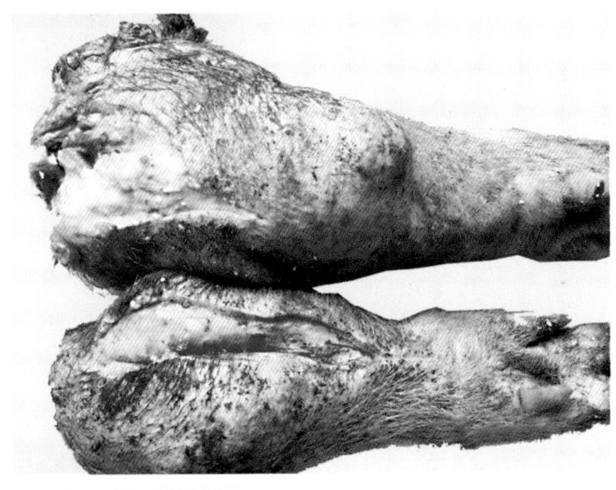

图14-14　化脓性关节炎

图14-15　化脓性下颌淋巴结炎（箭头）

和颈部淋巴结。受害淋巴结先出现小脓肿，逐渐增大，肿胀，坚实，有热有痛。脓肿成熟后中央变软，自行破溃排脓，流出绿色、黏稠、无臭味的脓汁。由于受损的淋巴结多位于深部或肿胀不大，又不破溃，故病猪生前往往不易被察觉，只有在屠宰检验或剖检时才被检出。

【诊断要点】猪链球菌病的病型较复杂，流行情况无特征，有的根据临床症状和病理变化能做出初步诊断，但确诊时常需根据不同的病型采取相应的病料，如脓肿、化脓灶、肝、脾、肾、血液、关节囊液、脑脊髓液及脑组织等，制成涂片，染色后镜检，发现典型的链球菌才可确诊。

【防治措施】治疗时可按不同病型进行相应的治疗。对淋巴结脓肿，待脓肿成熟后，及时切开，排出脓汁。对败血症型、脑膜脑炎型及关节炎型，应尽早大剂量使用抗生素（如青霉素和庆大霉素等）或磺胺类药物。青霉素每头每次40万～100万国际单位，每天肌内注射2～4次；庆大霉素每千克体重1.2毫克，每日肌内注射2次；磺胺嘧啶钠注射液每千克体重0.07克，肌内注射，每日2次，为了巩固疗效，应连续用药5天以上。据报道，恩诺沙星对猪链球菌病也有很好的治疗作用。每千克体重用2.5～10.0毫克，每12小时注射一次，连用3天，能迅速改善病况，且疗效常优于青霉素。

常规预防主要做好猪链球菌灭活苗和弱毒苗的免疫接种。灭活苗每头猪均皮下注射3～5毫升，保护率可达70%～100%，免疫期达6个月以上。弱毒冻干苗每头猪皮下注射2亿个菌或口服3亿个菌，保护率可达80%～100%。在流行季节前进行注射是预防本病暴发的有力措施。另外，还应定期对环境和饲养用具消毒和加强管理。当发现本病时应采取紧急预防措施，即封锁疫区、清除传染源和药物预防。

【注意事项】败血症型猪链球菌病易与急性猪丹毒、猪瘟相混淆，脑膜脑炎型易与猪李氏杆菌病相混淆，应注意区别。急性猪丹毒皮肤常见大小不一的充血性红斑，剖检见脾脏充血肿大，呈樱桃红色，无纤维素性被膜炎；猪瘟的皮肤常有出血斑，脾脏边缘见到出血性梗死灶；猪李氏杆菌病性脑炎的炎性细胞是以单核细胞为主，病变部位主要在脑干，特别是脑桥、延髓和脊髓变软，有小的化脓灶。

十五、猪坏死杆菌病

猪坏死杆菌病是猪的一种慢性传染性细菌病。其特征表现为皮肤、黏膜的坏死性炎和溃疡形成，有的在内脏形成转移性坏死灶。猪较常见的病型为坏死性皮炎，其次是坏死性口炎和坏死性鼻炎。本病一般为慢性经过，多呈散发，偶有表现为地方流行性。

【病原特性】本病的病原体是严格厌氧的坏死杆菌。本菌为多形性的革兰氏阴性菌，无鞭毛，不形成荚膜和芽孢，在病料中多呈长丝状，但也有的呈球杆状或短杆状（图15-1），可产生多种毒素。

【典型症状】猪坏死杆菌病由于发病部位不同，而有坏死性皮炎、坏死性口炎、坏死性鼻炎和坏死性肠炎之分，其中以坏死性皮炎最常见。坏死性皮炎常发生于颈部、背部和臀部皮肤。其特征为体表皮肤及皮下组织发生坏死和溃烂，形成口小而内腔大的创伤。坏死性口炎多发生于仔猪。在舌（图15-2）、齿龈、上腭、颊及扁桃体黏膜上覆有粗糙而污秽不洁的假膜，剥脱假膜后，其下可见有不规则的溃疡，且易出血。鼻黏膜发病时常伴发鼻软骨和鼻骨的坏死，形成坏死性鼻炎。坏死性肠炎有阵发性腹痛表现，严重腹泻，排出污秽不洁、带有恶臭、稀薄的粪便，或带有脓液和坏死黏膜的粪便。剖检见小肠内充满气体，肠壁菲薄，呈出血性坏死性肠炎变化（图15-3）。肠黏膜瘀血，并见出

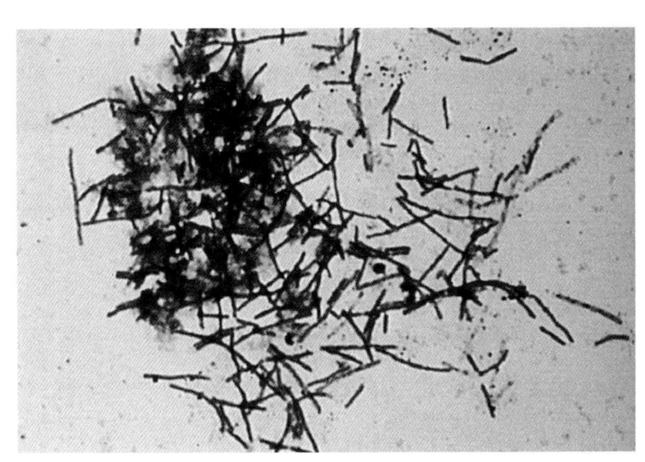

图15-1　呈杆状或链状的坏死杆菌

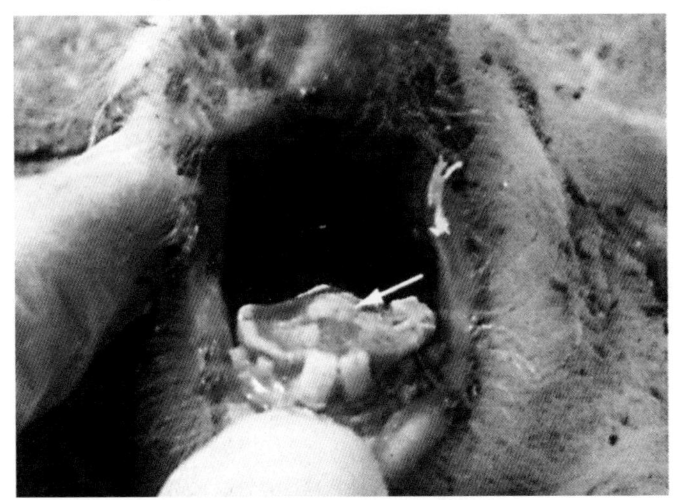

图 15-2　舌面上的坏死性假膜

图 15-3　出血性坏死性肠炎

血、干燥、质地较硬的坏死灶（图 15-4）。肝脏内常见多发性圆斑状淡黄色坏死灶（图 15-5）。

【诊断要点】根据流行病学特点和临床症状，结合患病部位、坏死组织的特殊病变等进行综合性诊断，必要时由坏死组织与健康组织交界处用消毒锐匙刮取病料做涂片，用石炭酸复红染色，如能检出呈颗粒状或串珠样长丝状杆菌（图 15-6），即可确诊。

图15-4　肠黏膜出血、坏死

图15-5　肝脏的多发性坏死灶

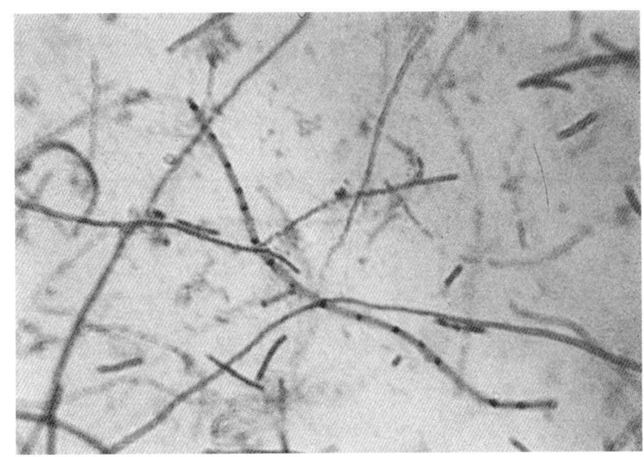

图15-6　病料中的坏死杆菌

【防治措施】病灶位于体表的治疗原则是：扩创充氧，清除坏死。如发现坏死性皮炎病猪后，首先要将小创口扩大，让创腔得到充足的氧，抑制坏死杆菌的生长；再刮去坏死组织，清除脓汁，用双氧水充分洗涤后，将20%碘酒或10%福尔马林注入创内。治疗坏死性口炎型病猪时，应先除去假膜，再用1%高锰酸钾溶液冲洗，然后用碘甘油涂擦创面，每天2次，直到痊愈。在进行局部治疗的同时，还要根据病型配合全身治疗。如肌内注射或静脉注射磺胺类药物、四环素、金霉素、螺旋霉素等，有控制本病发展和继发感染的双重功效。

预防本病尚无特异性疫苗，只有采取综合性防治措施。加强管理，搞好环境卫生，经常保持猪舍、运动场及用具的清洁和干燥，借以消除发病诱因，避免咬伤和其他外伤。另外，在临近本病多发的季节，可在饲料中添加抗生素进行预防。

十六、猪梭菌性肠炎

猪梭菌性肠炎又称仔猪传染性坏死性肠炎，俗称“仔猪红痢”，多是由C型产气荚膜梭菌所引起的高度致死性肠毒血症。本病主要发生于3日龄以内的新生仔猪，其特征是排出红色粪便，小肠黏膜出血、坏死，病程短，死亡率高。

【病原特性】C型产气荚膜梭菌为革兰氏阳性、有荚膜、无鞭毛、不能运动的厌氧性大杆菌（图16-1）；在不良的条件下可形成卵圆形、位于菌体中央或近端的芽孢，芽孢多超过菌体宽度，使菌体呈梭形，故有“梭菌”之称。本菌可产生 β 毒素等，是引起仔猪肠毒血症、坏死性肠炎的主要致病因子。

【典型症状】最急性型病猪多排血便，后躯或全身沾满血样粪便（图16-2）。少数病猪没有排血便即死亡。急性型病猪大多腹部膨大，呼吸困难，运动障碍（图16-3）；有的排出含有灰色组织碎片的浅红褐色水样粪便，病猪很快脱水、虚脱和死亡。亚急性型病猪开始排黄色软粪；继之，病猪持续腹泻，粪便呈淘米水样，含有灰色坏死组织碎片；病猪明显脱水，逐渐消瘦（图16-4）。慢性型病猪呈间歇性或持续

图16-1　大杆状C型产气荚膜梭菌

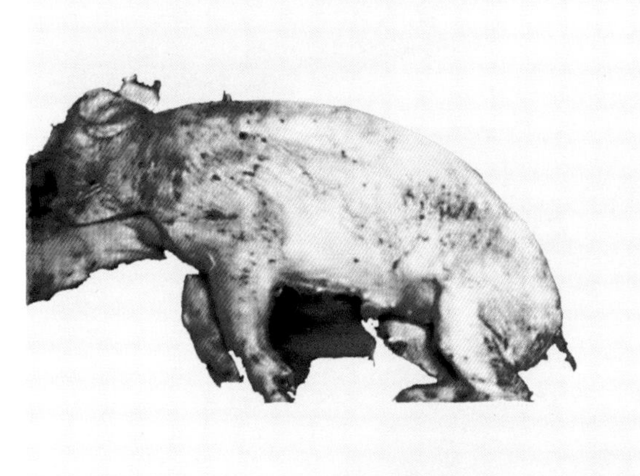

图16-2　病猪全身被血样粪便污染

图16-3　病猪呼吸困难，腹部膨大

性下痢，排灰黄色黏液便。

剖检见急性型病猪常从口角流出血水样的分泌物（图16-5）；大部分病猪的腹部膨满，腹围增大（图16-6）。切开皮肤时见皮下组织干燥

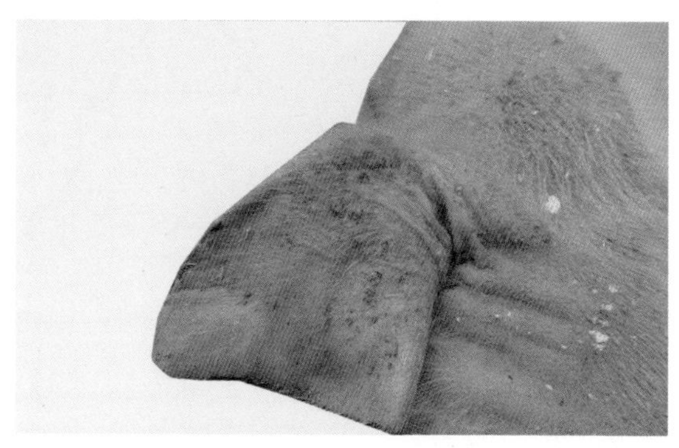

图16-4　病猪脱水，皮肤皱缩

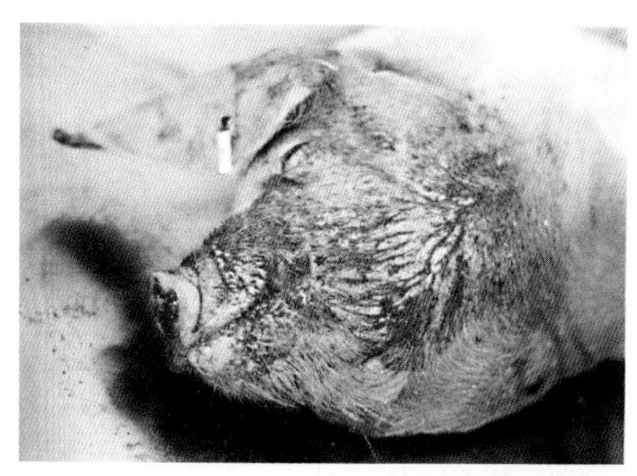

图16-5　从口角流出血水样的分泌物

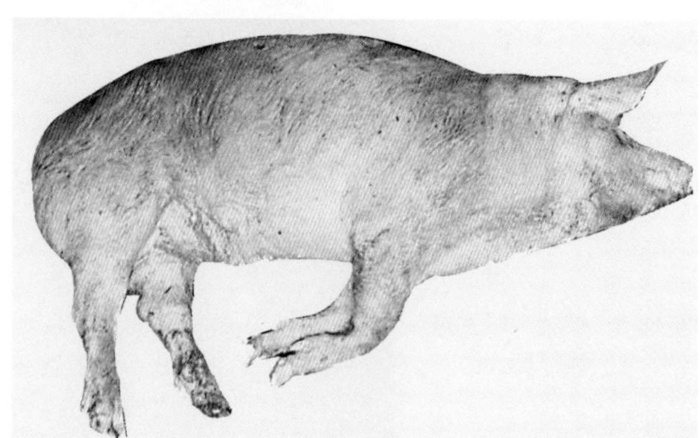

图16-6　病尸腹部过度膨大

(图16-7)。小肠瘀血呈暗红色，部分肠管在瘀血的基础上发生出血而呈黑红色（图16-8），病性严重时整个小肠均发生出血，外观呈紫红色(图16-9)。亚急性病例的出血较轻，多呈卡他性出血性肠炎变化（图

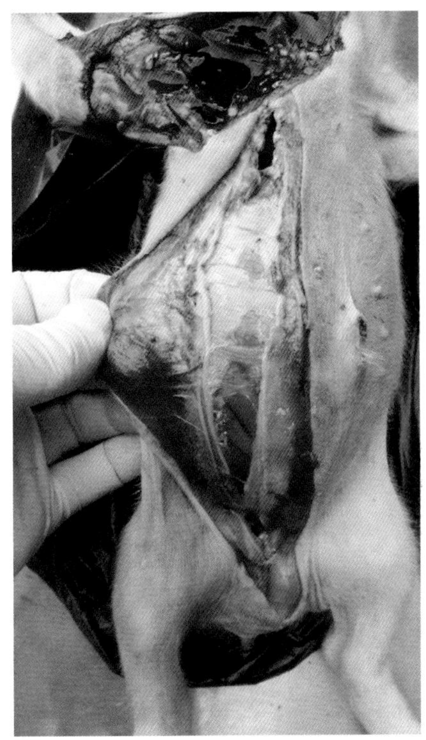

图16-7 血液黏稠，皮下组织干燥

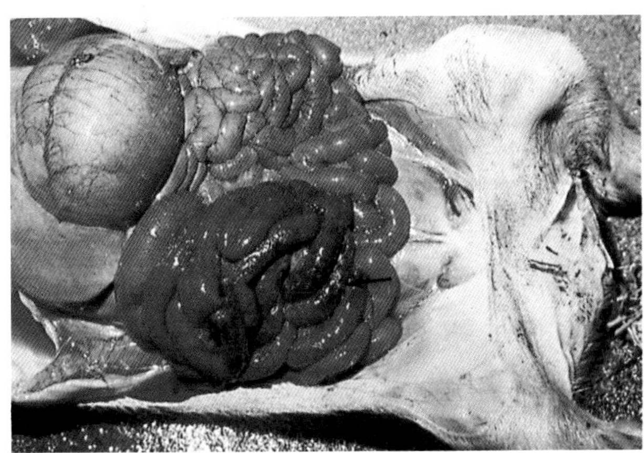

图16-8 小肠瘀血、出血

16-10），或肠腔中含有大量气体和混有血液的内容物（图16-11）；有些病例的空肠壁还发生气性肿胀，有的气肿可达40厘米长，与肠壁相

图16-9　小肠出血呈紫红色

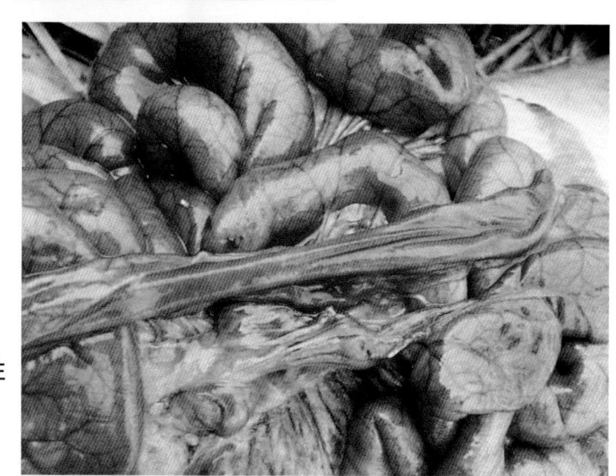

图16-10　卡他性出血性肠炎

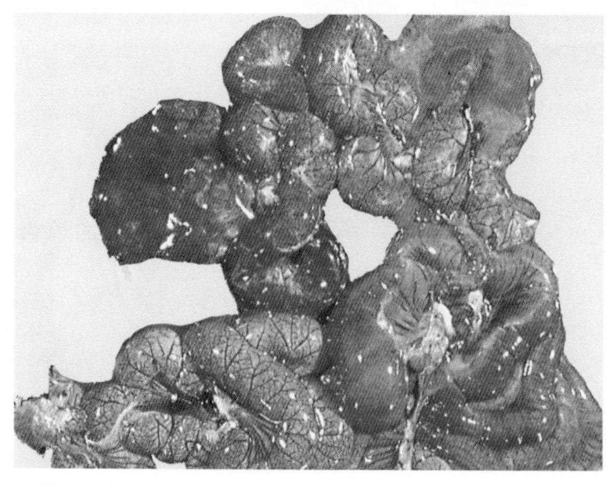

图16-11　肠内容物含大量气泡

连的系膜中也有大量气泡（图16-12）。肝脏常肿大、黄染，切面上也出现大量气泡（图16-13）。

【诊断要点】依据临床症状和病理特点，结合流行特点，可做出初

图16-12　肠系膜中有大量气泡

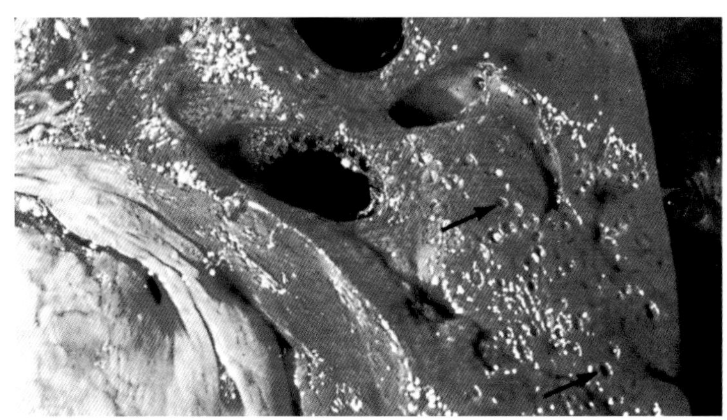

图16-13　肝脏切面有大量气泡

步诊断，进一步的确诊可采取小肠内血样内容物或红色腹水，加等量生理盐水搅拌均匀后，离心，取上清液用细菌滤器过滤后，给小鼠静脉注射，如果小鼠迅速死亡，即可确诊为本病。

【防治措施】由于本病发生急，病程短，病情严重，常来不及治疗，病猪已经死亡，因此，本病的治疗效果不佳。治疗时可口服磺胺类药物或抗生素，每日2～3次，腹腔注射5%葡萄糖溶液或生理

盐水，以补充水分和能量。如有C型产气荚膜梭菌抗毒素血清时，及时用于病猪的治疗，可获得较好的疗效。治疗方法是：口服剂量为5 ～ 10毫升，每日1次，连用3天；若与青霉素等抗生素共同内服，效果更好。

本病主要依靠平时的预防。首先要加强对猪舍和环境的清洁卫生及消毒工作，产房和分娩母猪的乳房应于临产时彻底消毒；有条件时，母猪分娩前1个月和15天，各肌内注射C型产气荚膜梭菌氢氧化铝菌苗或仔猪红痢干粉菌苗1次，以便使仔猪通过吮乳获得被动免疫。鉴于C型产气荚膜梭菌仅在胃肠道内停留和繁殖，而不进入血液和组织，因此，对妊娠母猪，于产前15天在饲料中添加抗生素（如四环素、土霉素、氧氟沙星等），连喂5 ～ 7天；停药5天；于分娩前2天，更换添加另一种抗生素，连续饲喂7天，也具有良好的预防效果。

【注意事项】诊断本病时应与一些以腹泻为主要症状的疾病相鉴别。猪传染性胃肠炎可发生于各种年龄的猪，但以仔猪多发且病情严重，病猪呕吐，排出污秽不洁的水样便，仔猪多因脱水、自体中毒而死亡，成年猪一般不死亡。猪痢疾主要感染3月龄的仔猪，其腹泻主要表现为拉血便，在稀便中常混有血凝块、黏液和坏死组织片的混合物。仔猪黄痢，主要发生于出生几小时至1周龄的仔猪，以排出黄色稀便为特点，死亡率高。仔猪白痢主要发生于10 ～ 30日龄仔猪，以排乳白色或灰白色、糨糊样稀粪，带有腥臭味为特征，发病率较高，病死率较低。

十七、破伤风

破伤风又叫强直症，俗称“锁口风”，是由破伤风梭菌所致的一种急性中毒性人、畜共患的传染病，临床上以骨骼肌持续性痉挛和神经反射兴奋性增高为特征。

【病原特性】破伤风梭菌为一种大型、革兰氏阳性、能形成芽孢的厌氧性杆菌，有周鞭毛，能运动，但不形成荚膜，多单个散在。芽孢在菌体的一端，似鼓槌状或球拍状（图17-1）。本菌可产生多种毒素，其中痉挛毒素是引起强直症状的决定性因素。

【典型症状】猪多由去势感染所致。病猪从头部肌肉开始痉挛，咬肌挛缩，张嘴困难，口吐白沫，叫声尖细；鼻翼痉挛，鼻孔开张（图17-2），有较黏稠白色泡沫；眼肌痉挛，瞬膜外露，瞳孔散大（图17-3）；严重时，病猪的牙关紧闭，两耳竖立，项颈僵硬，头向前伸，四肢伸直不能弯曲，腰背弓起，全身肌肉痉挛，状如木马（图17-4）；

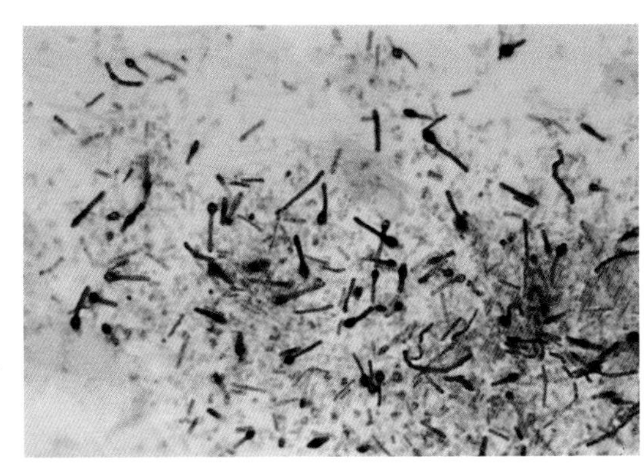

图17-1　破伤风梭菌

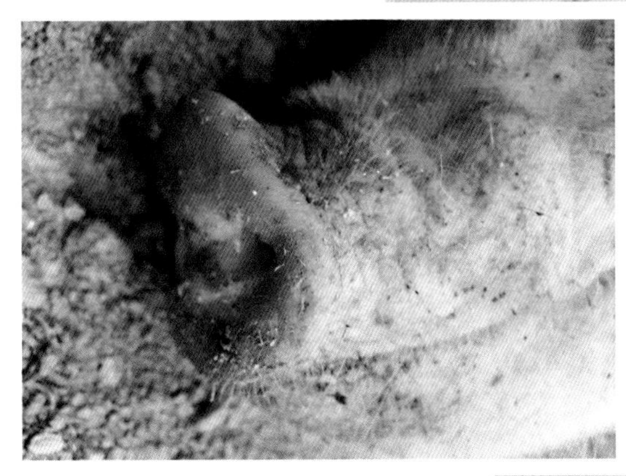

图17-2　鼻翼痉挛，鼻孔开张

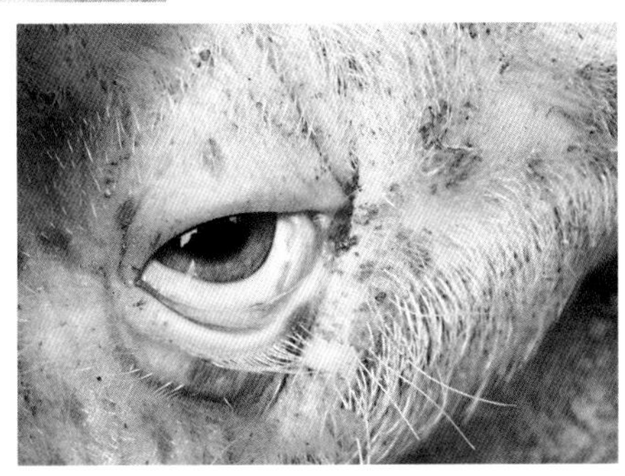

图17-3　眼肌痉挛，瞳孔散大

触摸肌肉有坚实如木板感。病猪对光、声和其他刺激敏感。死后出现强直和僵硬表现（图17-5）。

【诊断要点】破伤风的症状很有特征，通常依据病猪全身肌肉痉挛

图17-4　肌肉痉挛，状如木马

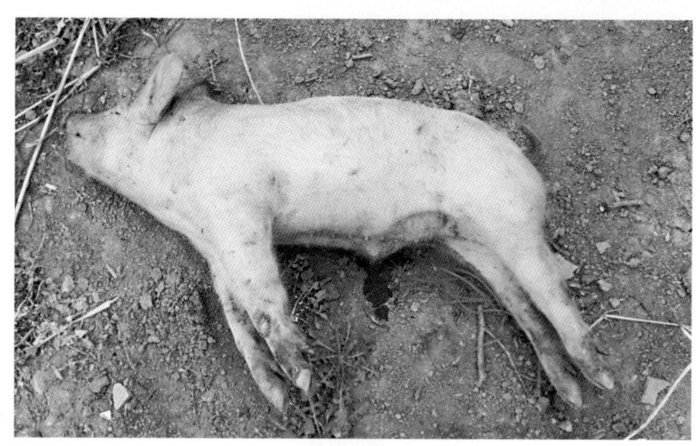

图17-5　四肢强直，耳朵竖立

和僵硬的临床症状并结合发病原因的调查，即可确诊。当临床症状不很明显时，可采取病死猪创伤的深部组织，涂片染色后，检出带有近端芽孢的梭形杆菌（图17-6），即可确诊。

【防治措施】治疗本病的特效药物是破伤风抗毒素，尽快确诊和及

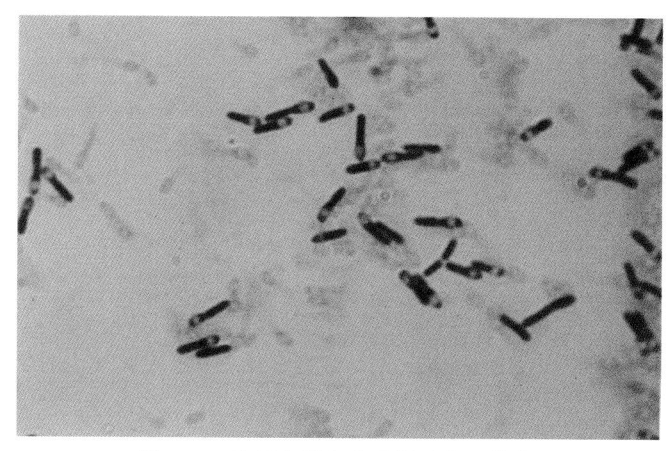

图17-6　病料中带有芽孢的破伤风梭菌

时应用破伤风抗毒素，可取得较好的疗效。一般根据病猪的大小，可使用破伤风抗毒素20万～80万单位，分3次注射，也可一次全剂量注射。据报道，用40%乌洛托品15～30毫升注射，也有良好的效果。同时应迅速查明感染的创伤并进行外科处理，应尽快清除创内的脓汁、异物和坏死组织等；对创底深、创口小的创伤要进行扩创，并用3%过氧化氢溶液、2%高锰酸钾溶液或5%碘酒消毒。之后，再在创腔内撒布碘仿硼酸合剂，并用青霉素、链霉素在创伤周围作环形封闭注射；还需辅以镇静、解痉等对症治疗。如为了缓和肌肉痉挛，可使用解痉剂，如氯丙嗪25～50毫克或25%硫酸镁注射液10～20毫升，肌内注射；或用25%水合氯醛20～30毫升灌肠，每日2～3次；也可用独角莲注射液3～5毫升，肌内注射，每日2次。为了使病猪安静，可将其放置在阴暗处，避免光线和声音等刺激。

加强饲养管理和注意环境卫生，防止猪发生外伤，是预防本病的有力措施。当猪发生扎伤、刺伤等外伤时，应立即用碘酊消毒并进行必要的外科处理，防止发生感染；阉割和处理仔猪脐带时，不仅要注意器械的严格消毒和无菌操作，还应注射破伤风抗毒素。

【注意事项】在临床上进行诊断时，应与一些引起肌肉强直或痉挛性疾病，如急性肌肉风湿症、马钱子中毒、脑炎、狂犬病等相鉴别。急性肌肉风湿症无创伤史，患部肌肉强硬，结节性肿胀，有疼痛，头颈伸直或四肢拘僵，体温升高1℃以上，水杨酸制剂治疗有效。马钱子中毒时有使用药物的病史，病猪有牙关紧闭、角弓反张、肌肉强直等现象，用水合氯醛治疗有明显的颉颃作用。脑炎、狂犬病等虽也有牙关紧闭、角弓反张、腰发硬、局部肌肉痉挛等症状，但它们均有相应的病原感染病史。以上这几种病均无牙关紧闭、瞬膜外露，两耳竖立，尾高举，状似木马，对光、声和其他刺激敏感等症状。

十八、猪传染性胸膜肺炎

猪传染性胸膜肺炎又称猪副溶血嗜血杆菌病或猪嗜血杆菌胸膜肺炎，是一种呼吸道传染病，以呈现纤维素性肺炎或纤维素性胸膜肺炎的症状和病变为特征。急性病例的死亡率高，慢性者常能耐过。本病常易继发其他疾病，导致猪生长发育受阻，饲料报酬明显降低，给养猪业带来巨大的经济损失。

【病原特性】胸膜肺炎放线杆菌为革兰氏阴性小杆菌，呈球杆状（图18-1），能产生荚膜，但不形成芽孢，无运动性。本菌有12个血清型，主要取决于荚膜多糖和菌体的脂多糖。

【典型症状】最急性型先见病猪的耳、鼻、腿和体侧皮肤发绀；继之，病猪呼吸困难，张口喘息，站立不安，躺卧时多呈趴卧（图18-2）或犬坐姿势（图18-3）；也有的病猪因突发败血症，无任何征兆而急速死亡。剖检见全身瘀血而呈暗红色，或有大面积的瘀斑形成（图18-4），肺炎病变多发生于肺的前下部和肺边缘，病灶大小不等（图18-5）。

急性型有明显的呼吸困难、咳嗽、张口呼吸等较严重的呼吸障碍症状。病猪常呈现犬卧或犬坐姿势，全身皮肤瘀血呈暗红色；有的病猪还从鼻孔中流出大量的血色样分泌物，污染鼻孔及口部周围的皮肤（图18-6）。剖检见胸腔有大量淡红色胸水（图18-7），肺表面有大量黄白色纤维素性渗出物，肺炎多为两侧性，有呈紫红色的红色肝变区和灰白色的灰色肝变区（图18-8），切面见大理石样花纹（图18-9）。

亚急性和慢性型有程度不等的间歇性咳嗽，生长缓慢，并常因继发感染而使呼吸障碍加重。剖检常见肺继发性脓肿（图18-10）；病猪的气管内常见大量的黄白色化脓性纤维素性假膜（图18-11）；肺表面被

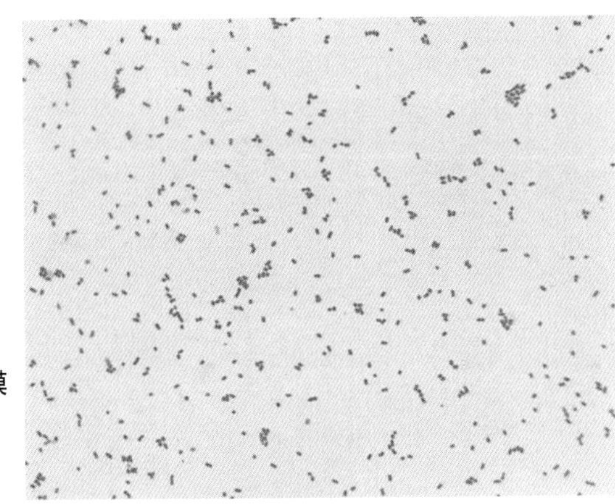

图18-1 革兰氏阴性的胸膜肺炎放线杆菌

图18-2 病猪呈现趴卧姿势

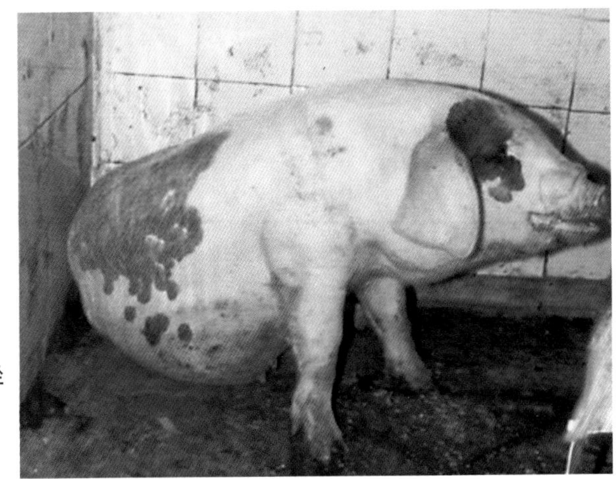

图18-3 典型的犬坐姿势

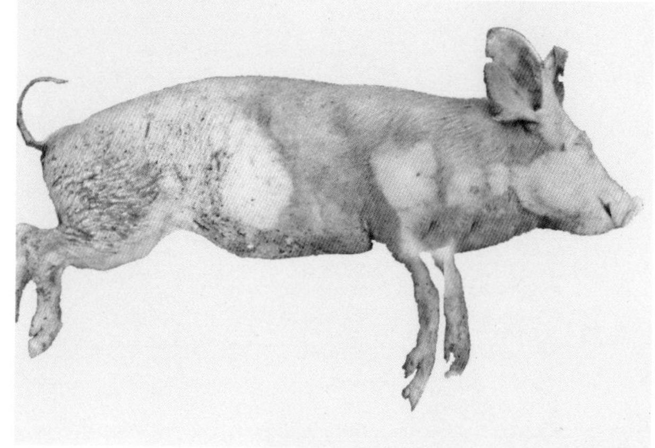

图18-4　全身大面积瘀斑形成

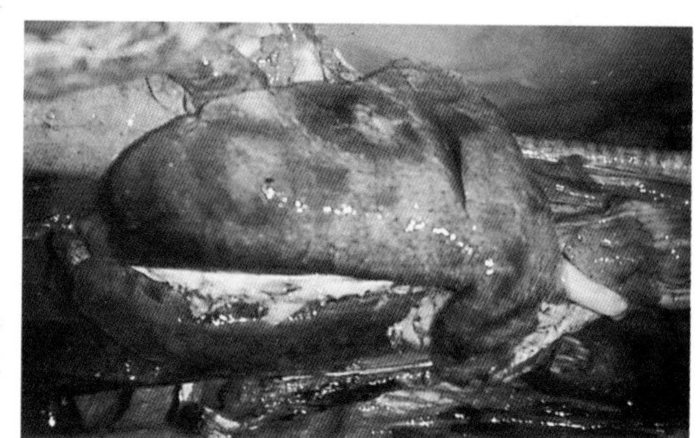

图18-5　肺脏出血并有炎性病灶

图18-6　鼻孔流出血色样分泌物

图18-7　胸腔有大量胸水

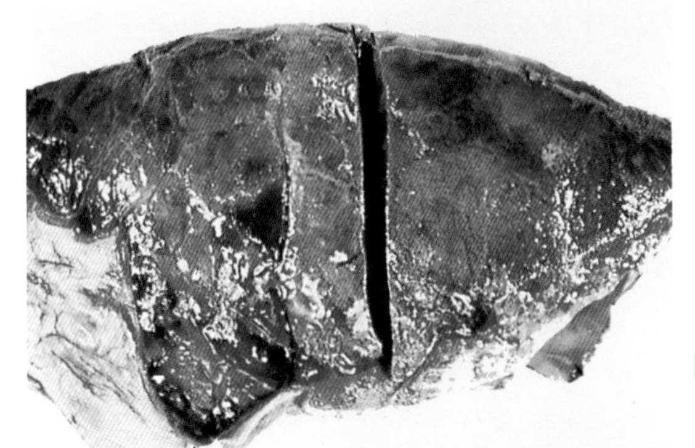

图18-8　纤维素性胸膜肺炎

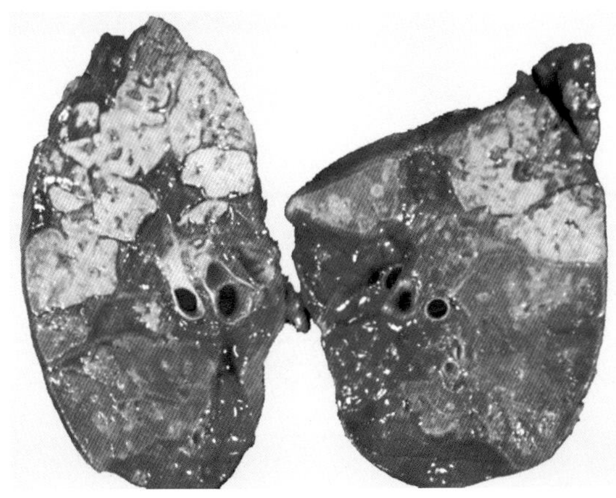

图18-9　肺脏切面呈现大理石样花纹

覆的纤维素性渗出物被机化后常与肋胸膜发生纤维素性粘连（图18-12）；心包增厚常与肺脏发生粘连（图18-13）。

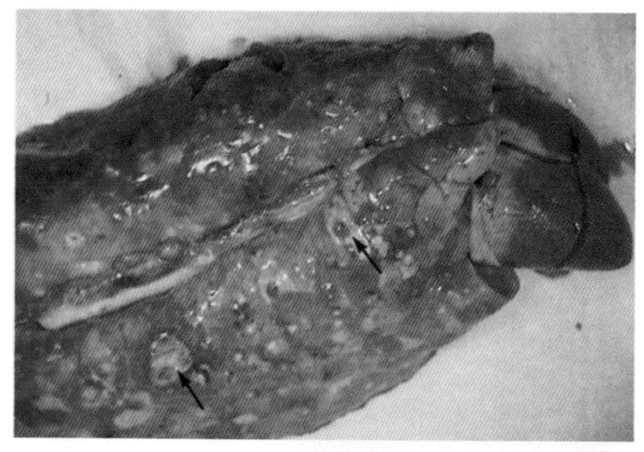

图18-10　化脓性肺炎

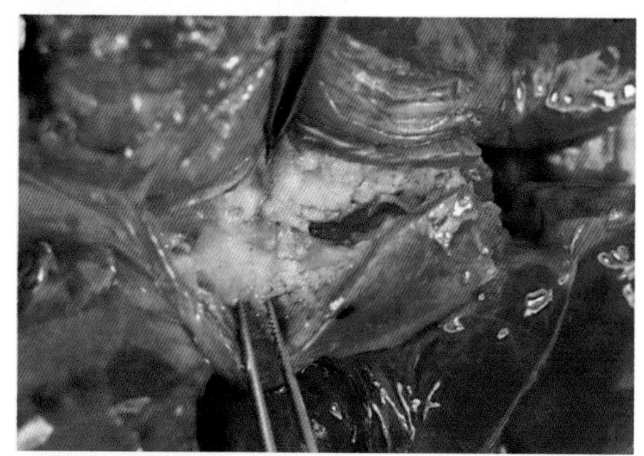

图18-11　化脓性气管炎

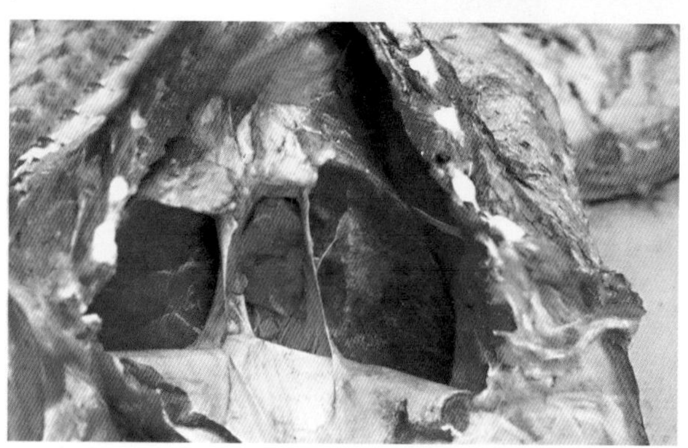

图18-12　肺胸膜粘连

【诊断要点】依据临床症状和特殊的病理变化，结合流行病学，可做出初步诊断；确诊需从支气管、鼻腔分泌物和肺炎病变部组织中检出病原体。在新疫区，则需进行实验室检查才能确诊。常用的实验室检查方法是：从气管或鼻腔采取分泌物，或采取肺炎病变部组织，涂片，革兰氏染色，显微镜检查可看到红色（阴性）小球杆菌（图18-14）。

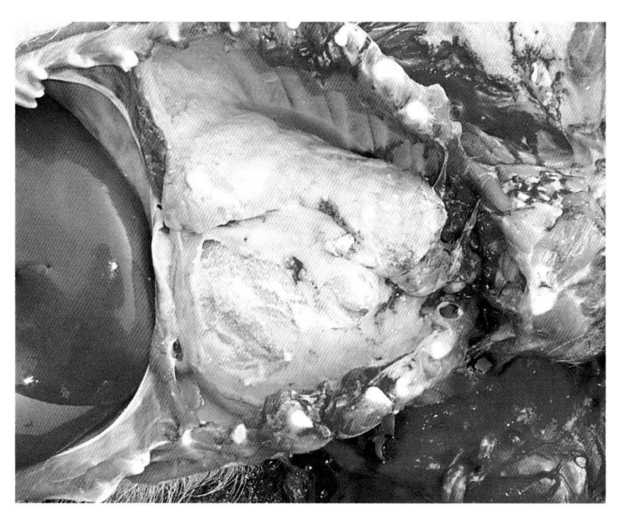

图18-13　心包膜与肺脏粘连

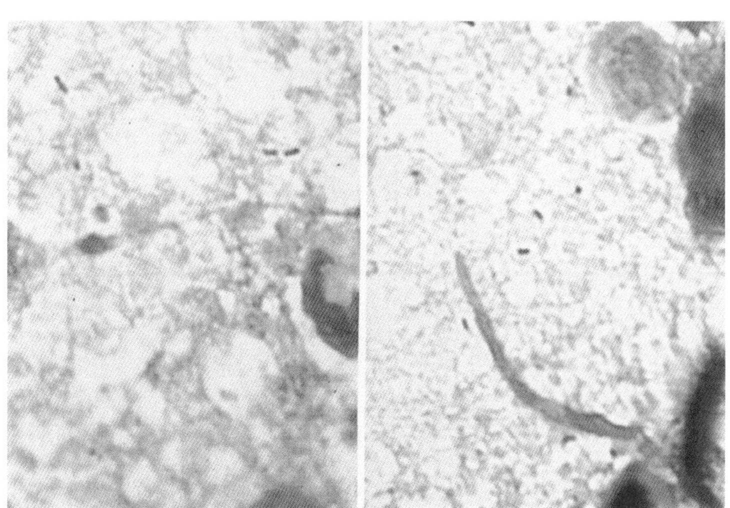

图18-14　肺组织涂片中的病原菌

【防治措施】治疗本病常用的药物有青霉素、卡那霉素、土霉素、四环素、链霉素及磺胺类药物。用药的基本原则是肌内注射或皮下大剂量注射，并重复给药或几种药物联合使用。一般的用药剂量为：青霉素肌内注射，每头每次40万～100万国际单位，每日2～4次。能正常采食的猪，可在饲料中添加土霉素等抗生素或磺胺类药物，剂量为每千克饲料中加入土霉素0.6克，连服3天，可以控制本病的发生。当连续使用某种药物数天而无效时，可能细菌对该种药物产生了耐药性，应立即更换药物，或几种药物联合使用。

预防本病的有效方法是无病猪场应防止引进带菌猪；猪场必须引种时，应在引进种猪前应用血清学试验进行检疫。猪群一旦发生本病，可能大多数猪已感染，在尚无菌苗应用的情况下，只能采取以下两种措施：一是对猪群普遍检疫，淘汰阳性猪；二是以含药添加剂饲喂，同时改善环境卫生，消除应激因素。

【注意事项】诊断本病时需与急性猪巴氏杆菌病、猪气喘病等相区别。急性猪巴氏杆菌病常见咽喉部肿胀，皮肤、皮下组织、浆膜、黏膜及淋巴结有出血点，而本病的病变常局限于肺和胸腔。猪气喘病也有呼吸困难的症状，但体温不高，病程长，剖检见肺部病变对称，呈胰样变或肉样变，而不是纤维素性胸膜肺炎的变化。

十九、副猪嗜血杆菌病

副猪嗜血杆菌病是由副猪嗜血杆菌所引起的一种泛嗜性细菌性传染病。在临床和病理学上，病猪以多发性浆膜炎，即多发性关节炎、胸膜炎、心包炎、腹膜炎、脑膜炎和伴发肺炎为特征。本病以30～60千克的仔猪和架子猪的易感性较强，成年猪多呈隐性感染或仅见轻微的临床症状。

【病原特性】副猪嗜血杆菌为多形态的病原体，一般呈短小杆状，也有呈球形、杆状、短链或丝状等，无鞭毛，不形成芽孢，多无荚膜，但新分离的强毒株则有荚膜，革兰氏染色阴性（图19-1），美蓝染色呈两极浓染，着色不均匀。

【典型症状】急性型病猪的体温可达41℃，身体颤抖，呼吸困难，皮肤发绀，常伴发运动障碍（图19-2），多于发病后的2 ~ 3天死亡。亚急性或慢性型病猪呼吸浅表，常呈犬卧姿势，喘息，四肢末端及耳尖多发蓝紫色；有的病猪发生关节炎（图19-3），出现严重跛行症状。

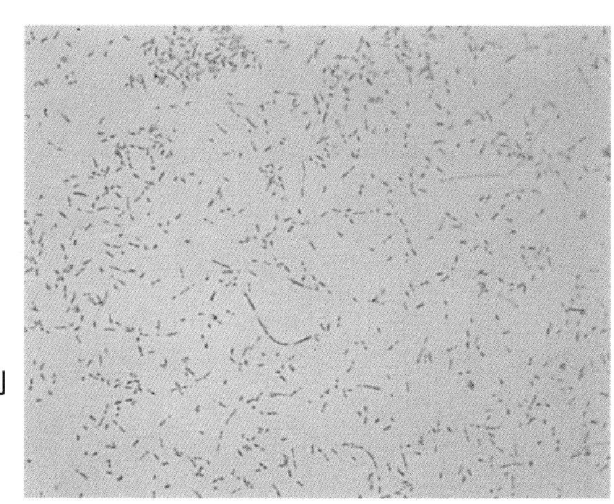

图19-1　革兰氏阴性副猪嗜血杆菌

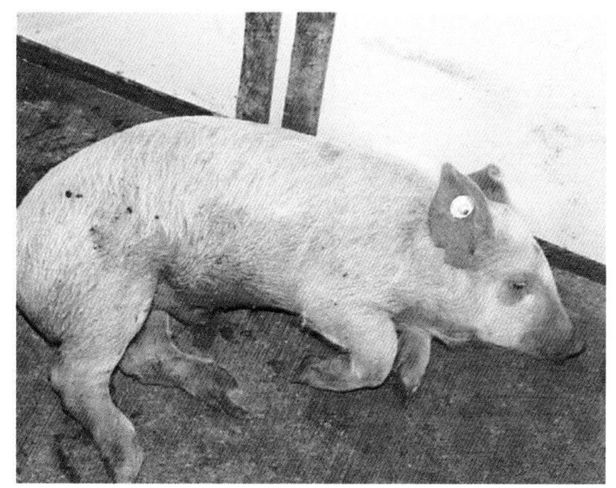

图19-2　败血型病猪运动障碍

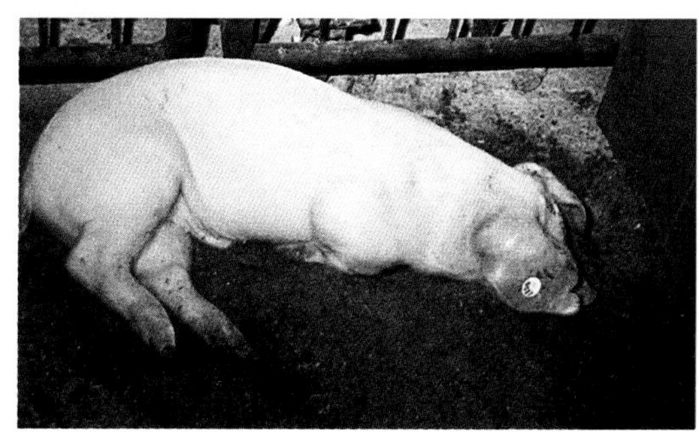

图19-3　呼吸困难，伴发关节炎

某些猪由于发生脑膜炎而表现肌肉震颤、麻痹和惊厥（图19-4）。当病菌经皮肤的创伤或血液侵及皮肤时，可引起局部皮肤发炎或坏死（图19-5）。病程迁延时病猪呼吸困难、消瘦，皮肤发绀（图19-6）。

图19-4　脑膜炎型病猪惊厥

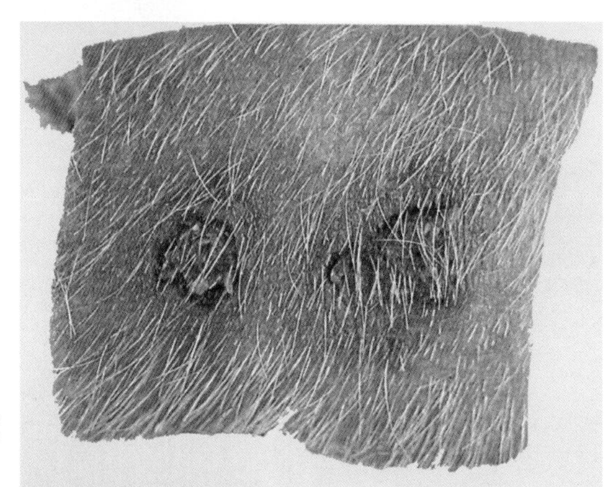

图19-5　皮肤的干性坏死

图19-6　病猪呼吸困难，消瘦

死于本病的猪，体表常有大面积的瘀血和瘀斑（图19-7），特征性病变为全身性浆膜炎，即见有浆液性胸膜炎（图19-8）、纤维素性 胸膜肺炎（图19-9）、纤维素性心包炎（图19-10）、肠浆膜的渗出性气泡

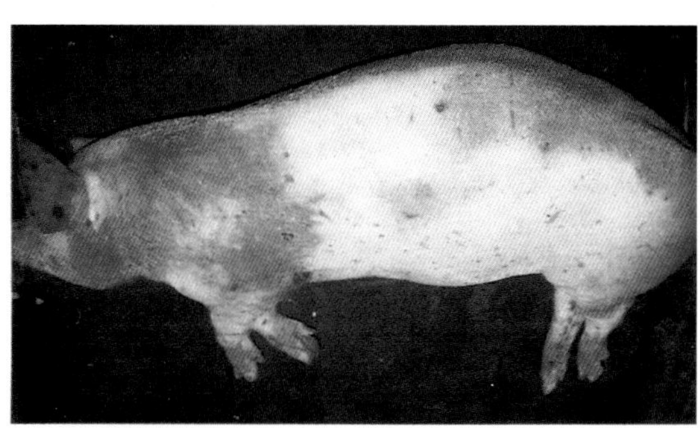

图19-7　病尸体表有大面积瘀斑

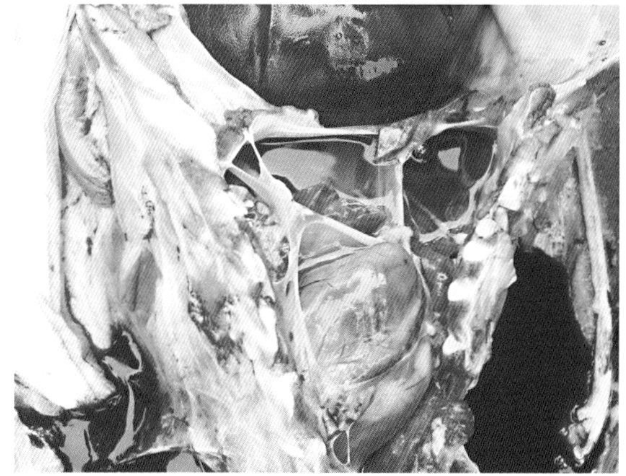

图19-8　浆液性胸膜炎

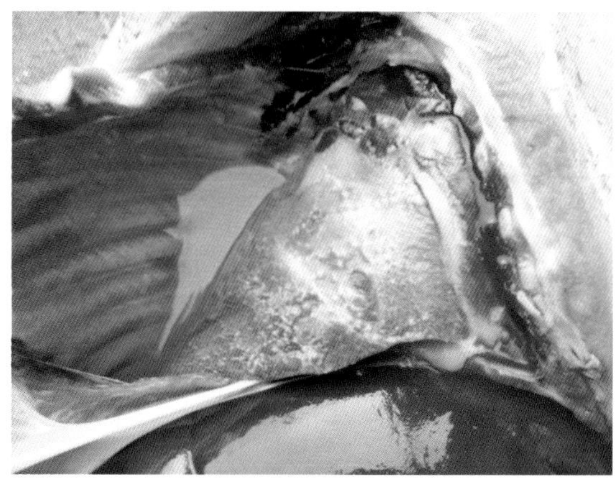

图19-9　纤维素性胸膜肺炎

症（图19-11）、纤维素性腹膜炎（图19-12）、纤维素性化脓性腹膜炎（图19-13）、脑膜炎（图19-14）、浆液性关节炎（图19-15）和纤维素

图19-10　纤维素性心包炎

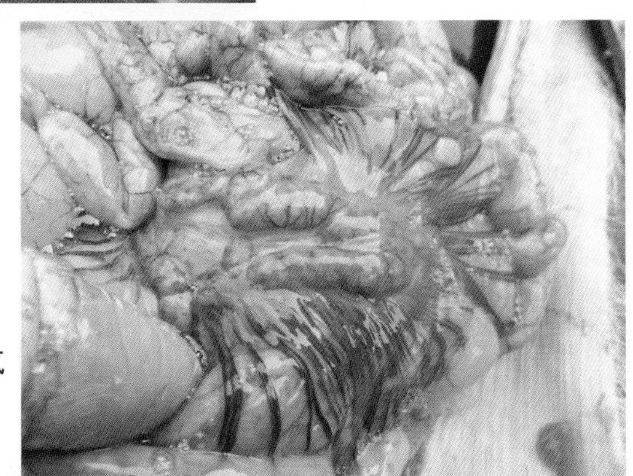

图19-11　肠浆膜的渗出性气泡症

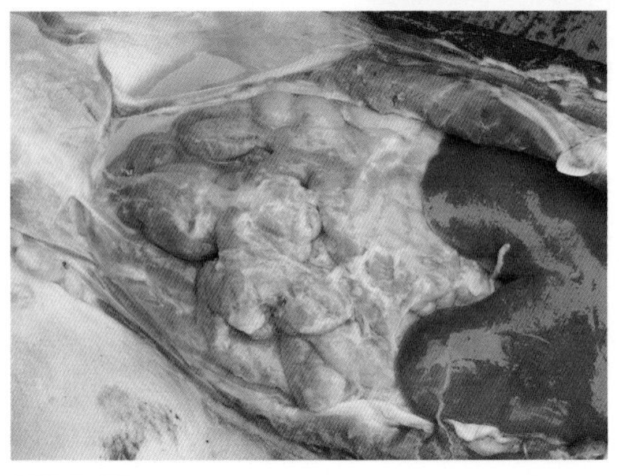

图19-12　纤维素性腹膜炎

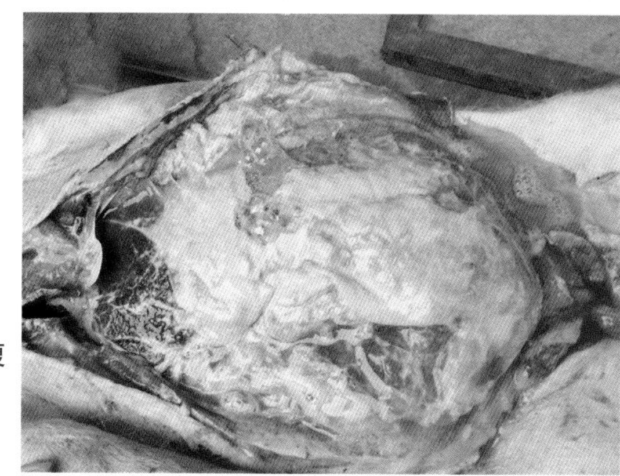

图19-13 纤维素性化脓性腹膜炎

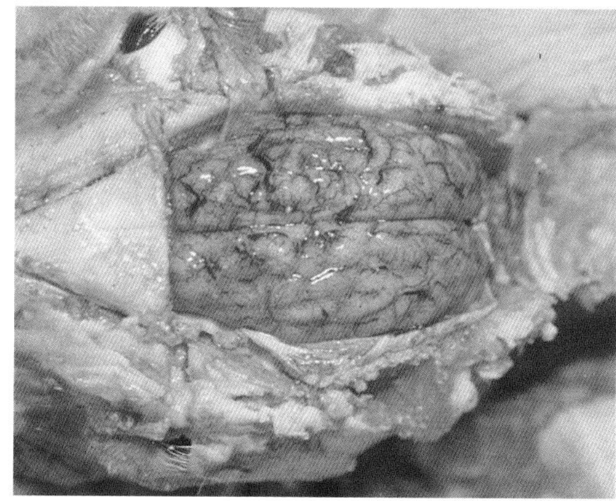

图19-14 脑膜炎

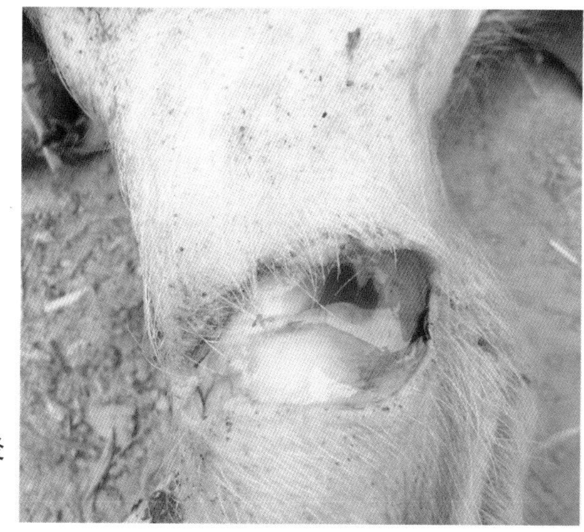

图19-15 浆液性关节炎

性关节炎（图19-16），其中以纤维素性心包炎和纤维素性胸膜肺炎的发生率最高。

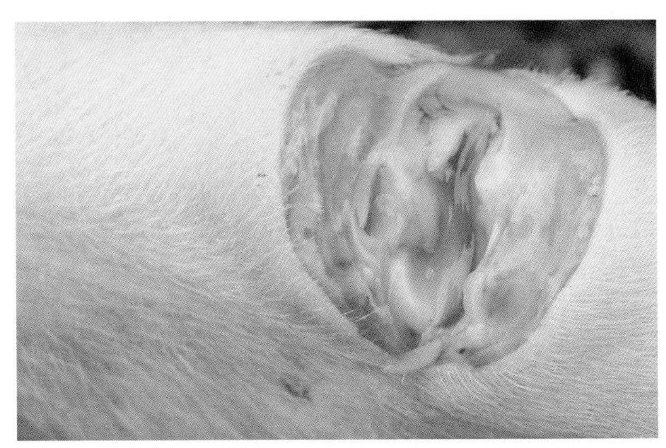

图19-16　纤维素性关节炎

【诊断要点】根据病史、临床症状和特征性病变，可做出初步诊断；确诊需进行副猪嗜血杆菌的分离，或用病料涂片进行特殊染色后做细菌学检查。也可通过血清学试验（如间接血凝试验、琼脂扩散试验和补体结合反应等）来确诊。

【防治措施】本菌对磺胺类药物比较敏感，因此，磺胺嘧啶、磺胺甲氧嘧啶和磺胺甲氧异噁唑等是常被选用的治疗药物。最近，有人报道用自家血清治疗本病也有较好的效果。自家血清的制备：用自制疫苗按免疫程序免疫育肥猪，1周后再注射10毫升；或于康复病猪屠宰时无菌采集血液，分离血清，并做细菌灭活、病毒脱毒处理，再做无菌检验和动物试验，合格后置4℃或－20℃保存备用。使用方法：1月龄的仔猪每头肌内注射自家血清15毫升，1周后再注射25毫升，必要时进行第3次注射，并在血清中加入长效缓释抗生素，多可取得较好的疗效。对较大的仔猪，可适当增加血清的用量。

在国外已有运用灭活菌苗预防本病的报道，但国内目前尚无商品灭活菌苗供应。因此，对本病的控制和预防，主要是加强饲养管理，尽量消除或减少各种发病诱因。对已感染的猪群，可用血清学方法及时检出，并坚决淘汰抗体阳性的猪，以净化猪场。最近，有人报道经过多次试验证明，用本场分离出来的副猪嗜血杆菌制成灭活蜂胶苗进行免疫注射，具有非常好的预防效果。

【注意事项】在诊断本病时应与猪支原体性多发性浆膜炎-关节炎、猪丹毒、猪链球菌病等相区别。猪支原体性多发性浆膜炎-关节炎发病比较温和，高死亡率不高，常缺乏脑膜炎病变；慢性猪丹毒在发生多发性关节炎时还出现疣性心内膜炎和皮肤大块坏死，而没有胸膜炎、腹膜炎和脑膜炎病变。猪败血性链球菌病除见纤维素性胸膜炎、心包炎和化脓性脑脊髓膜炎外，还常伴发纤维素性脾被膜炎。

二十、猪增生性肠炎

猪增生性肠炎又称猪回肠弯曲菌性感染，是由猪肠炎弯曲菌所引起的一组具有不同特征性病变的疾病群。根据本病的病变特征不同，可将之分为肠腺瘤病、坏死性回肠炎、局部性回肠炎和增生性出血性肠病四种类型。在临床上病猪以进行性消瘦、腹泻、腹部膨大和贫血为特点。

【病原特性】猪肠炎弯曲菌的菌体为多形态，主要呈撇形、S形和弧形等，革兰氏染色阴性（图20-1）；在老龄培养物中呈螺旋状长丝或圆球形，运动活泼。

【典型症状】病猪轻度腹泻，常排出混有较多黏液的软便，有时粪便中可见到较多的黏液块。病猪瘦，贫血，腹部膨大（图20-2）。当发展为增生性出血性肠病时，则突然发生严重腹泻，粪便中含有较多的血丝或小血块，有时排血便，严重的呈煤焦油样（图20-3）。

对病尸剖检可发现4种病变：一是肠腺瘤病，病变常局限于回肠、盲肠和结肠前1/3部，肠壁肥厚，浆膜下水肿，肠腔空虚，黏膜皱褶深陷，尚见孤立的结节（图20-4）。二是坏死性回肠炎，回肠肠壁增厚，黏膜面被覆灰色或黄色的坏死组织（图20-5）。坏死组织的质地坚韧，与黏膜或黏膜下层牢固粘连，伴发少量出血和肌层水肿（图20-6）。三是局部性回肠炎，回肠末端的肠壁增厚，坚硬如胶皮管样（图20-7）。肠腔狭窄，肠黏膜层明显增厚（图20-8），剪开见黏膜面不规则，多呈脑回状，被覆大量黏液（图20-9），或被覆厚层黄白色假膜（图20-10），肠壁集合淋巴小结肿胀。四是增生性出血性肠病，回肠末端的黏膜和黏膜下层增厚，有点状出血（图20-11），病情严重时肠腔积有血液或由血液块组成的固体管型（图20-12）。

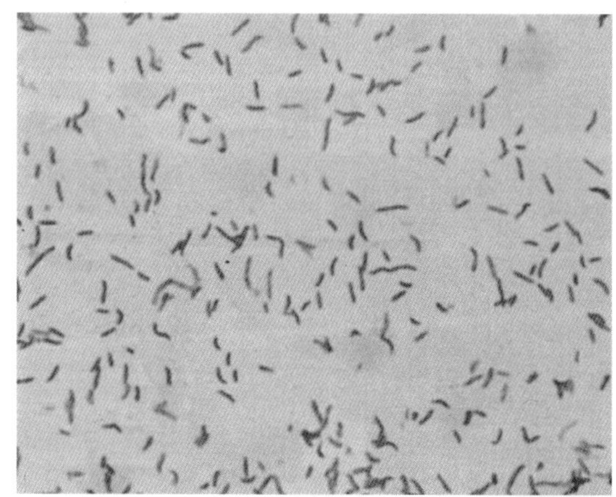

图20-1　革兰氏阴性的猪肠炎弯曲菌

图20-2　病猪腹部膨大，消瘦

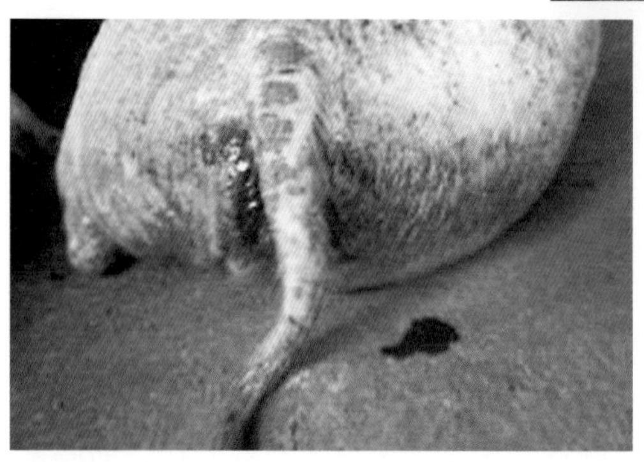

图20-3　病猪排煤焦油状血便

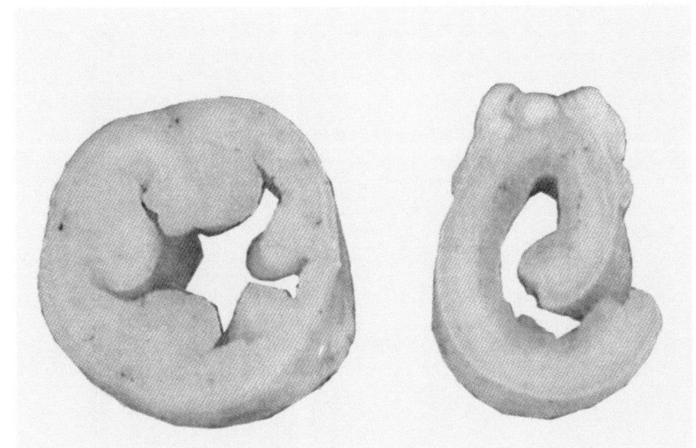

图20-4　肠壁明显增厚

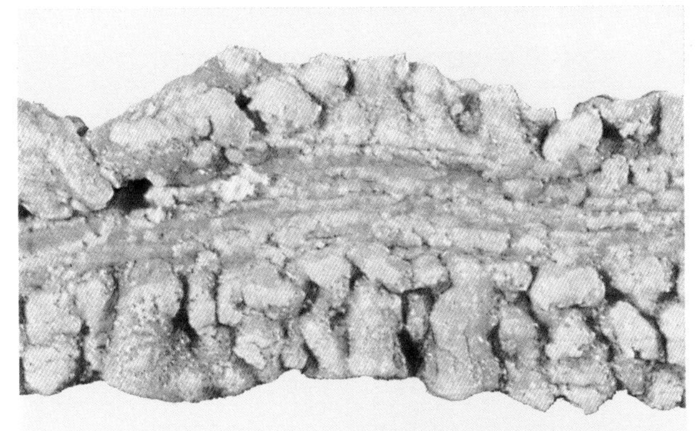

图20-5　坏死性回肠炎

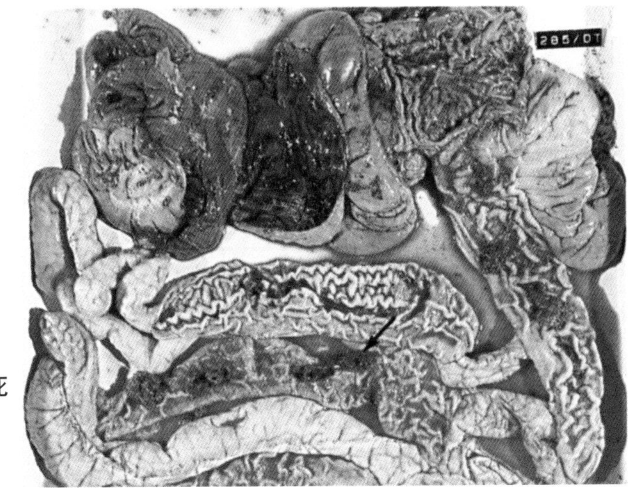

图20-6　出血性坏死性回肠炎

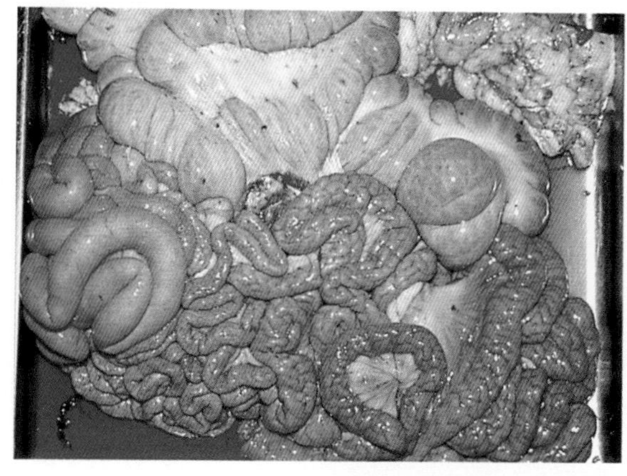

图20-7　回肠增厚呈胶皮管样

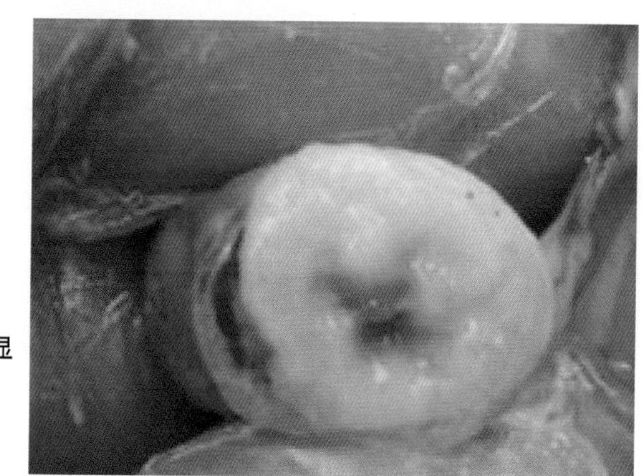

图20-8　肠黏膜层明显增厚

图20-9　肠黏膜表面被覆大量黏液

图20-10 覆有厚层假膜的回肠

图20-11 增生性出血性肠病

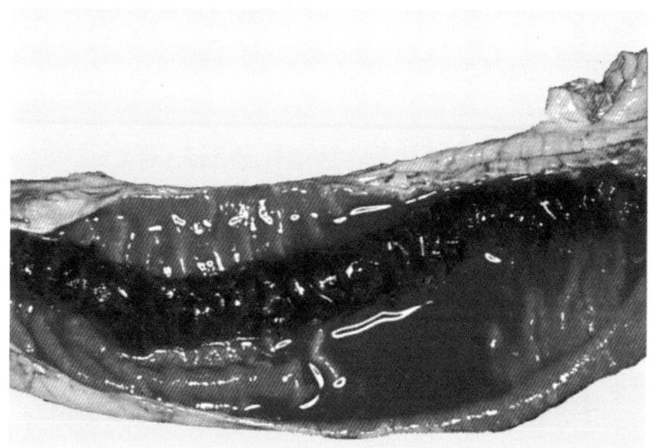

图20-12 肠腔积血和血凝块形成

【诊断要点】本病的临床症状不典型，主要靠病原的分离和病理剖检来确诊。病原分离多采取粪便作为检查材料，但粪便中的杂菌较多。近年来，通过在血琼脂中添加能限制其他细菌生长而对本菌无碍的多种抗生素，研制出具有高度选择性的培养基，如Campy-BAP血琼脂和Skirrow等，使本菌的分离检出率大大提高。分离时，将粪样接种于上述培养基上置42 ～ 43℃微需氧环境中培养48小时，如有疑似菌落生长时，即可进一步作鉴定。病理学诊断时，可根据眼观的病理变化和组织学检查，对疾病做出病理分型，并经Warthin-Starry镀银染色在切片中检出特异性的病原体而予以确诊。此外，还可用间接血凝试验、补体结合反应和酶联免疫吸附试验等血清学方法进行诊断。

【防治措施】本病的病原主要生存于回肠和盲肠等部，因此内服抗生素（土霉素等）较注射效果好。但对体质较差的病猪，可采取综合性治疗措施。治疗时常选用片剂（常用的片剂有3种，每片的含药量分别为0.05克 、0.1克和0.25克），按每千克体重20 ～ 50毫克内服，首次可加倍量分2次内服（间隔6小时），连用3 ～ 5天。预防时可用土霉素钙粉剂按每吨饲料300 ～ 500克的比例，与饲料充分拌匀，连用1周；也可按每升水加0.11 ～ 0.28克的剂量，放入水中充分搅匀，使猪饮用1周。

本病是经消化道传播的，故防治本病的主要措施是避免病猪摄食被病菌污染的饲料和饮水；发现病情后，对病猪隔离治疗，对同群其他猪进行药物预防；病猪用过的圈舍、垫草或用具等应彻底清扫和消毒。据报道，美国已研制出猪增生性肠炎无毒活疫苗，并批准生产。该疫苗可阻止病菌在猪体内繁殖和引起病变。繁殖群、断奶仔猪及生长猪均可口服接种，但免疫前后3天停用抗生素。

二十一、猪渗出性表皮炎

猪渗出性表皮炎又称“油性皮脂漏”、“猪接触传染性脓疮病”及“油猪病”等，是由葡萄球菌引起的哺乳仔猪或断乳仔猪的一种急性致死性浅表脓皮炎。目前，本病在我国一些小型养猪场多发，应引起注意。

【病原特性】葡萄球菌为圆形或卵圆形，革兰氏染色阳性，无鞭毛，不形成芽孢和荚膜，常呈葡萄串状排列，但在脓汁、乳汁或液体培养基中则呈双球状或短链状（图21-1)，有时易误认为链球菌。本菌可产生溶血毒素、致死毒素、皮肤坏死毒素、剥脱毒素、杀白细胞素、肠毒素等毒素，以及血浆凝固酶、透明质酸酶和耐热核酸酶类、卵磷脂酶、磷酸酶、脂酶等多种酶类，使得其有较强的致病性，引起的病变较重。

【典型症状】急性型多发生于乳猪和仔猪，病变首先出现于眼周(图21-2)、耳（图21-3)、鼻吻、唇，并可扩散到四肢、胸腹下部和肛门周围的无毛或少毛部，出现红斑和结痂，或角化层的灶状糜烂，继而出现淡黄色小水疱，并在被毛基部蓄积黄褐色渗出液，靠近毛囊口处发生环绕有充血带的小丘疹，病变通常在24 ～ 48小时变为全身化

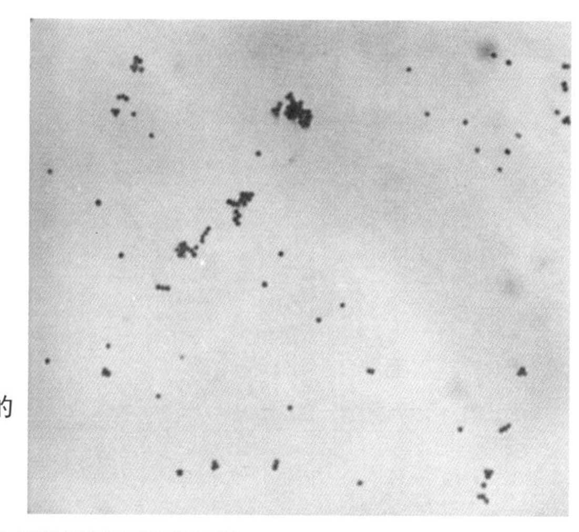

图21-1　不同排列方式的葡萄球菌

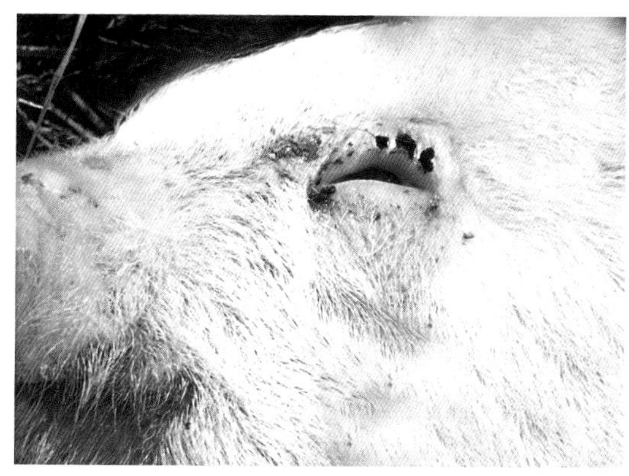

图21-2　眼睑部的红斑和结痂

（图21-4）。当水疱破裂后，其内的渗出液与皮屑、皮脂及污垢等混合。此时，病猪全身体表被覆特征性、厚层黄褐色油脂样恶臭渗出物（图21-5）；当这些物质干燥后，则形成微棕色鳞片状结痂，其下

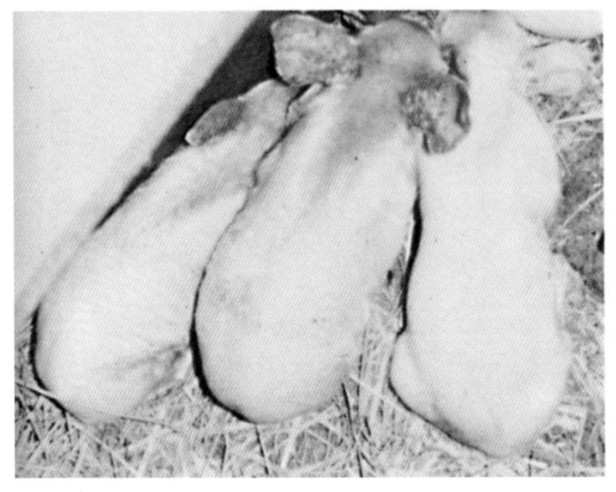

图21-3　病猪耳背的红斑

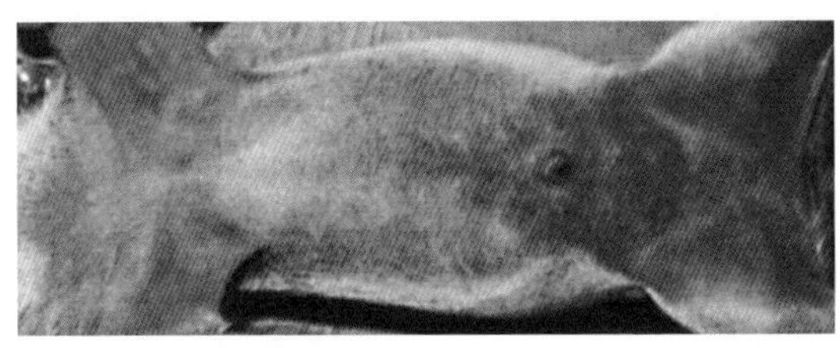

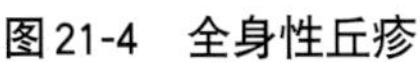

图21-4　全身性丘疹

图21-5　全身被覆油脂样渗出物

面的皮肤显示鲜明的红斑（图21-6）。有些患猪还呈现溃疡性口炎（图21-7）；四肢发生严重的渗出性表皮炎时，常可累及蹄部，此时蹄底部溃疡形成（图21-8）。

图21-6　耳壳红斑形成

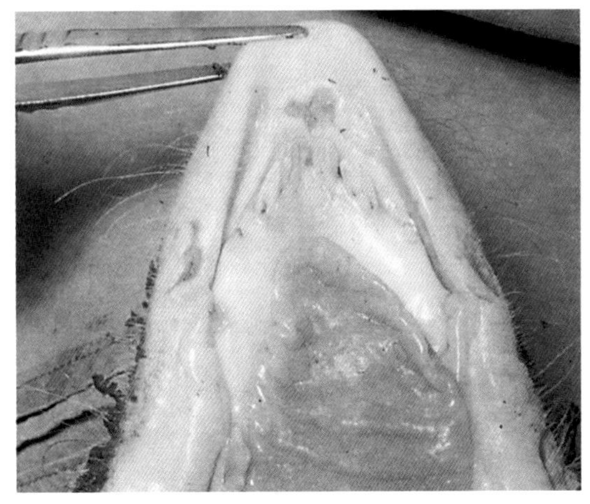

图21-7　溃疡性口炎

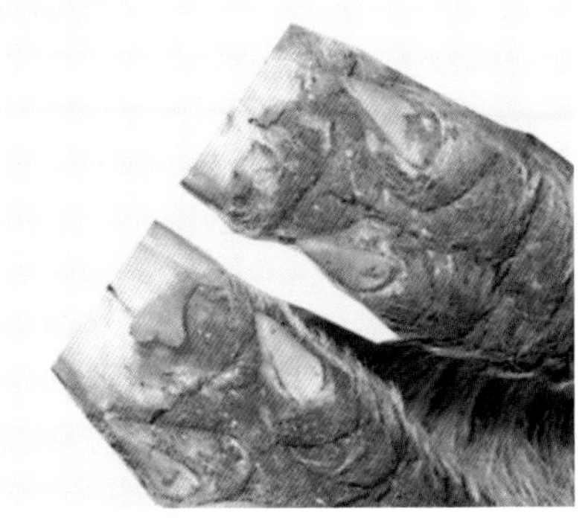

图21-8　蹄底部溃疡形成

亚急性型的病变常局限于鼻吻、耳、四肢及背部。受损皮肤显著增厚，形成灰褐色、形状不整的红斑和结痂（图21-9）；当病变全身化时，有明显鳞屑脱落（图21-10）。

另外，本病也发生于架子猪或母猪（多见于乳房部），通常在耳壳及背部见有污秽不洁的渗出性黑褐色结痂（图21-11）；病情较重、病

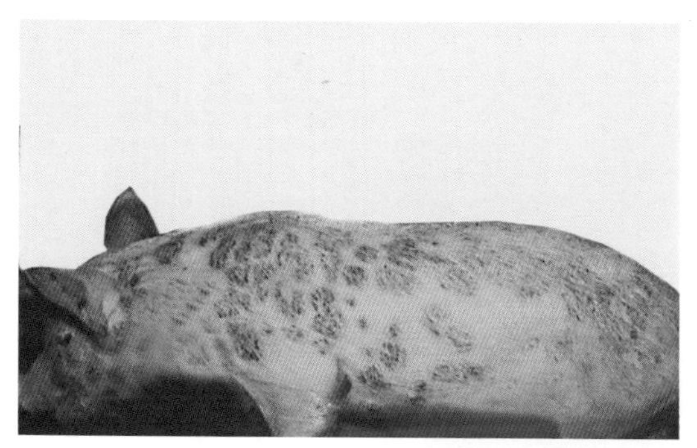

图21-9　亚急性型的红斑与结痂

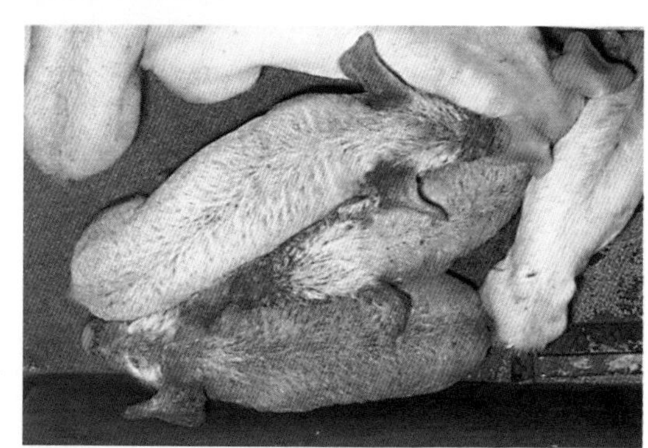

图21-10　全身性鳞屑样痂皮

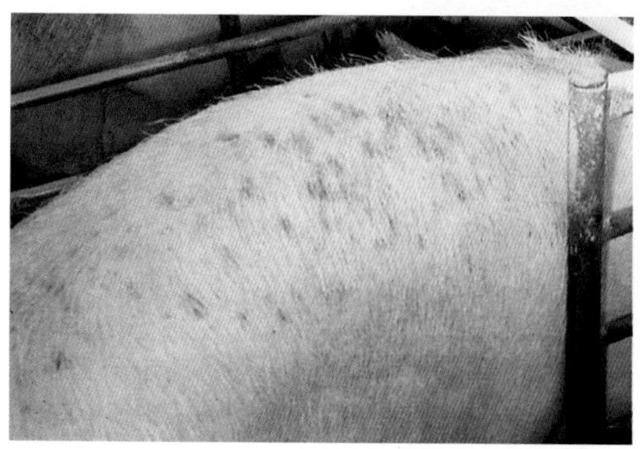

图21-11　架子猪体表的黑褐色结痂

变发展时，则形成红斑和溃疡（图21-12）；当继发感染后，常形成脓皮病而使病情加重。

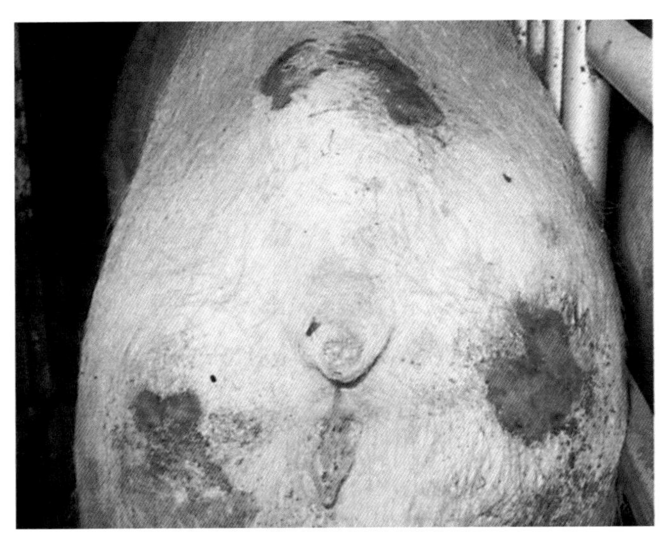

图21-12　成年猪体表红斑和溃疡

【诊断要点】本病的临床症状和病理变化很有特点，在仔猪群中不易和其他疾病混淆，一般根据症状和病变即可建立初步诊断，但最后确诊时需采取化脓的皮肤、组织或脓性渗出物等做涂片，革兰氏染色后，显微镜镜检，依据细菌的形态、排列和染色特性等进行确诊。

【防治措施】据报道，葡萄球菌对龙胆紫、青霉素、红霉素和庆大霉素等药物敏感，但易产生耐药性。因此，治疗本病时最好先做药敏试验，找出针对该菌的敏感药物进行治疗。也可先选用一些对本菌敏感的药物，边治疗边观察，及时进行调整。治疗本病的基本方法是：对病损的局部应先进行外科处理。通常先用消毒过的刀剪清除掉损伤表面的异物、渗出的凝结物、坏死的组织或痂皮等，再用1%高锰酸钾等消毒液彻底冲洗创面，尽量清除创面上存有的脓汁和细小的异物等。外科处理之后，再用对细菌敏感的药物进行治疗，通常是将这些抗生素制成膏剂进行涂布，如青霉素软膏、红霉素软膏等，也可涂布龙胆紫。

葡萄球菌是一种环境常在菌，通过积极的预防能控制或减少本病的发生。首先，切断传播途径，对病猪要早发现、早隔离和及时治疗，对病猪污染的环境和用具等进行彻底消毒。其次，加强饲养管理，提高猪体的抵抗力，防止存在于环境中的病原菌乘虚而入。据报道，用分离于发病猪场的菌株制成自家苗，对妊娠母猪进行产前免疫，可保护其所产仔猪免受感染。

【注意事项】临床上诊断本病时应注意与猪疥癣病相区别。两病外观虽然都是以皮肤损害为特征，都能形成鳞屑和结痂等病变，但渗出性表皮炎病猪病变多呈全身化，同一窝小猪中严重程度不同，无瘙痒，死亡率较高。猪疥癣病最有诊断意义的是瘙痒，病猪到处擦痒，皮肤常出现小的丘疹和红斑，疥癣病的死亡率很低。

二十二、附红细胞体病

附红细胞体病又称“猪红皮病”、“黄疸性贫血病”，是由附红细胞体所致的一种以发热、黄疸和贫血为特点的人畜共患的传染病。本病不仅可引起仔猪发育障碍，猪肉的品质降低，饲养成本增大，影响养猪业的发展，造成很大的经济损失，而且可使人感染发病，具有较重要的公共卫生学意义。

【病原特性】猪附红细胞体呈淡紫红色（姬姆萨染色），多在红细胞表面单个或成团寄生，呈链状或鳞片状，也有在血浆中呈游离状态，多呈环形，也有呈球形、杆状、卵圆形、哑铃形和网球拍形等（图22-1）。

【典型症状】病猪发热，贫血，可视黏膜苍白或充血黄染（图22-2），严重时呈土黄色，心悸、呼吸加快，仔猪明显腹泻（图22-3），有的病猪排出黄褐色或红色的尿液（图22-4），有的仔猪皮肤充血而呈黄红色（图22-5），或乳头肿胀，毛孔有渗血现象（图22-6）。病尸消瘦、黄染（图22-7）。剖检见血液稀薄，皮下及肌间结缔组织呈胶样浸润，心包腔中常有大量黄红色心包液（图22-8），全身脂肪黄染和脏器黄染（图22-9）。肝脏先肿胀，呈淡黄色，胆囊肿大，充满浓稠的胆汁；继之发生灶性坏死和增生，体积稍小，呈斑驳状（图22-10）。病初脾脏常因瘀血和出血而肿大、变软（图22-11）；后期则因脾小体减少而发生萎缩。

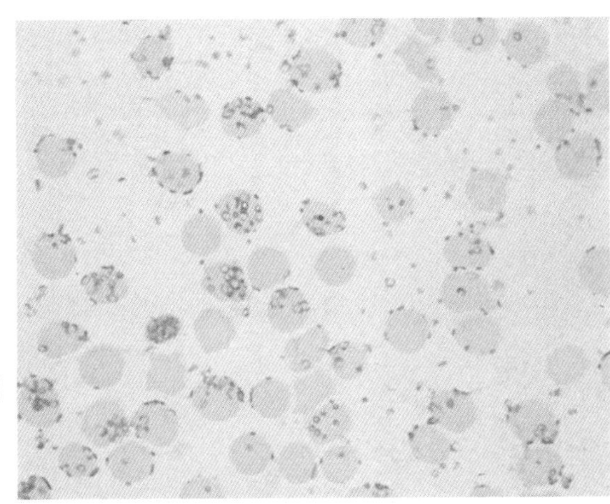

图22-1　多形态的附红细胞体

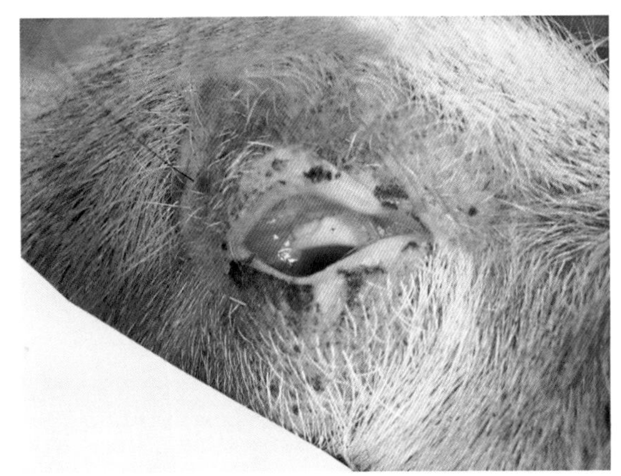

图22-2　眼结膜出血、黄染

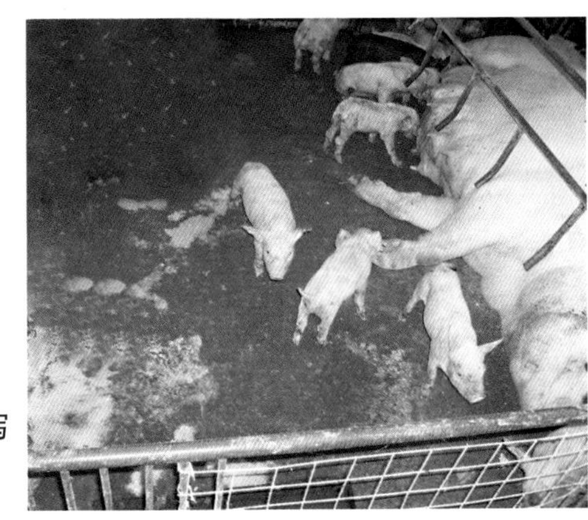

图22-3　成窝仔猪腹泻

图22-4　红色尿液与黄色稀便相混

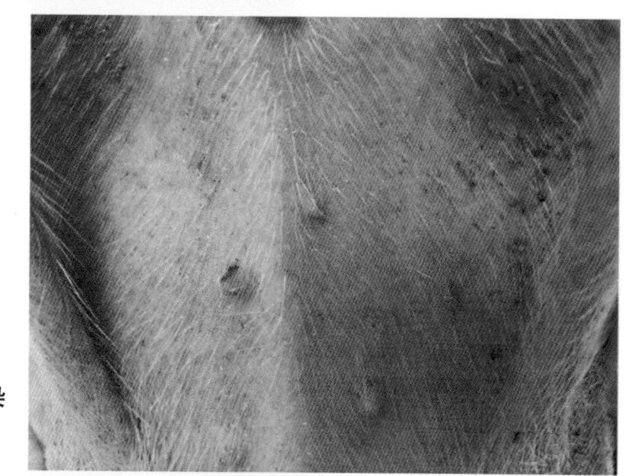

图22-5　皮肤充血、黄染

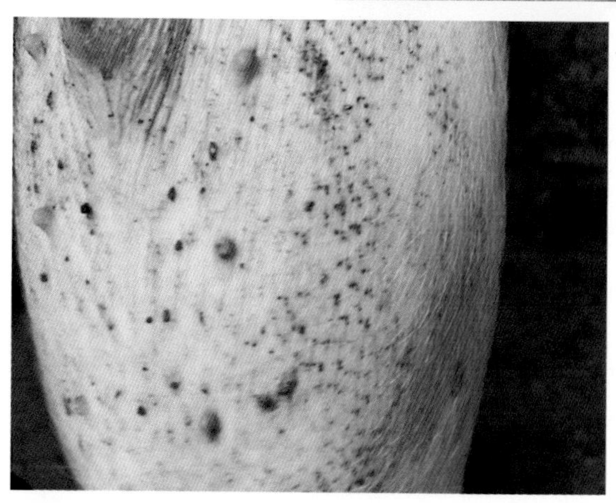

图22-6　乳头肿胀，毛孔渗血

图22-7　病尸消瘦、全身黄染

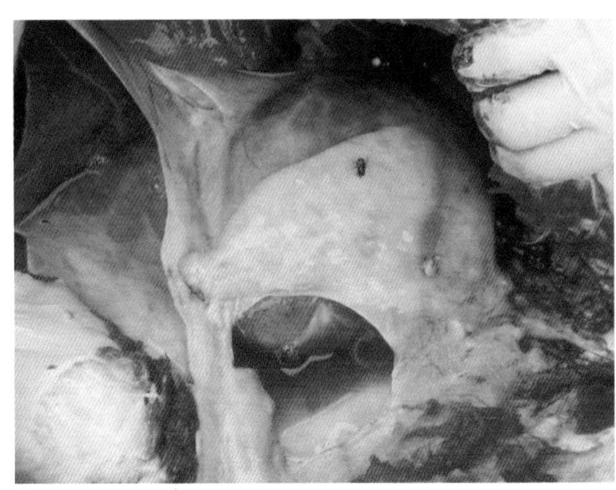
图22-8　心包内有大量心包液

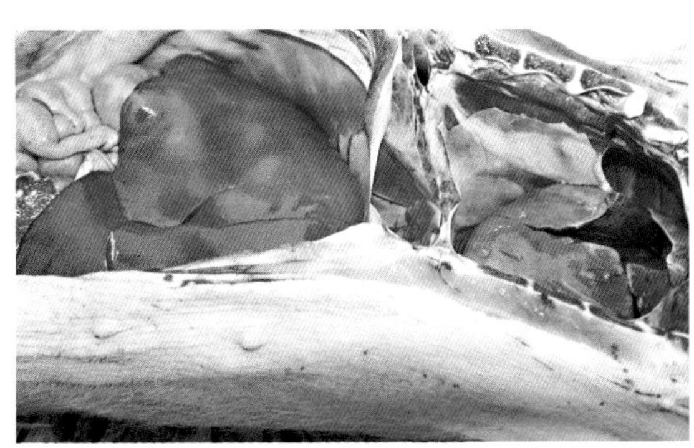
图22-9　组织器官黄染

图22-10　斑驳状的肝脏

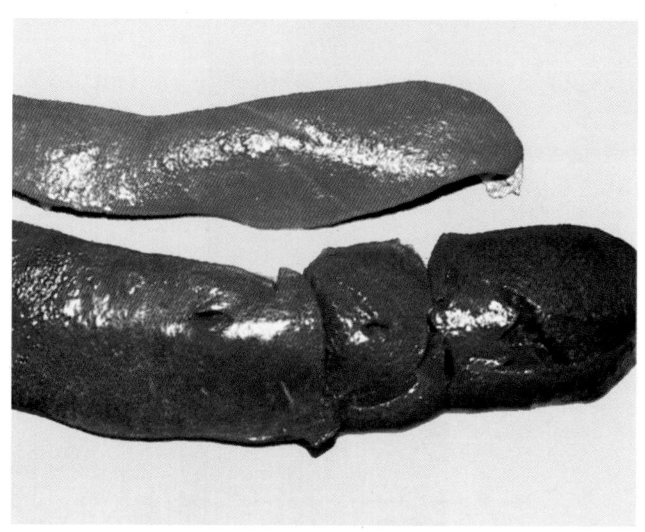

图22-11　脾脏瘀血肿大（下）

【诊断要点】依据临床发热、贫血和黄疸的症状，结合病理变化的特点，即可建立初诊。发热期采取病猪的血液，制成血片，用姬姆萨染色后，镜检在红细胞表面或血浆中检出圆盘状、球形、环形，呈稍淡紫红色的猪附红细胞体，即可确诊。据报道，在临床上用鲜血悬滴镜检法可快速诊断本病。其方法是：无菌采取血液，滴一滴于载玻片上，再加入等量生理盐水混匀后，在400 ～ 600倍镜下观察，如发现变形的红细胞和呈淡绿色荧光的附红细胞体，或在1 000倍的油镜下发现星状、鳞片状、锯齿状及游离于血浆中的球形、逗号状等多形态的病原体，即可确诊。

【防治措施】治疗本病较有效的药物有新胂凡纳明、苯胺亚砷酸、苯胺亚砷酸钠、土霉素、四环素、金霉素等。但一般认为首选的药物为新胂凡纳明和四环素。根据猪的大小及病的轻重采用不同剂量。如按每千克体重15 ～ 45毫克肌内注射新胂凡纳明，通常在2 ～ 24小时内病原体可从血液中消失，在3天内症状也可消除；5天后，再按每千克体重10 ～ 35毫克肌内注射一次，以便巩固疗效。按每千克体重每日分2次肌内注射四环素15毫克，连续应用3天，可获得较好的疗效。另外，对发热猪给予退热药，并配合葡萄糖、多种维生素饮水，临床治疗效果较好。当附红细胞体病与其他细菌性、病毒性、寄生虫性疾病混合感染时，在临床上应给予相应的对症治疗，从而降低病死率，减少经济损失。

预防本病主要采取综合性措施，尤其要驱除媒介昆虫，做好针头、注射器的消毒，同时应消除应激因素，驱除体内外寄生虫，以提高猪体的抵抗力，控制本病发生。此外，将四环素族抗生素混于饲料，定期饲喂，可较好地预防本病的发生。

【注意事项】本病需与血巴尔通病、梨形虫病、溶血性贫血等相鉴别。

二十三、猪支原体肺炎

猪支原体肺炎又称猪地方流行性肺炎，俗称猪气喘病，是猪的一种慢性接触性呼吸道传染病。主要临床症状是咳嗽和气喘；病理学特点为融合性支气管肺炎、慢性支气管周围炎、血管周围炎和肺气肿，同时伴有肺所属的淋巴结显著肿大。哺乳猪及仔猪最易发病；其次是妊娠后期及哺乳母猪；成年猪多呈隐性感染。

【病原特性】猪肺炎支原体呈多形性，常见的为球状（图23-1）、杆状、丝状及环状。本病原的染色性较差，革兰氏染色呈阴性，也可用姬姆萨或瑞特氏染色。

【典型症状】急性型病猪张口喘气，呼吸数剧增，呈腹式呼吸，并有喘鸣音。呼吸少而低沉，有时也会发出痉挛性阵咳（图23-2）。剖检以急性肺气肿和心力衰竭为特点。两肺被膜紧张，边缘变钝，高度膨大，几乎充满整个胸腔（图23-3）。在肺脏的尖叶或心叶常有散在或融合红褐色病灶，病变肺组织与正常的肺组织分界清晰，多呈对称性发生（图23-4）。

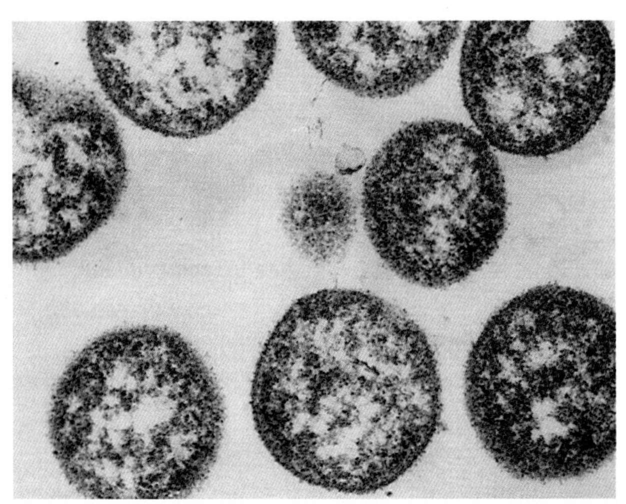

图23-1　电镜下的猪肺炎支原体

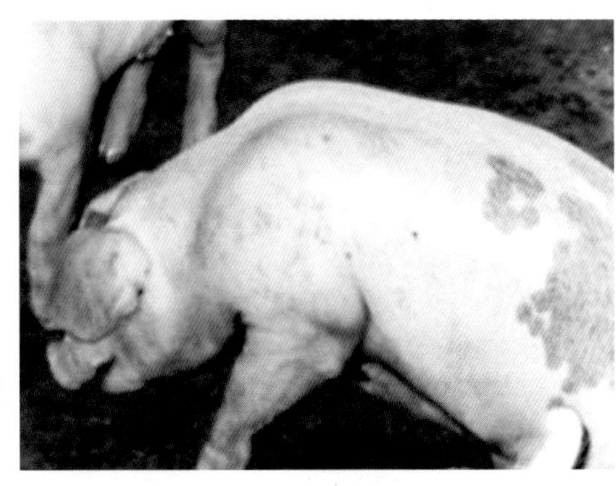

图23-2　病猪痉挛性咳嗽

慢性型病猪初期为短声连咳，流灰白色黏性或脓性鼻汁。咳嗽时病猪站立不动，拱背伸颈，头下垂，用力咳嗽多次；严重时呈连续的痉挛性咳嗽，常出现不同程度的呼吸困难，呼吸次数明显增多和呈腹式呼吸。病的后期，气喘加重，甚至张口喘气（图23-5）。剖检以慢性

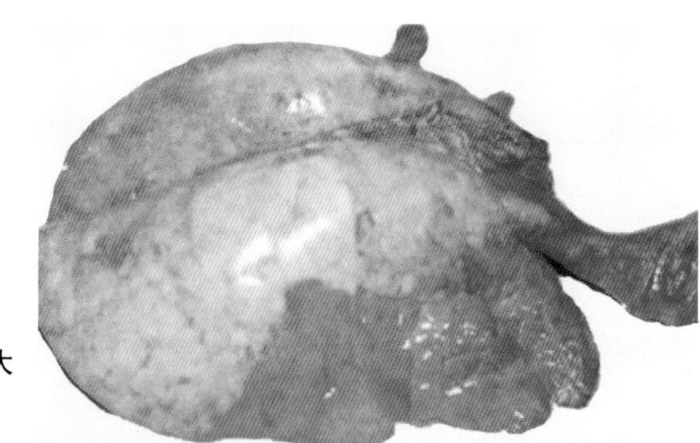

图23-3　肺脏极度膨大

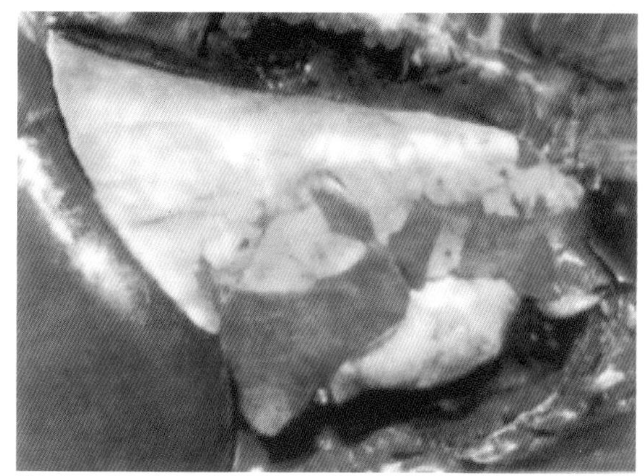

图23-4　尖叶和心叶的融合性病灶

图23-5　病猪张口喘气

支气管周围炎和增生性淋巴结炎为特点。肺脏被膜增厚，间质增生，质地坚实，表面不光滑（图23-6），色泽由灰红色、灰黄色到灰白色不等（图23-7）。病情严重时，肺组织色泽变淡，外观上类似胰组织，故有“胰样变”之称（图23-8）。

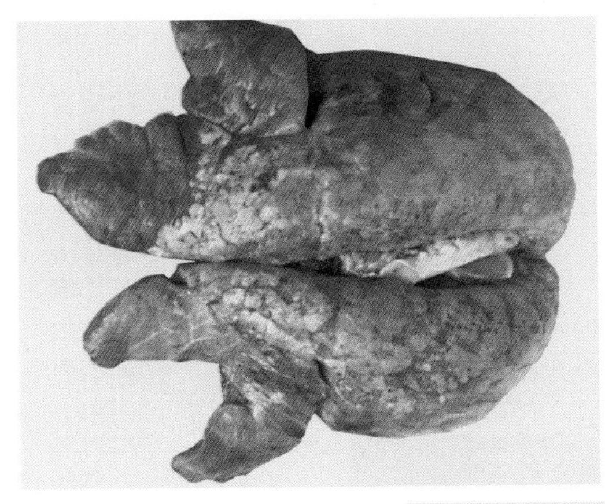

图23-6 肺间质增生，表面不光滑

图23-7 肺被膜增厚，色泽灰白

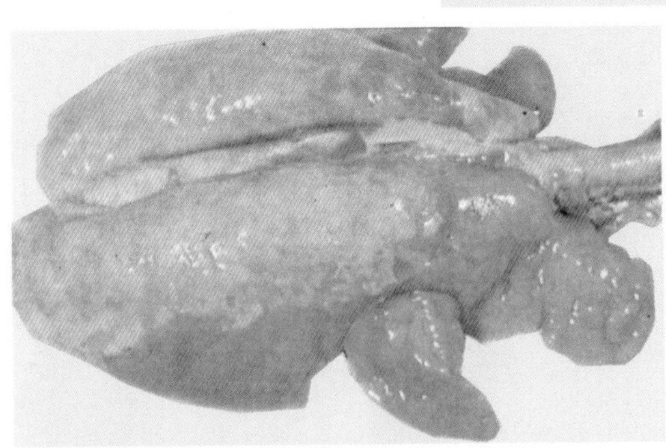

图23-8 肺黄染，发生胰样变

【诊断要点】一般根据病理变化的特征和临床症状来确诊，但对慢性和隐性病猪的生前诊断，若进行肺部的X线透视检查，在肺野的内侧区及心膈角区发现不规则的云絮状渗出性阴影，可诊断为本病。

【防治措施】目前，用于治疗本病的方法很多，但多数只有临床治愈效果，而不易根除本病。常用的治疗药物有土霉素碱油、盐酸土霉素、硫酸卡那霉素、林可霉素、支原净（泰妙霉素）、壮观霉素和强力霉素（多西环素）等。如将土霉素碱粉20 ～ 25克，充分磨细，加入灭菌花生油（或大豆油、山茶油）100毫升，混合均匀，即可应用。按猪的大小，每头猪每次用1 ～ 5毫升，于肩背部或颈部等两侧深部肌肉分点轮流注射，每隔3天1次，连用6次，具有较好的疗效。盐酸土霉素，每千克体重6 ～ 8毫克作气管内注射（肌内注射剂量的1/5），疗效较好。此外，林可霉素每吨饲料加入200克，连喂 3 周；泰妙灵和磺胺嘧啶按每千克体重20毫克掺入饲料饲喂，也有较好的疗效。

猪场通常采取综合性防疫措施控制本病的发生和流行。非疫区预防应坚持自繁自养，尽量不从外地引进猪。发生本病后，应对猪群进行X线透视检查或血清学试验。病猪隔离治疗。对未发病猪可用药物预防，同时要加强消毒和防疫卫生工作；及时进行免疫接种，猪气喘病冻干兔化弱毒菌苗，适于疫场（区）使用，疫苗对猪安全；猪气喘病168株弱毒菌苗，适于疫场（区）使用，疫苗对杂交猪较安全，使用方法均见说明书。

【注意事项】诊断本病时应与猪流行性感冒、猪巴氏杆菌病、猪接触传染性胸膜肺炎相鉴别。猪流行性感冒突然暴发，体温升高，传播迅速，咳嗽重，呼吸困难程度较轻，病程短。猪巴氏杆菌病的全身症状较重，病程较短，剖检时见纤维素性胸膜肺炎变化。猪接触性传染性胸膜肺炎的体温升高，全身症状较重，剖检时有胸膜炎病变。

二十四、猪支原体性关节炎

猪支原体性关节炎又称为猪支原体性多发性浆膜炎-关节炎，是由多种支原体引起的多发性浆膜炎和非化脓性关节炎。本病主要感染乳猪、仔猪和架子猪，而成年猪和繁殖型母猪主要呈隐性感染。

【病原特性】本病的病原体主要是猪鼻支原体、猪关节支原体、猪滑膜支原体和粒状无胆甾原体。其形态大多为球形、球杆状或短的丝状体，偶见分枝（图24-1）。这些病原菌可从急性期患猪的滑液、淋巴结和黏膜分泌物中分离到，也能从康复猪的扁桃体、咽和鼻腔中分离到。

【典型症状】急性期，病猪多个关节轻度肿大、变形（图24-2），病猪不愿走动，或运动时有疼痛表现（图24-3），有的病猪可因多发性

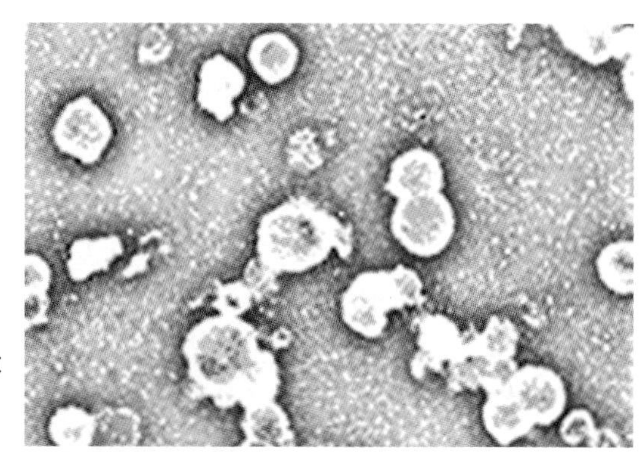

图24-1　滑膜支原体

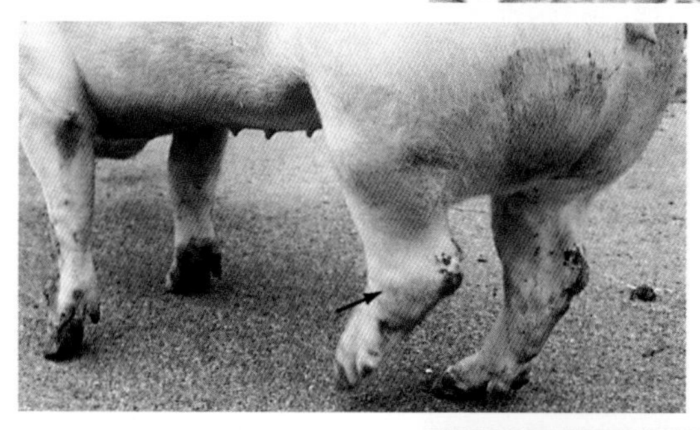

图24-2　跗关节肿大、变形

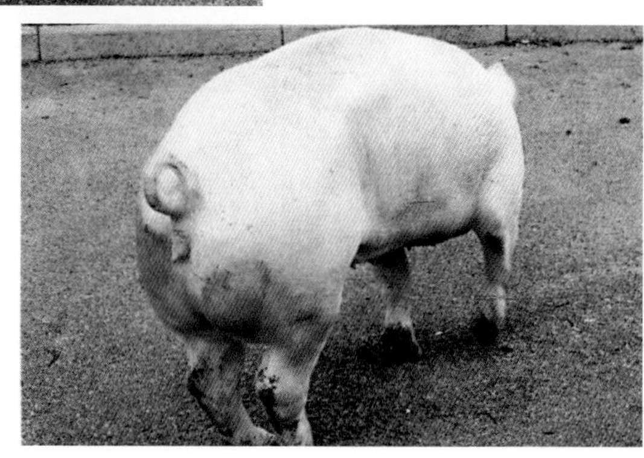

图24-3　疼痛性运动障碍

关节炎而卧地不起（图24-4）。耐过急性期后，多发性浆液性关节炎更明显。此时，发病的关节囊内因积蓄大量关节液而使关节明显肿大，以致整个关节囊膨大（图24-5）。在关节囊显著膨胀处触压，可感到热、痛及波动。病猪站立时姿势异常（图24-6），重症猪的关节多呈屈

图24-4　病猪关节疼痛，卧地不起

图24-5　关节囊膨大

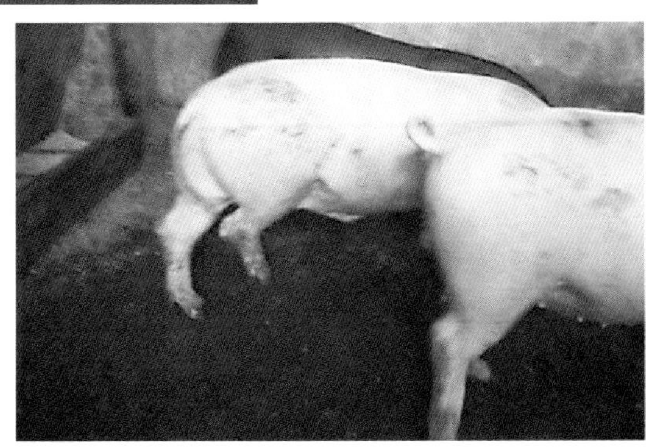

图24-6　站立姿势异常

曲状态，运动时出现跛行。剖检见关节滑膜变厚，绒毛肥大，关节囊增厚（图24-7），病情加重时，关节滑膜出血，关节囊内有多量红色或红褐色的滑液（图24-8），关节软骨常见糜烂，甚至形成溃疡（图24-9），也

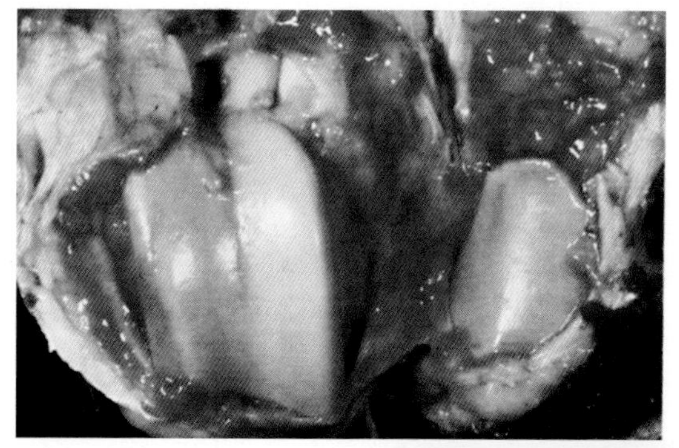

图24-7 关节滑膜充血和增生

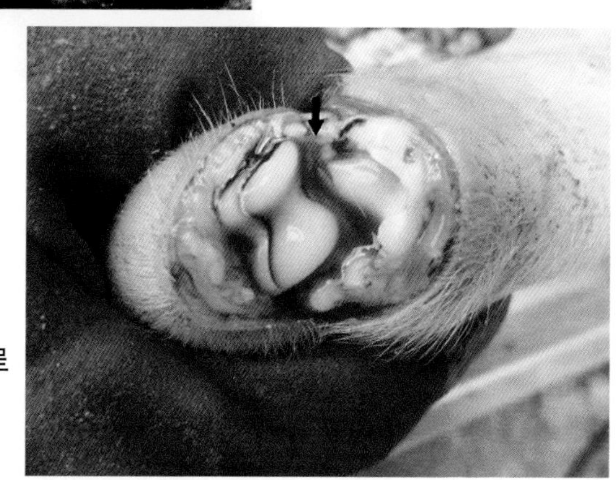

图24-8 滑膜出血，滑液呈红色

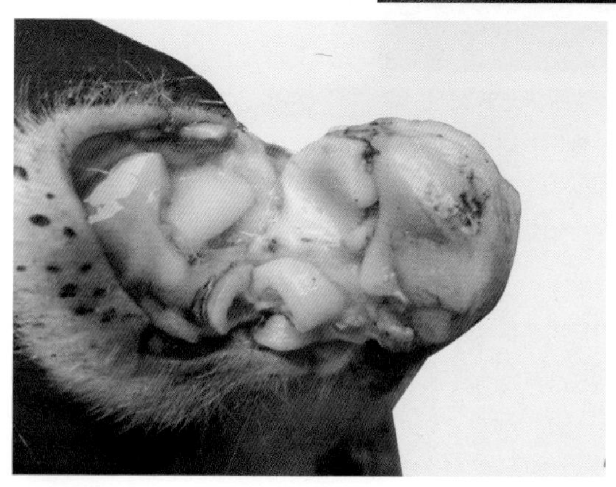

图24-9 关节软骨糜烂和溃疡

可见关节滑膜及其周围组织增生，使关节发生粘连（图24-10）。

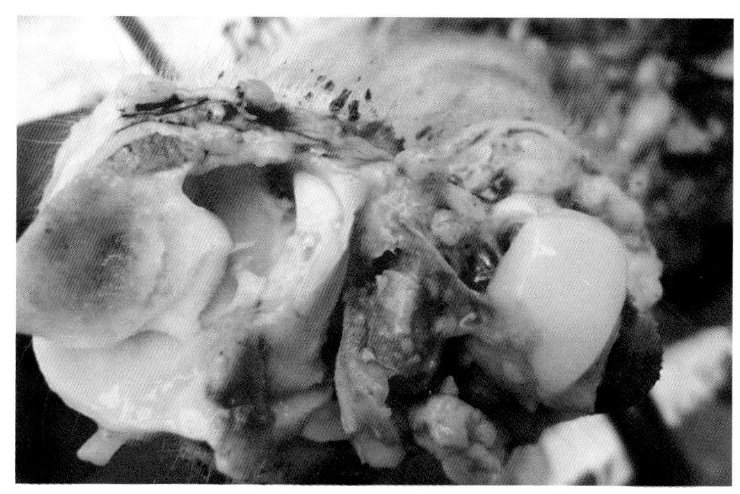

图24-10　关节增生与粘连

【诊断要点】根据临床的特殊症状和特异的病理变化，可做出初步诊断，但确诊需从急性期的滑液中分离病原，进行病原鉴定。

【防治措施】迄今为止，对本病还没有特别有效的治疗药物和方法，一般多采取对症治疗和防止继发感染。据报道，磺胺类药物对本病具有较好疗效。有人试验性用泰乐菌素或林可霉素治疗，获得较好效果。对有治疗价值的种用猪，在发病的急性期，可对发病的腕关节和跗关节等易于固定的关节，包扎绷带，进行压迫，制止滑液外渗；对亚急性期关节内囊已有较多的滑液时，可在严格的消毒条件下，穿刺放液，然后注入普鲁卡因青霉素液。与此同时，还可用磺胺类药物、泰乐菌素或林可霉素注射或混饲进行全身性治疗。

预防本病的重点是不从有病的地区引进种猪，因为成年猪的带菌率很高。同时加强猪群的饲养管理和环境卫生，提高猪体的抵抗力。有条件时，可对仔猪定期用林可霉素混饲；对成年猪群和母猪群可用泰乐菌素喷雾抑菌，降低成猪鼻腔的带菌率。

【注意事项】诊断本病时应与副猪嗜血杆菌病相区别。副猪嗜血杆菌病与猪支原体性关节炎最大的区别在于：副猪嗜血杆菌病，80%的病猪都伴有脑膜炎的变化，镜检，在脑组织中可发现局灶性化脓现象。

副猪嗜血杆菌病，用磺胺类药物治疗能取得较满意的效果，而对本病则没有明显的疗效。另外，副猪嗜血杆菌还可引起病猪的局部皮肤坏死，在临床上有时发生耳郭坏死。

二十五、钩端螺旋体病

钩端螺旋体病又称细螺旋体病，是一种人畜共患的自然疫源性传染病。临床上的症状多种多样，多以黄疸，血红蛋白尿，出血性素质，皮肤和黏膜水肿、坏死，以及流产等为主症。我国以长江流域及其以南各省份多发，多发生于夏、秋季节，以气候温暖、潮湿多雨、鼠类繁多的地区发病较多。

【病原特征】本病的病原体为似问号钩端螺旋体（简称钩体）。钩体具有细密而规则的螺旋，一端或两端弯曲成钩状，并常呈C、S等字形。在暗视野显微镜下可见钩体像一串发亮的微细珠粒，运动活泼。用镀银染色可将钩体染成棕黑色。

【典型症状】急性黄疸型病猪的眼结膜及巩膜发黄（图25-1），尿呈茶褐色或血尿，大便秘结，排出羊粪样粪便，颜色深褐；有的病猪

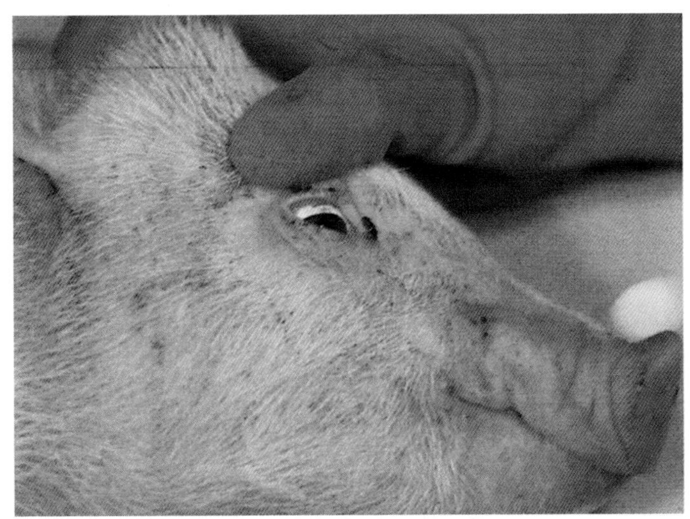

图25-1　眼结膜黄染和点状出血

皮肤干燥、瘙痒。剖检，组织和器官黄染（图25-2），胸腹腔和心包腔内积有少量淡红色透明或稍浑浊的液体。膀胱积尿（图25-3），尿红褐色，类似红茶。肝脏肿大，呈土黄色到黄褐色不等，被膜下见到大小不一的出血点和灰白色的坏死灶（图25-4）。肾脏通常黄染，表面有大

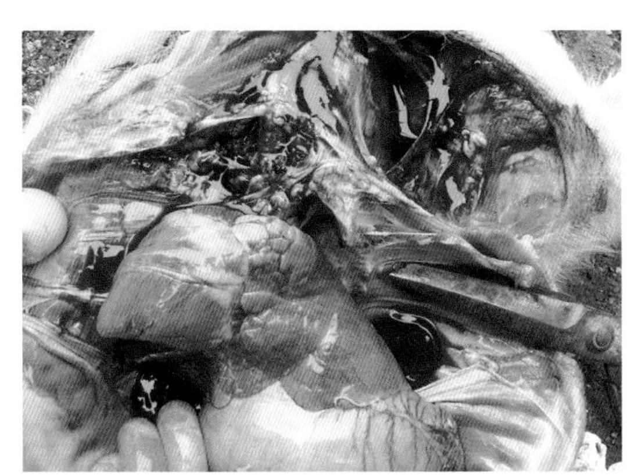

图25-2 组织和器官黄染

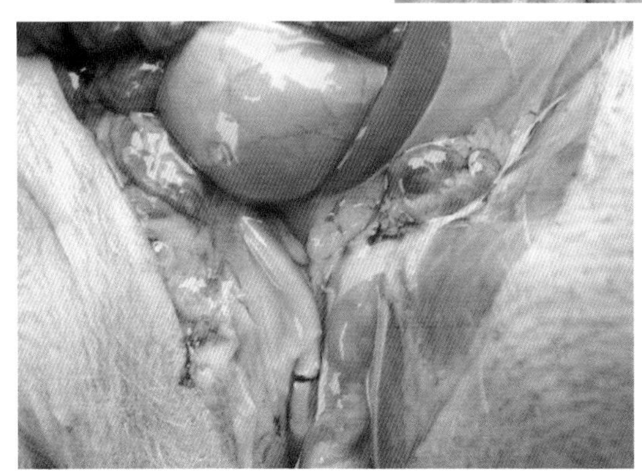

图25-3 膀胱积尿，组织黄染

图25-4 肝脏瘀血，有坏死灶

量出血点（图25-5）。肺脏多瘀血、黄染，表面有多少不一的出血斑点（图25-6）。

水肿型病猪眼结膜潮红浮肿，有的黄染（图25-7），有的头部（图

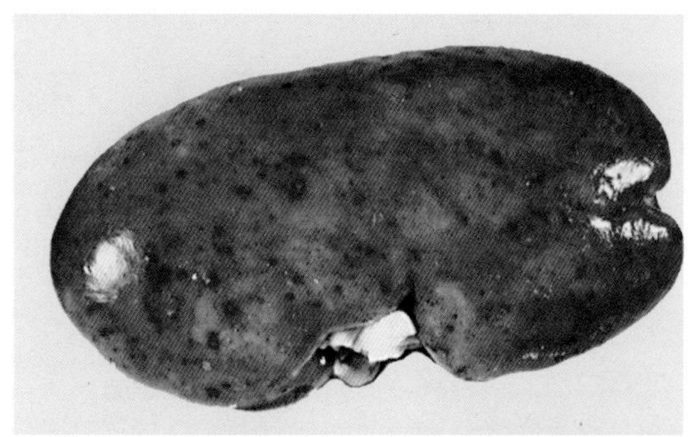

图25-5　肾脏的点状出血

图25-6　肺脏黄染并见出血斑

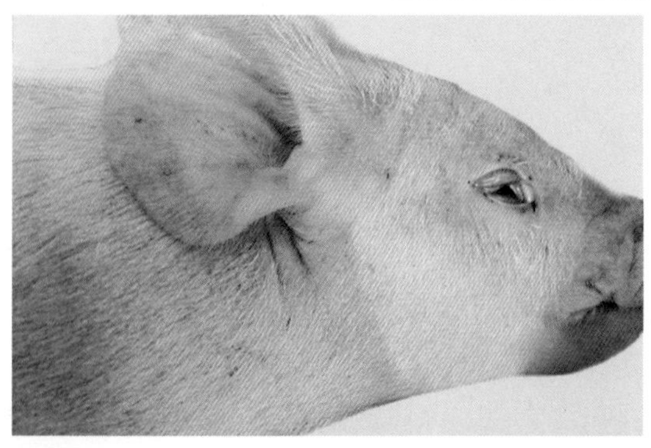

图25-7　眼结膜肿胀、黄染

25-8)、颈部（图25-9）甚至全身发生水肿，指压留痕，俗称“大头瘟”，切开见皮肤肥厚，明显水肿（图25-10）。颌下、胸腹部及四肢

图25-8　全身黄染，头部水肿

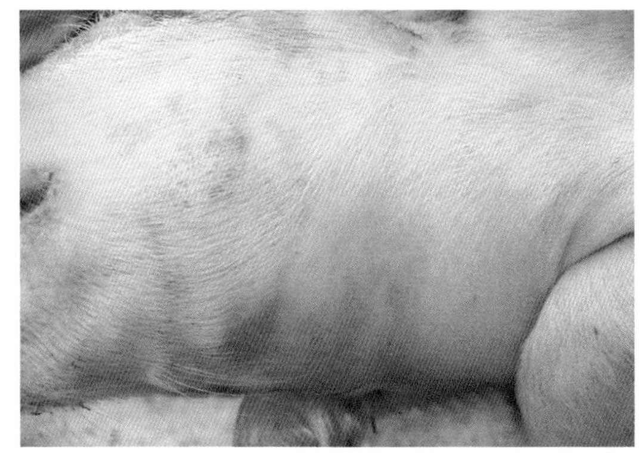

图25-9　颈部水肿，明显变粗

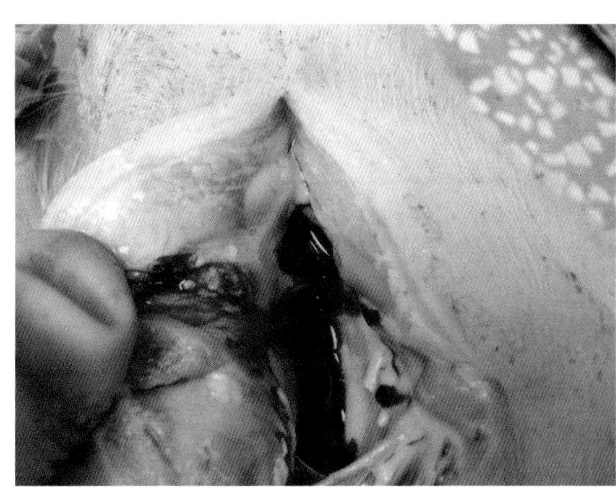

图25-10　颈部皮下水肿

内侧的皮肤有较多的丘疹（图25-11）、点状出血和出血斑（图25-12）。病猪的尿如浓茶，甚至血尿（图25-13）。剖检见组织黄染并有胶样浸

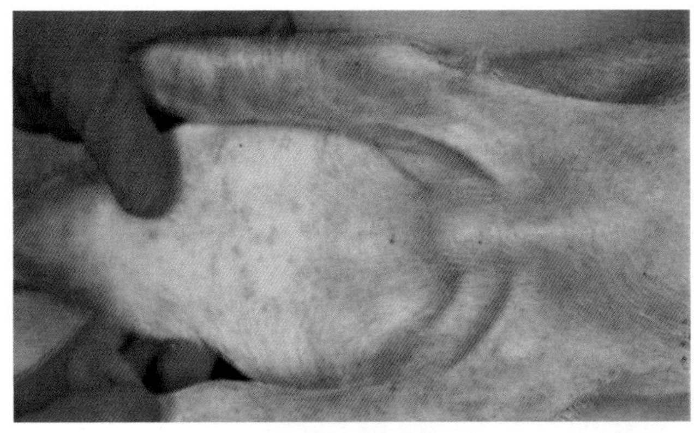

图25-11　皮肤丘疹

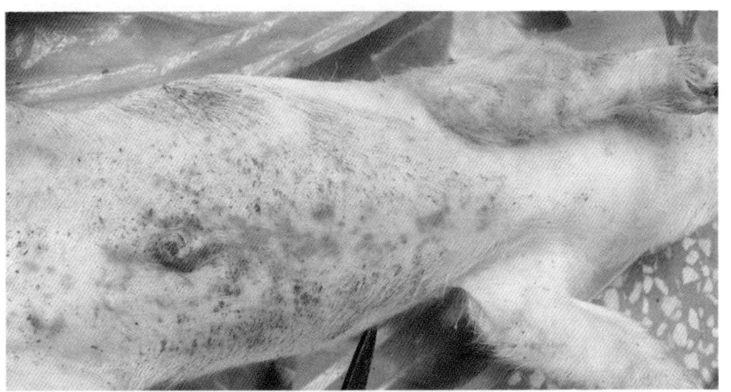

图25-12　皮肤出血及瘀斑

图25-13　病猪排血尿

润（图25-14），主要病变以间质性肾炎为特点（图25-15）。

流产型发生于妊娠母猪，流产的胎儿，有的为死胎，体表见有数量不等的出血点（图25-16）；有的病例则皮肤及内脏器官均明显黄染，

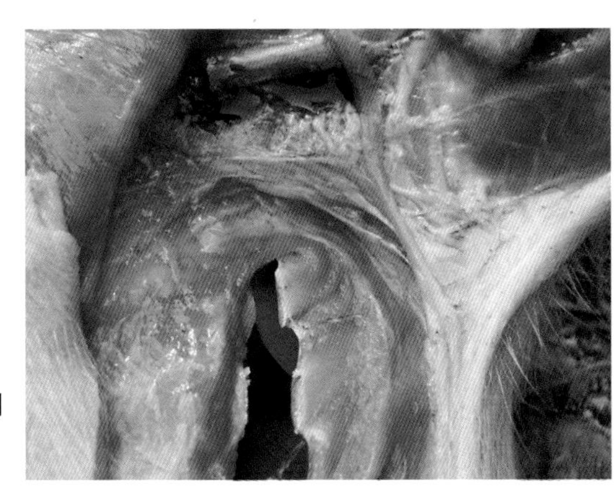

图25-14　组织黄色胶样浸润

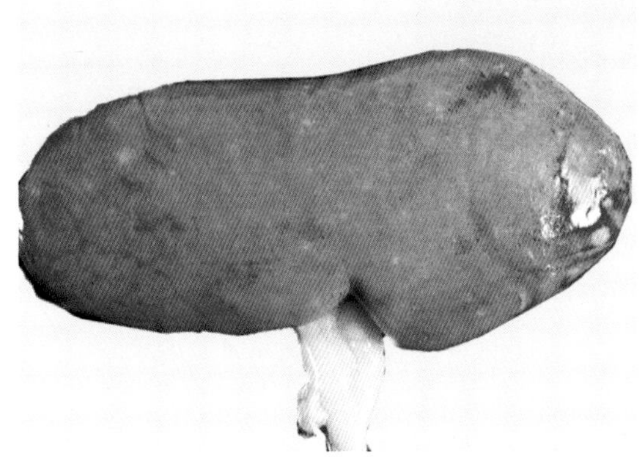

图25-15　间质性肾炎

图25-16　死胎的皮肤出血点

肝脏瘀血、出血，并见较多的黄白色坏死灶（图25-17）；有的呈木乃伊状；也有的于产后不久便死亡。

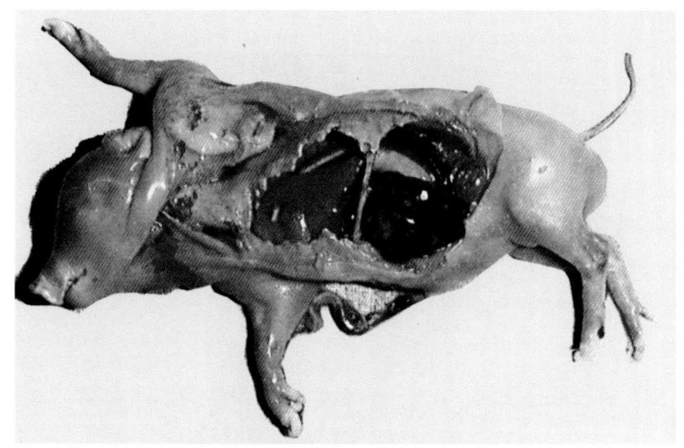

图25-17　全身黄染，肝瘀血坏死

【诊断要点】本病的临床症状和病理变化常不典型，只能作为诊断时的参考依据，确诊需在发热期采取病猪的血液，在无热期采取尿液或脑脊髓液，死后采取肾和肝，送实验室进行暗视野活体检查和染色检查，若发现纤细呈螺旋状，两端弯曲成钩状的病原体即可确诊。

【防治措施】一些抗生素如链霉素、青霉素、土霉素、四环素等都有较好的疗效。链霉素，每千克体重25 ～ 30毫克，每12小时肌内注射1次，连续3天。应用青霉素治疗时，则需加大剂量才能奏效。对可疑感染的猪群，可在饲料中混入土霉素或四环素。土霉素，每千克饲料加入0.75 ～ 1.5克，连喂7天。但治疗时仅单纯用大剂量的抗生素往往收不到理想的疗效，只有结合对症治疗才能收到理想的疗效。

常规预防措施有：一是消灭传染源，抓好灭鼠工作；二是定期消毒，用漂白粉、氢氧化钠等对环境和猪舍进行严格消毒；三是提高猪的抵抗力，有计划地进行预防注射和加强饲养管理等。当猪群发现本病时，应及时用钩端螺旋体多价苗进行紧急预防接种。注射钩端螺旋体菌苗的一般方法是：两次肌内注射，间隔1周，用量3 ～ 5毫升，免疫期约为1年。与此同时，实施一般性的防疫措施，多在2周内可以控制疫情的蔓延。

【注意事项】本病的黄疸型应注意与黄脂猪、阻塞性黄疸及黄曲霉毒素中毒相区别。黄脂猪的特点是只有脂肪组织黄染，而其他组织和体液均无黄染。阻塞性黄疸多见于猪蛔虫病，由于胆道被蛔虫阻塞，而出现全身性黄疸，在剖检时可检出阻塞胆道的虫体。黄曲霉毒素中毒主要是肝脏常发生严重的变性和坏死，伴发广泛的结缔组织增生和胆小管增生，胆汁色素沉着，由此导致黄疸。

二十六、猪痢疾

猪痢疾曾称为猪血痢、黏液出血性下痢或弧菌性痢疾，是一种危害严重的肠道传染病。其主要临床症状为黏液性或黏液出血性下痢；特征性病理变化为大肠黏膜发生卡他性出血性炎，进而发展为纤维素性坏死性炎。本病只发生于猪，最常见于断奶后正在生长发育的架子猪，乳猪和成猪较少发病。

【病原特性】猪痢疾蛇形螺旋体有4 ～ 6个弯曲，两端尖锐，呈缓慢旋转的螺丝线状；革兰氏染色阴性，镀银染色呈黑色，易于检出。新鲜病料在暗视野显微镜下可见到活泼的蛇形运动或以长轴为中心的旋转运动（图26-1）。

【典型症状】最急性型病猪有的无症状而突然死亡，或粪便色黄、稀软，其中混有组织碎片（图26-2），或呈红褐色水样从肛门流出（图

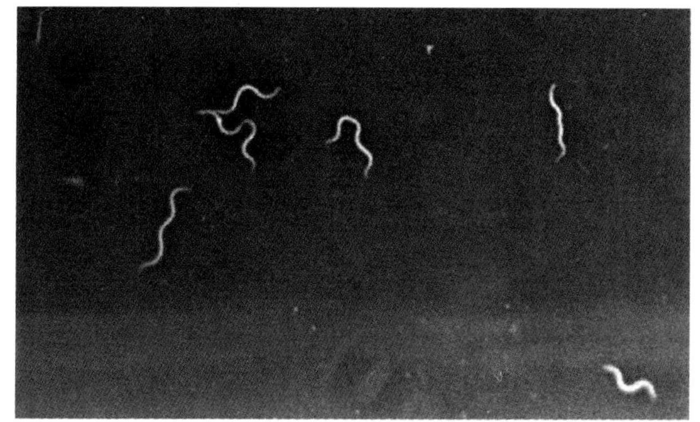

图26-1　蛇形病原体

26-3)；急性型病猪排出黄色至灰红色的软便；当持续下痢时，见粪便中混有黏液、血液及纤维素碎片，粪便呈油脂样、胶冻状稀便（图26-4），甚至呈棕色、红色或红褐色稀便（图26-5）。病猪常出现明显的腹痛，拱背吊腹和脱水等症状。亚急性和慢性型的病猪出现时轻时重的黏液

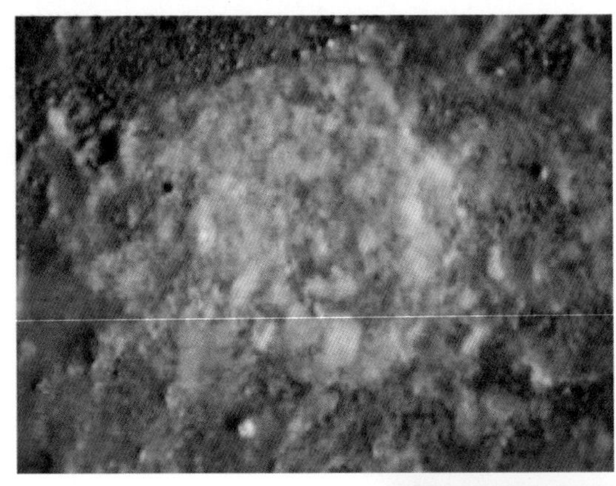
图26-2　黄色稀便中混有组织碎片

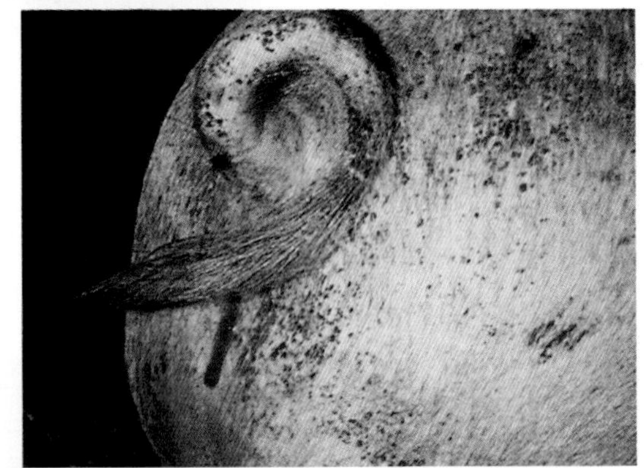
图26-3　血便从肛门流出

图26-4　黏液性血便

性出血性下痢，粪呈黑色（俗称黑痢）。

剖检，急性期病猪的大肠壁和大肠系膜充血、出血和水肿（图26-6），肠系膜淋巴结也因发炎而肿大。结肠臌胀，浆膜表面可见有明显肿大的肠壁淋巴小结（图26-7）。肠黏膜明显肿胀，被覆有大量混

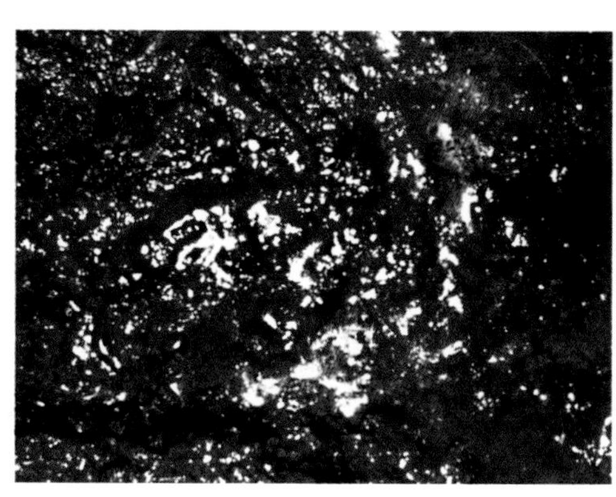

图26-5　红褐色血便

图26-6　大肠出血水肿

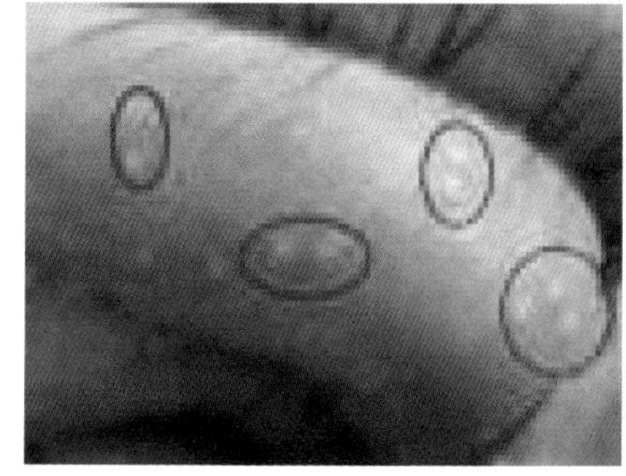

图26-7　肠壁上肿大的淋巴小结

有血液的黏液（图26-8），出血严重时黏膜面覆有血样黏液（图26-9）。当病情加重时，肠病可发展为出血性纤维素性坏死性炎症。剥去假膜，肠黏膜表面有广泛的糜烂和浅在性溃疡（图26-10），有时见直肠黏膜

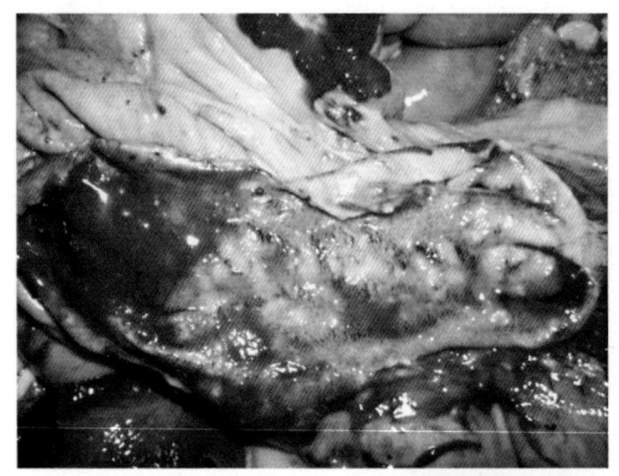

图26-8　肠黏膜覆有大量混有血液的黏液

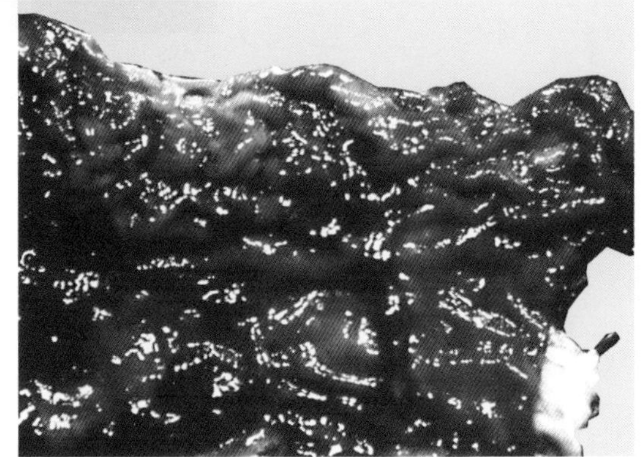

图26-9　黏膜覆有血样黏液

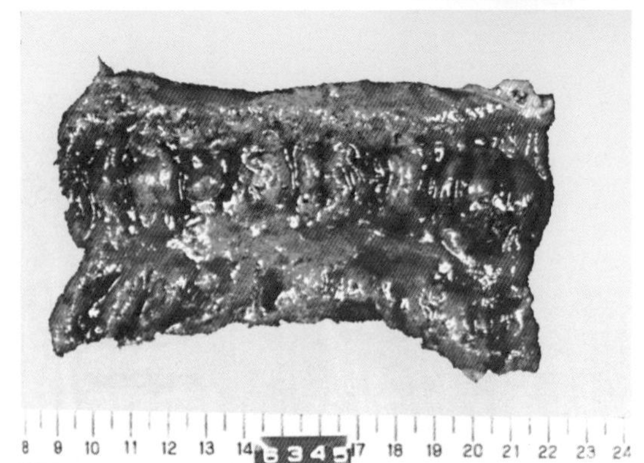

图26-10　纤维素性坏死性肠炎

也发生明显的出血（图26-11）。

【诊断要点】根据流行特点、临床症状和病理特征可做出初步诊断。确诊时可取新鲜粪便（最好覆有血样黏液）少许，或取小块有明显病变的大肠黏膜直接抹片，再滴数滴生理盐水，混匀，盖上盖玻片，用暗视野显微镜检查（400倍），当发现有呈蛇样活泼运动的菌体时即可确诊。实验室还常用涂片法诊断，即取小块有明显病变的大肠黏膜直接涂片，在空气中自然干燥后经火焰固定，以草酸铵结晶紫液染色3 ~ 5分钟，涂片水洗阴干后，在显微镜下观察，可看到猪痢疾蛇形螺旋体（图26-12）。

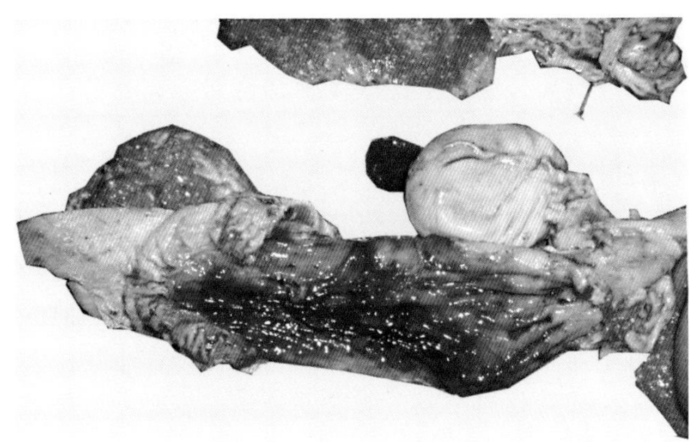

图26-11　直肠黏膜弥漫性出血

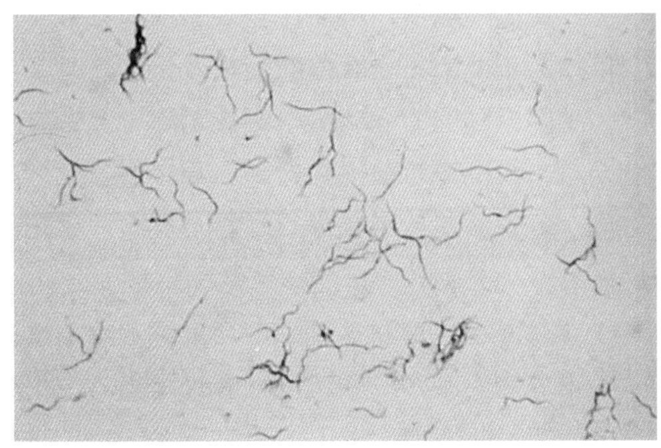

图26-12　结晶紫染色的蓝紫色病原体

【防治措施】用药物治疗本病可获得较好的效果，并很快达到临床治愈，但停药2～3周后，又可复发，较难根治。对本病有效的治疗药物很多，常用的有痢菌净、痢立清、二硝基咪唑、甲硝咪乙酰胺、土霉素碱、硫酸新霉素等。如用痢菌净治疗，口服剂量，每千克体重6毫克，每日2次口服，连用3～5天；用二硝基咪唑治疗，用0.025%水溶液饮水，连续饮用5天；用土霉素碱治疗，每千克体重30～50毫克，每日2次内服，5～7天为1疗程，连用3～5个疗程，均具有较好疗效。

本病目前尚无特异性疫苗，因此主要采用综合性措施来预防。平时预防主要包括药物预防和加强管理。一旦发现本病，最好全群淘汰，对猪场彻底清扫和消毒。当病猪数量多，疫情流行面广时，可对病猪群采用药物治疗，实行全进全出制度，结合加强饲养管理，来控制和净化猪场。

【注意事项】本病易与许多腹泻性疾病相混淆，如猪传染性胃肠炎、猪流行性腹泻、仔猪红痢、仔猪白痢和仔猪黄痢等，故诊断时需注意鉴别，更应与猪副伤寒和猪肠腺瘤病相区别。猪副伤寒不仅大肠有严重的纤维素性坏死性炎变化，而且小肠内常有出血和坏死性病变，黏膜的坏死可累及整个肠壁。猪肠腺瘤病主要侵害小肠，大肠内容物中的血液和坏死碎片来自小肠，取粪便分离培养时，可分离到痰液弯曲菌和黏液弯曲菌。

二十七、毛霉菌病

猪毛霉菌病是由毛霉科的真菌引起的一种急性或慢性真菌病。其病理特征是菌体易侵及血管，引起血栓形成及梗死；慢性经过时则形成肉芽肿。各种年龄的猪对本病均具有易感性，乳猪感染后多呈急性病理过程，其中有50%的病猪可发生死亡，而架子猪和成年猪感染后多取慢性经过。

【病原特性】毛霉菌在病变组织中的菌丝（图27-1）粗大，并可形成较多的皱褶，但菌丝内无分隔，分枝小而钝，常呈直角，无孢子。由于其菌丝宽阔，不分隔和合胞体性等特点，故将之称为毛霉菌。

【典型症状】仔猪的毛霉菌病主要表现胃肠炎和肝肉芽肿的变化，出现食欲不良、呕吐、下痢和消化不良等胃肠炎症状。剖检见胃黏膜充血、出血、结节形成（图27-2），严重时出现坏死和溃疡（图27-3）。

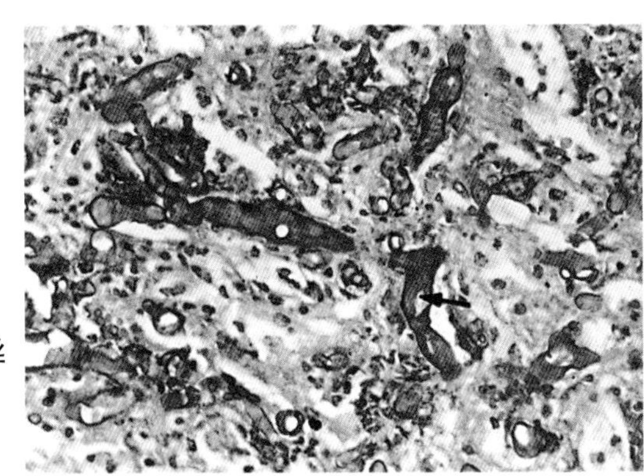

图27-1　毛霉菌的菌丝（箭头）

图27-2　胃黏膜面有淡红色毛霉菌结节

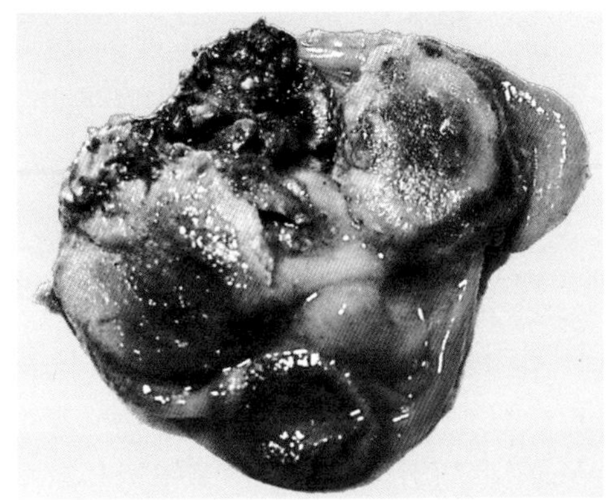

图27-3　胃黏膜的坏死与溃疡

当肺部遭到严重的感染时，则可出现呼吸困难，可视黏膜发绀，皮毛粗乱、无光泽等症状。当妊娠母猪发生感染时，可引起真菌性胎盘炎，导致母猪流产。剖检见胎盘水肿，绒毛膜坏死（图27-4），其边缘显著增厚呈皮革样外观。流产胎儿皮肤上有灰白色的圆形至融合的斑块状隆起的病变（图27-5）。

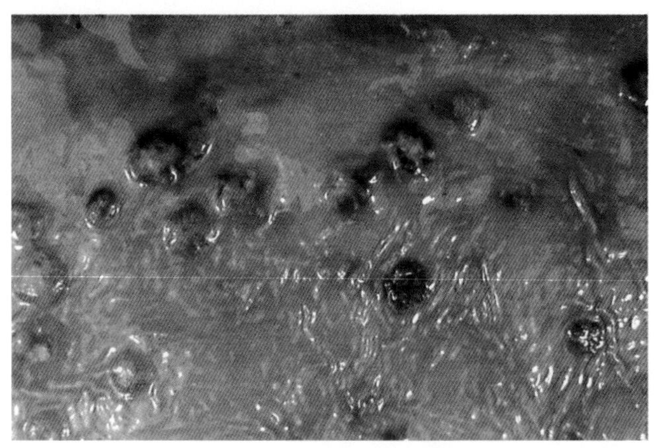

图27-4　胎盘绒毛膜坏死

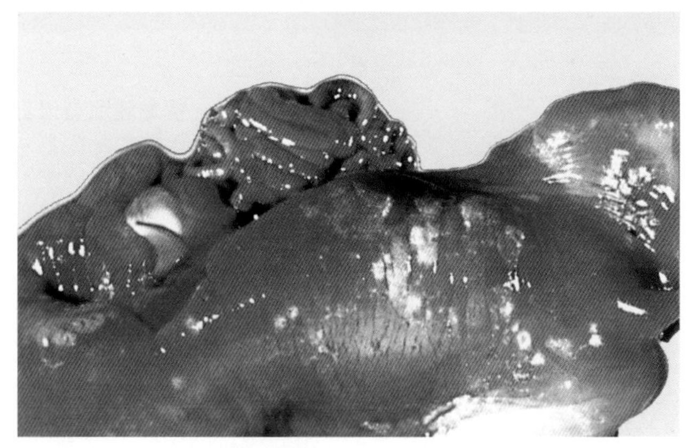

图27-5　死胎皮肤上的毛霉菌斑

【诊断要点】本病的流行特点和临床症状只能作为诊断的参考依据，确诊主要依靠霉菌学诊断和病理组织学检查。霉菌学检查的方法是：采取病料制作涂片，用氢氧化钾溶液处理后，镜检，若发现粗短而不分隔的菌丝，且分枝又成直角，即可确诊。

【防治措施】本病目前尚无有效的治疗方法，只能采用对症疗法。对无治疗价值的病猪，最好尽早淘汰，以消除传染源。

毛霉菌在自然界广泛存在，因此，要预防本病的发生，必须在搞好环境卫生、增强防病意识的同时，加强饲养管理，提高猪体的抵抗力。另外，还有一点值得提及，要尽快治疗猪的原发性慢性疾病。不可长期大量使用抗生素、类固醇激素等制剂，否则会降低猪体的免疫力，促进本病的发生。

二十八、皮肤真菌病

皮肤真菌病又称皮肤丝状菌病，是由皮肤癣菌（或称皮肤丝状菌）引起的动物和人的一种慢性皮肤传染病。俗称脱毛癣、秃毛癣、钱癣或匍行疹等。本病主要侵害猪的毛发、皮肤、蹄等角质化组织，形成癣斑，表现为脱毛、脱屑、渗出、结痂及痒感等症状，但一般不侵犯皮下等深部组织和内脏。

【病原特性】本病的病原体为一群亲缘关系密切的丝状真菌，其中小孢霉属的猪小孢霉菌对猪的危害最大。猪小孢霉菌多为毛内菌丝，在毛根长出毛干后，由菌丝产生许多的孢子，不规则地紧密排列在毛干周围形成镶嵌样的菌鞘（图28-1），毛内菌丝不形成孢子。

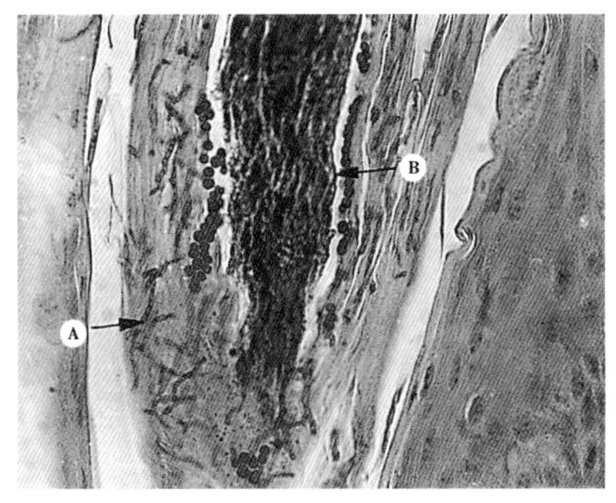

图28-1　菌丝（A）和孢子（B）

【典型症状】病变多发生于背部、腹部、胸部和股外侧部（图28-2），有时见于头部，严重时发生于全身（图28-3）。病初见皮肤有斑块和小水疱，水疱破裂，浆液外渗，在病损的皮肤上形成灰色至黑色的圆斑和皮屑（图28-4）；再经4 ~ 8周可自行痊愈。继丘疹、水疱

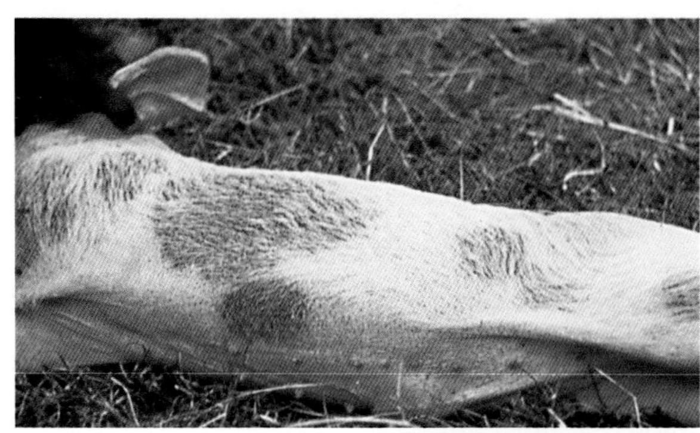

图28-2 肩、胸、腹侧的癣斑

图28-3 全身性癣斑

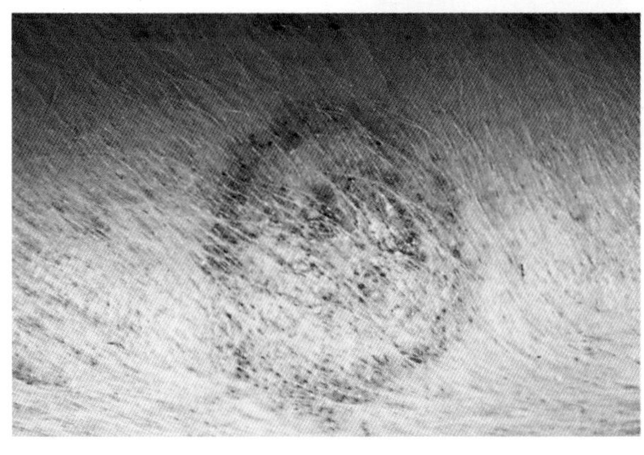

图28-4 覆有皮屑的癣斑

之后，可发生毛囊炎或毛囊周围炎（图28-5），引起结痂、痂壳形成和脱屑、脱毛（图28-6）。于是在皮肤上形成圆形癣斑，上有石棉板样的

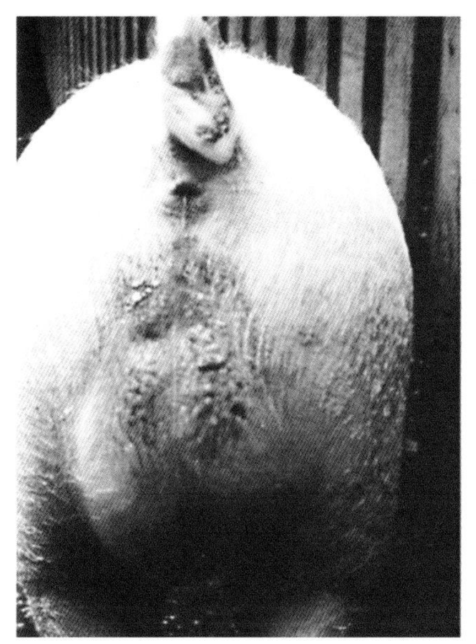

图28-5　毛囊周围炎

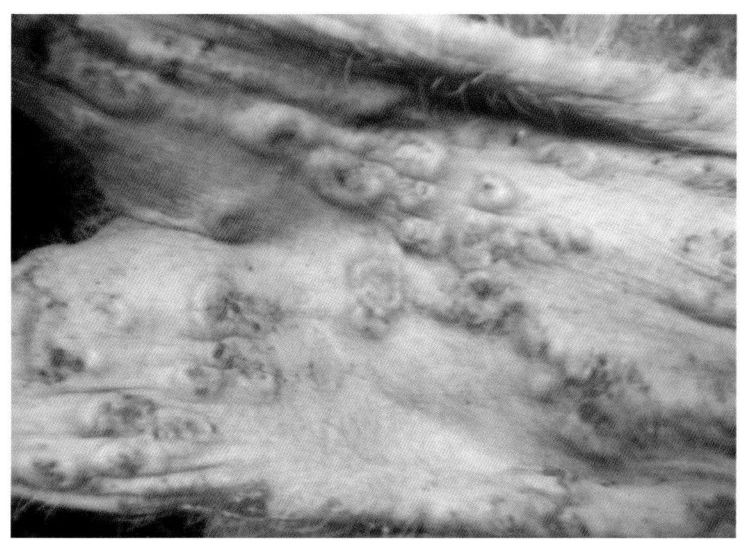

图28-6　痂壳形成及脱毛

鳞屑，称此为斑状秃毛（图28-7）。当皮肤癣菌感染严重时，皮肤肥厚而发生象皮病（图28-8）。

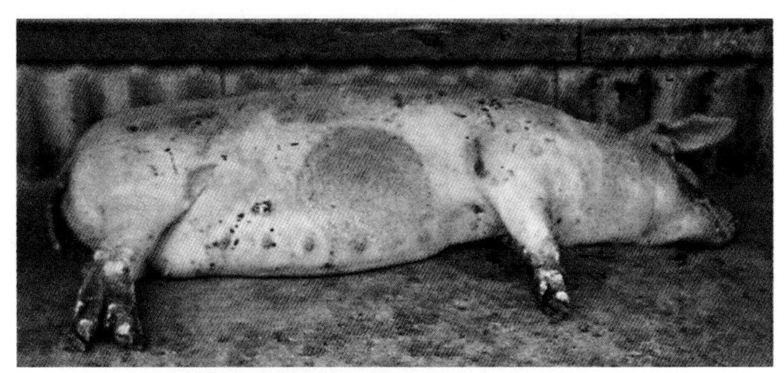

图28-7　斑状秃毛

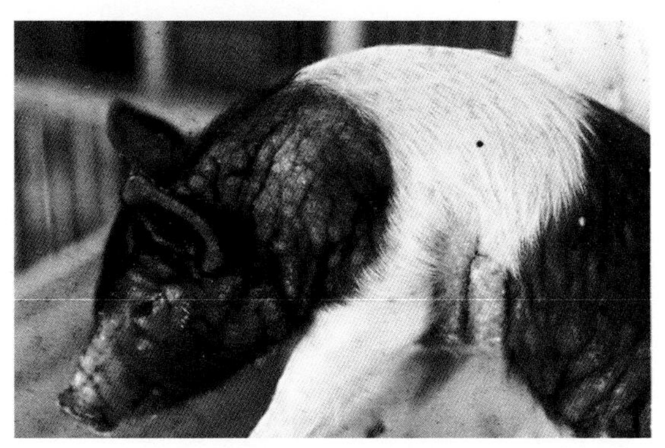

图28-8　象皮病

【诊断要点】一般根据病史和症状可做出初步诊断。若要鉴定致病性真菌的属、种，则应进行分离培养，并根据生长状况、菌落性状、色泽、菌丝、孢子及其特殊器官的形态特征来确定。临床上常用的诊断方法主要是确定病性，具体操作是：刮取病健交界处的皮屑和毛根少许，置于载玻片上，加少量10%～20%氢氧化钾溶液浸泡15～20分钟，或微加热3～5分钟，待毛发软化、透明时加盖玻片，用显微镜检查，注意观察菌丝、孢子的类型和分布情况。也可用紫外线灯检查，直接观察毛发的荧光反应，被小孢霉菌侵害的毛发出现绿色荧光。

【防治措施】治疗通常采用局部处理法，即先给病变局部剪毛，用肥皂水洗净附于毛上的分泌物、鳞屑和痂皮，然后直接涂擦下列药物：10%水杨酸酒精或油膏，或5%～10%硫酸铜液，或水杨酸6克、苯甲酸12克、石炭酸2克、敌百虫5克、凡士林100克，混匀后涂擦。如果病情严重，病变呈全身性，则应分批治疗，防止用药过量而中毒（图28-9）。

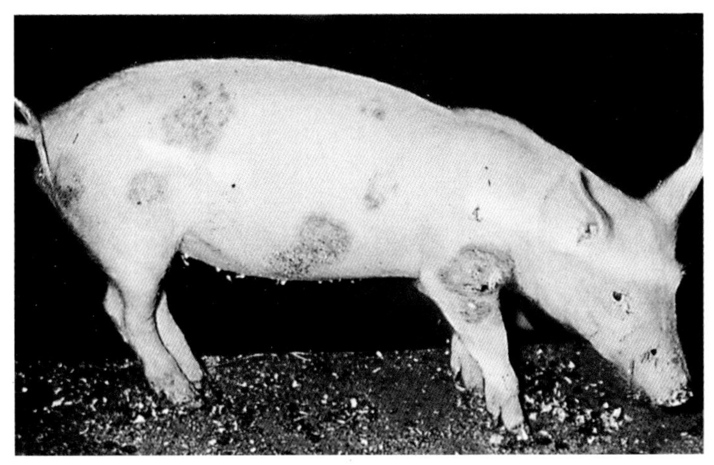

图28-9　分批治疗全身性癣斑

平时应加强饲养管理，搞好圈舍及猪体卫生，还可在饲料中加入适当的抑制真菌生长的药物。疫情发生后，应立即将病猪隔离治疗；并对全群检查，仔细视诊皮肤，对与病猪接触的猪群也要进行预防性治疗，通常采用抗真菌的药物进行全身喷雾，同时，猪舍要进行彻底消毒。其常用的方法是：用热（50℃）的5%石炭酸溶液或热（60℃）的5%克辽林消毒；也可用20%新鲜熟石灰乳剂刷白猪舍，同时将猪舍机械清扫后，用含2%福尔马林和1%苛性钠溶液（保存于寒冷状态）喷洒消毒。消毒后关闭猪舍3小时，然后开启门窗换气，并用清水洗净饲槽。

【注意事项】诊断本病时应注意与疥螨病和湿疹相互区别。疥螨病的痒觉剧烈，皮肤上没有特征的圆形癣斑，且多发生于冬季和秋末早春，采取病变部的皮肤痂块，镜检时可检出疥螨。湿疹无传染性，没有分界明显的癣斑，并且受害的毛不从毛根部附近折断，轻度发痒，尤其是皮脂溢出性湿疹，通常不发生痒觉，从皮肤病变部采取病料镜检时不能检出病原体。

二十九、猪瘟

猪瘟俗称“烂肠瘟”，是一种急性、热性和高度接触传染的病毒性疾病，临床特征为发病急，持续高热，精神高度沉郁，粪便干燥，有化脓性结膜炎，全身皮肤有许多小出血点，发病率和病死率极高。本病已被OIE列入A类传染病，为国际重要疫病的检疫对象。

【病原特性】本病的主要病原体是猪瘟病毒。病猪在发病的后期常伴有猪沙门氏菌或猪巴氏杆菌等继发感染，使病情和病理变化复杂化。猪瘟病毒多为圆形，直径40 ~ 50纳米，有囊膜，表面还有囊膜糖蛋白纤突（图29-1）。虽然有不少的变异性毒株,但目前仍认为只有1个血清型，毒株有毒力强弱之分。

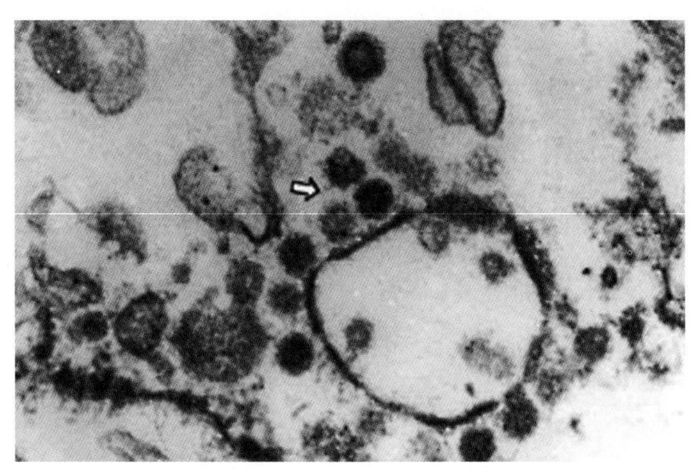

图29-1　猪瘟病毒

【典型症状】急性型最为常见。病猪突然体温持续升高至41℃左右，常挤卧在一起，或钻入草堆，恶寒怕冷。行动缓慢无力，背腰拱起，摇摆不稳或发抖。眼结膜潮红，眼角有多量黏性或脓性分泌物。耳（图29-2）、四肢（图29-3）、腹下、会阴等处的皮肤有许多小出血点，或大片出血斑（图29-4）。公猪阴鞘红肿，积尿膨胀（图29-5），用手挤压时，流出混浊、恶臭灰白色液体。亚急性型的口腔黏膜发炎，扁桃体肿胀常伴发溃疡。皮肤常有出血性坏死和痘样疹（图29-6）。病

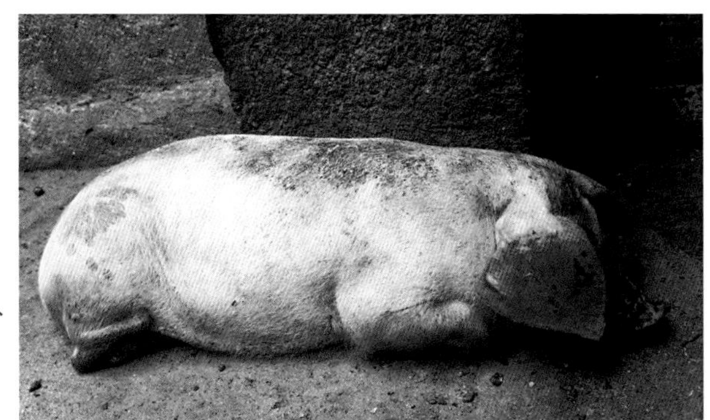

图29-2　两耳瘀血、出血

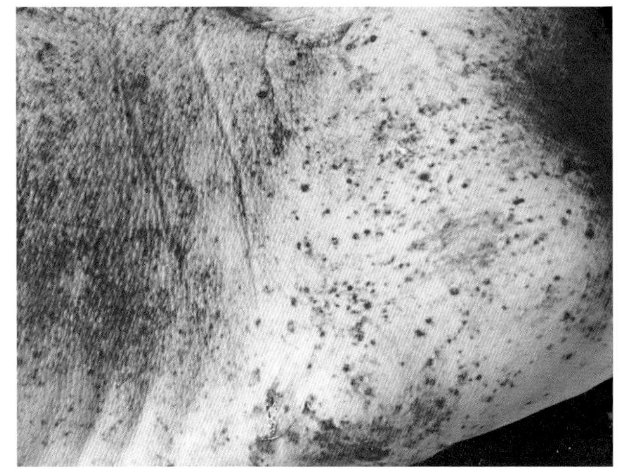

图29-3　前肢内侧皮肤出血

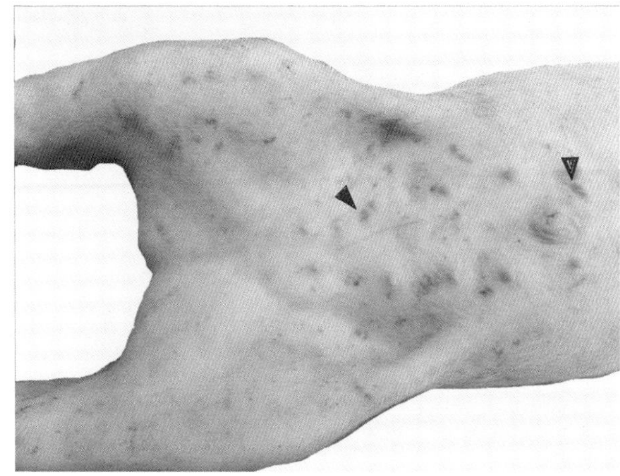

图29-4　腹部皮肤的出血斑

猪往往先便秘，后腹泻甚至便血（图29-7），并常伴发纤维素性肺炎和肠炎而死亡。慢性型消瘦，贫血，全身衰弱，喜卧地，便秘和腹泻交

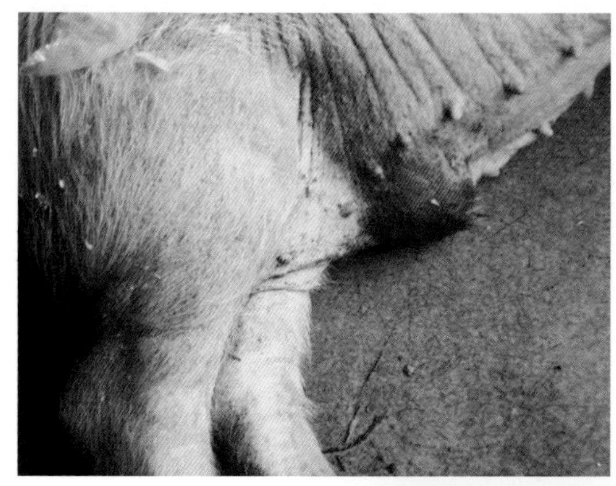
图29-5　阴鞘红肿，积尿

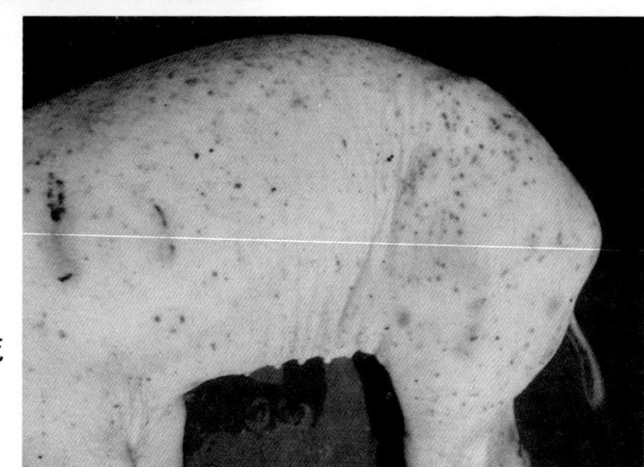
图29-6　皮肤出血性坏死和痘样疹

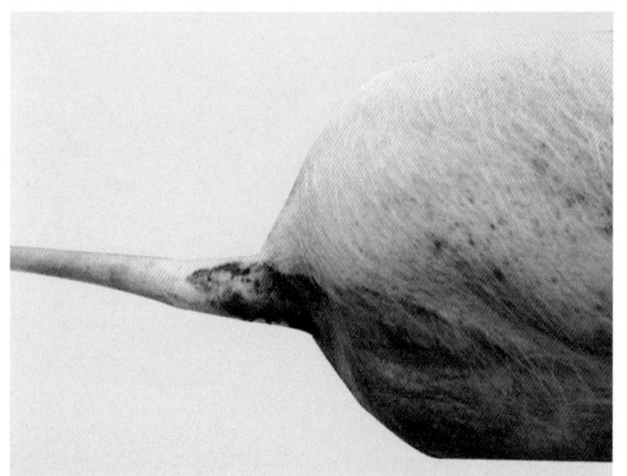
图29-7　病猪便血

替出现，皮肤有紫斑或坏死痂（图29-8）。耐过本病的猪，一般均成为僵猪（图29-9）。温和型皮肤很少有出血点，但有的病猪耳、尾、四肢末端部的皮肤有坏死（图29-10）和关节肿大。

图29-8　皮肤的坏死痂形成

图29-9　猪瘟引起的僵猪

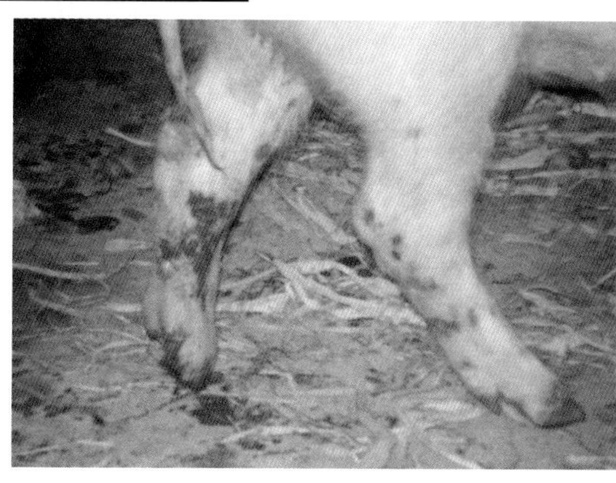

图29-10　温和型猪瘟皮肤坏死

【诊断要点】典型的急性、亚急性和慢性猪瘟，根据其流行情况、临床症状和特征性的病理变化即可确诊。剖检败血型猪瘟以出血性病变最常见，其中最具有诊断意义的是：皮肤斑点状出血（图29-11），肾脏大量点状出血（图29-12），严重时形成“雀蛋肾”（图29-13），全

图29-11　全身皮肤出血

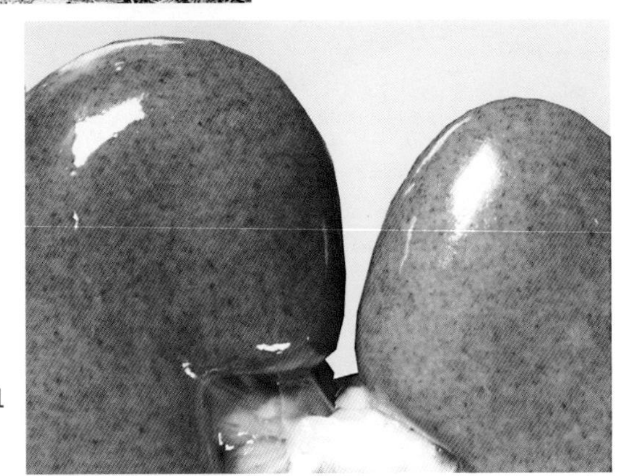
图29-12　肾点状出血

图29-13　猪瘟“雀蛋肾”

身淋巴结出血（图29-14），切面呈大理石样花纹（图29-15），脾脏出血性梗死（图29-16）；其次是扁桃体中淋巴小结肿胀（图29-17）或坏

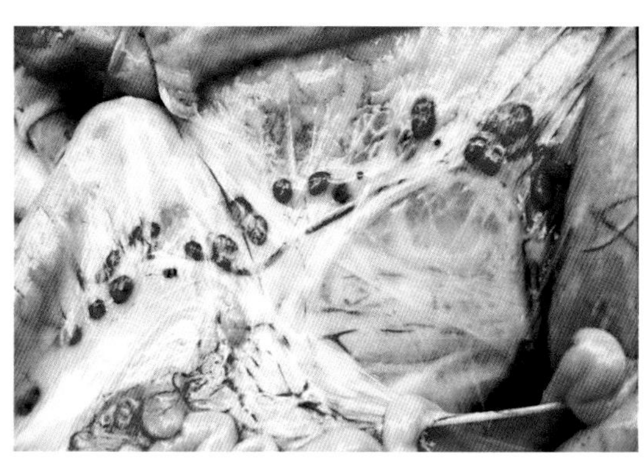

图29-14　肠系膜淋巴结出血

图29-15　淋巴结大理石样花纹

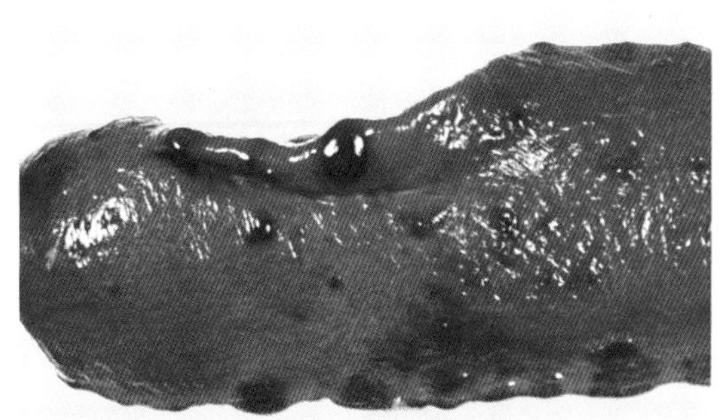

图29-16　脾脏出血性梗死

死，喉头黏膜出血（图29-18），心脏出血（图29-19），胆囊黏膜纤维素样坏死（图29-20），膀胱黏膜出血（图29-21）。胸型猪瘟主要表现为肺出血（图29-22）和纤维素性肺胸膜炎（图29-23）。肠型猪瘟则胃

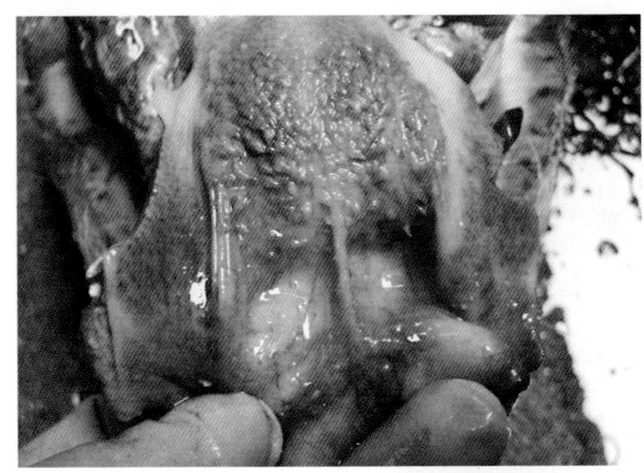

图29-17　扁桃体淋巴小结肿胀

图29-18　喉头黏膜出血

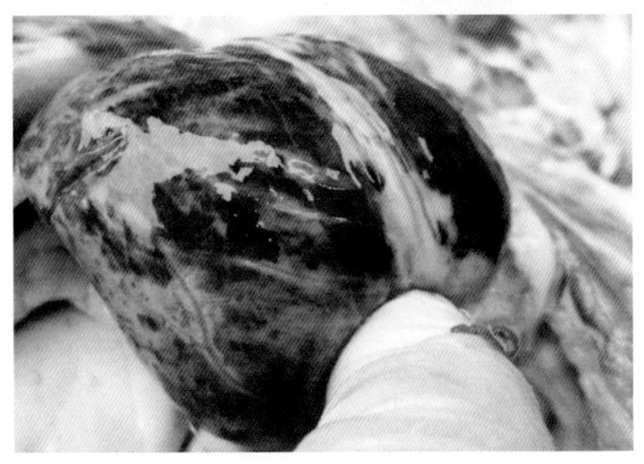

图29-19　心脏出血

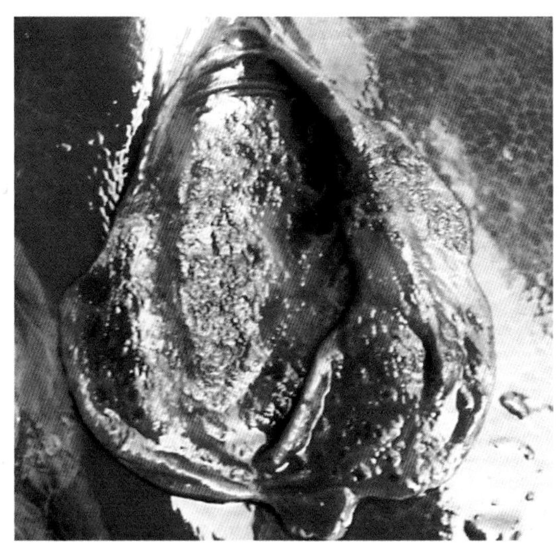

图29-20 胆囊黏膜坏死

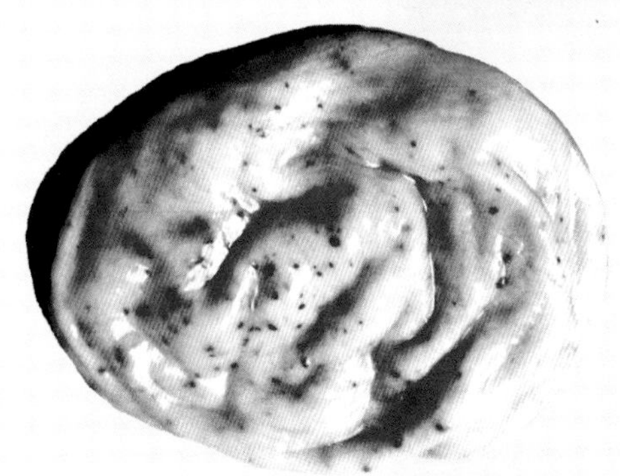

图29-21 膀胱黏膜出血

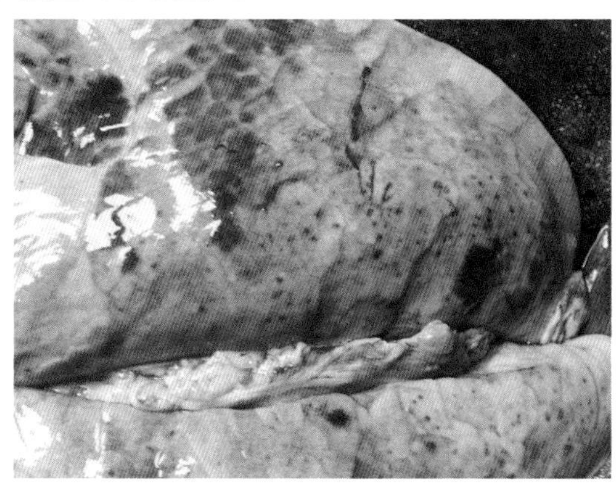

图29-22 肺出血

肠壁及肠系膜淋巴结出血（图29-24），特别是回盲口见有大小不一的溃疡（图29-25）或轮层状病灶，俗称“扣状肿”（图29-26）。但对温和型猪瘟，需进行实验室检查。

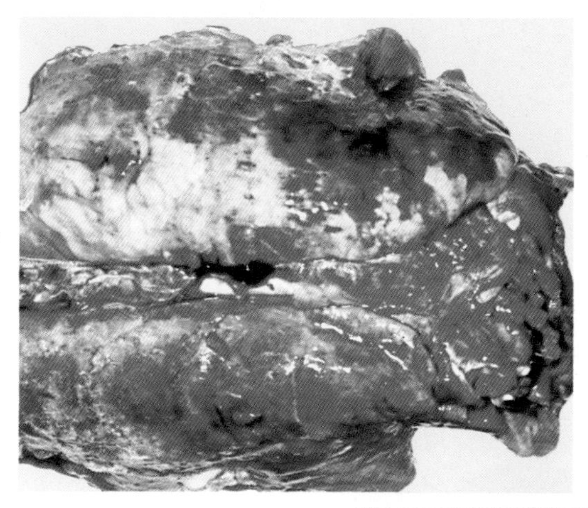

图29-23　纤维素性肺胸膜炎

图29-24　胃肠壁及肠系膜淋巴结出血

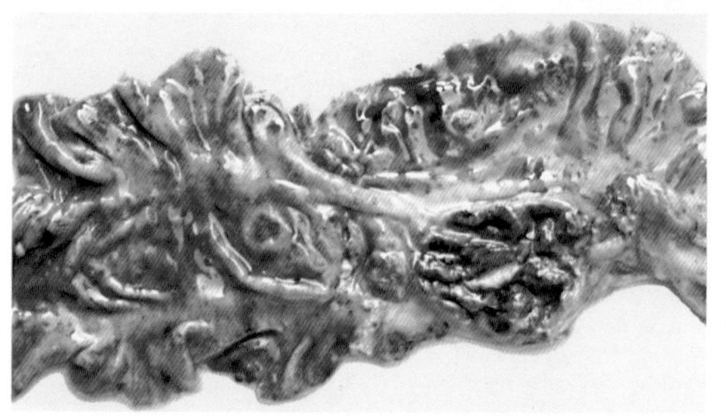

图29-25　盲肠溃疡

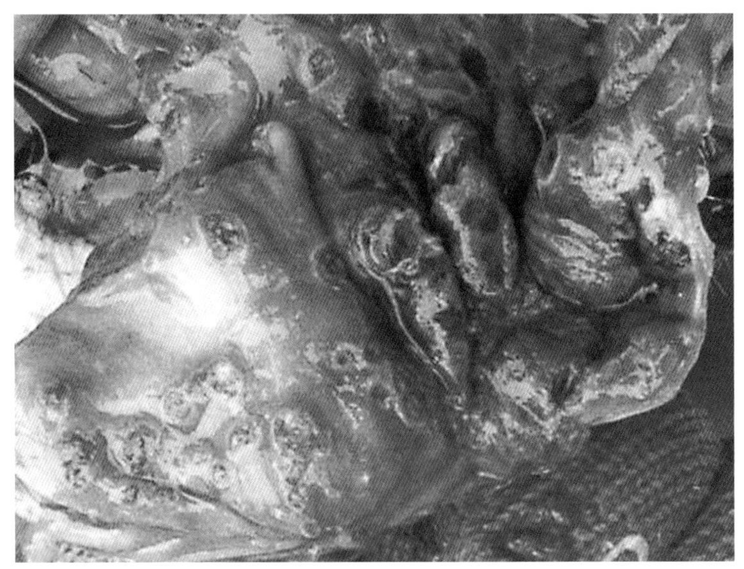

图29-26　回盲瓣的"扣状肿"

【防治措施】目前尚无有效的治疗药物，对一些经济价值较高的种猪，可用高免血清治疗。目前，临床上多采取对症治疗和控制继发性感染，如抗生素、磺胺药和解热药等联合使用具有较好的效果。

当前，国内主要采取以预防接种为主的综合性防治措施来控制猪瘟。常规预防着重于提高猪群的免疫水平，防止引入病猪，切断传播途径，广泛持久地开展猪瘟疫苗的预防注射。目前，有人提出超前免疫，即初生仔猪哺乳之前按常规猪瘟弱毒疫苗剂量（1 ～ 2头份），颈部肌内注射，具有良好的免疫效果。紧急预防是突发猪瘟流行时的防治措施，实施步骤是：封锁疫点，处理病猪，紧急接种和彻底消毒。

【注意事项】临诊时，应将急性猪瘟与以下几种病鉴别：急性猪丹毒，皮肤的红斑为充血斑，指压褪色；病程较长时，皮肤上有红色至紫红色方形、菱形或不规则形疹块。最急性猪肺疫，主要表现为咽喉红肿，呼吸困难，口、鼻流泡沫；剖检见咽喉部皮下有明显的出血性浆液浸润，肺脏呈现典型的纤维素性肺胸膜炎变化。弓形虫病，也有持续高热，皮肤见出血点和紫斑，大便干燥等症状，但主要表现为呼吸高度困难；剖检见肺脏多发生间质性肺炎或水肿；用肺和淋巴结等病料做涂片，可检出弓形虫；磺胺类药治疗有效。

慢性猪瘟应与慢性猪副伤寒区别：慢性副伤寒呈顽固性下痢，体温不高，皮肤无出血点；剖检的特点是大肠黏膜的纤维素性坏死性肠炎变化，呈弥漫性溃烂，局灶性或融合性溃疡。

三十、非洲猪瘟

非洲猪瘟又称东非猪瘟，是由非洲猪瘟病毒引起猪的一种急性热性高度接触性传染病。本病仅感染猪，临床症状与病理变化主要表现为发热，皮肤发绀、出血，淋巴结、肾脏、胃肠道黏膜出血等。本病的死亡率很高，在流行期间可高达100%，对养猪业的危害很大。世界动物卫生组织将之列为A类疫病，我国则定为一类疫病。

【病原特性】非洲猪瘟病毒的粒子直径为172 ~ 220纳米，似六角形，成熟的颗粒具有两层衣壳和在发芽装配时通过细胞膜所获得的外层囊膜（图30-1）。

【典型症状】本病有急性、亚急性和慢性之分。急性病例以高热达40 ~ 41℃，呈稽留热型，精神高度沉郁，呼吸急促，皮肤出血和死亡率极高为特点。亚急性病例呼吸困难，流鼻液，咳嗽；皮肤有陈旧性的出血灶及结痂；病猪喜卧，后肢无力，运动困难，并排出混有血液的稀便（图30-2）。慢性病例的皮肤除有上述变化外，还常见有风疹样

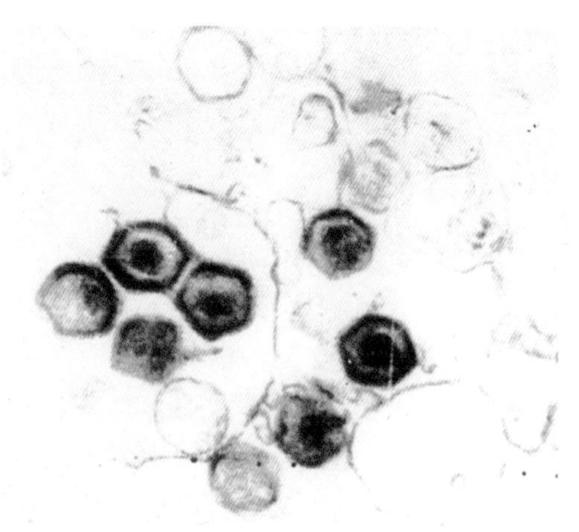

图30-1　非洲猪瘟病毒

结节（图30-3）。妊娠母猪可发生流产。剖检时，急性病例的结膜充血并有小出血点。皮肤出现紫斑，水肿而失去弹性。颈浅淋巴结、髂下淋巴结肿大。胸腔和腹腔积有多量的清亮液体，有时也混有血液。内脏淋巴结肿大，部分或全部出血（图30-4）。脾脏瘀血、出血，极度肿

图30-2　病猪排出血便

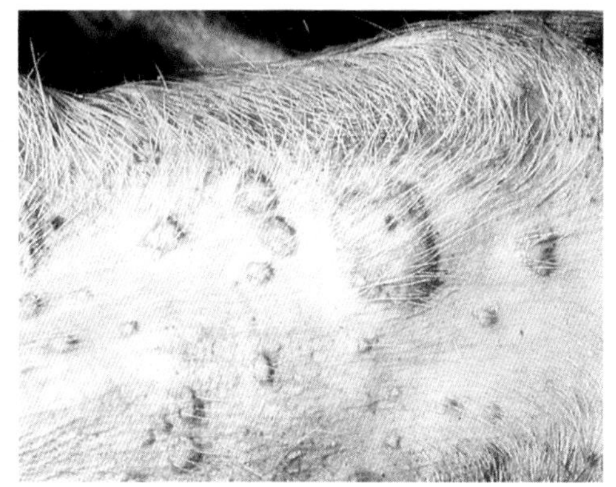

图30-3　皮肤的风疹样结节

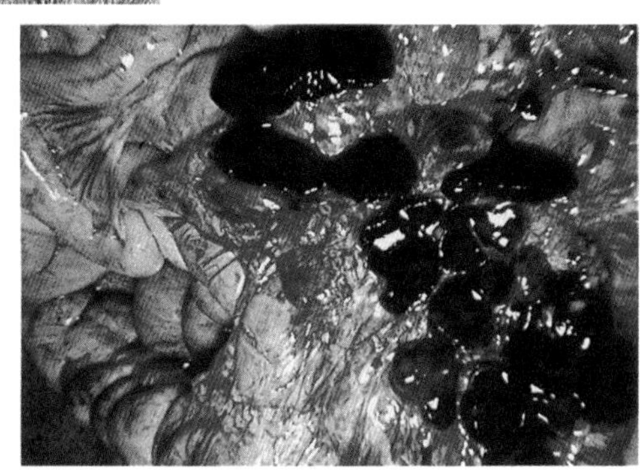

图30-4　出血性淋巴结炎

大，呈黑褐色（图30-5）；切面见有大量血粥样物质流出，脾脏的固有结构破坏。心肌柔软，心内、外膜散在出血点，有时见弥漫性出血（图30-6）。肾脂肪囊及肾表面有点状出血，严重时肾脏表面布满出血斑点，像猪瘟时的“雀蛋肾”（图30-7）。肺脏充血、出血、膨胀、水

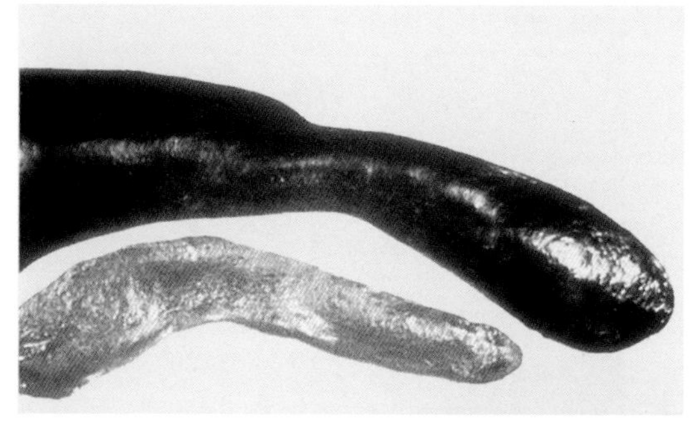

图30-5　急性炎性脾肿（上）

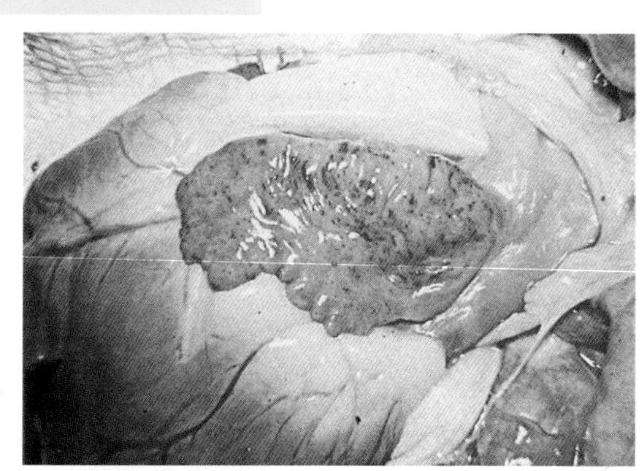

图30-6　心外膜的弥漫性出血

图30-7　肾表面点状出血

肿（图30-8）。肝脏肿大，表面常见大量出血点。胆囊的浆膜与黏膜出血，胆囊壁水肿，呈胶冻样增厚（图30-9）。慢性病例主要病变是浆液性纤维素性心外膜炎。心包膜增厚，与心外膜及邻近肺脏粘连。胸腔有大量黄褐色液体。肺脏一般呈现支气管肺炎，病灶常限于尖叶及心叶（图30-10）。

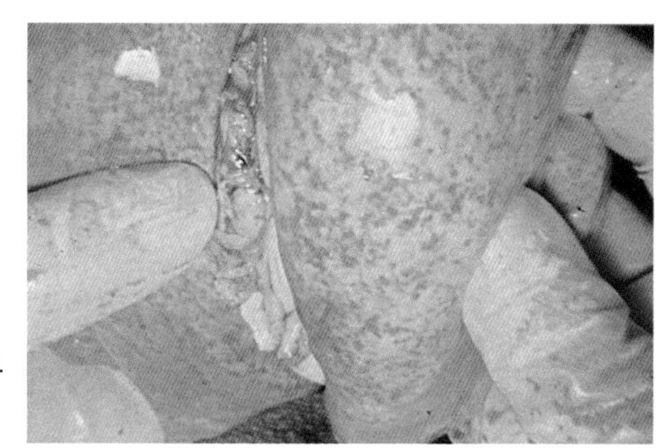
图30-8 肺及淋巴结出血

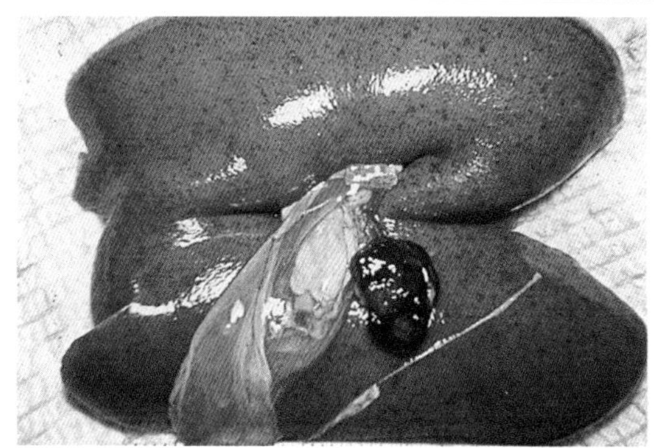
图30-9 肝及淋巴结出血

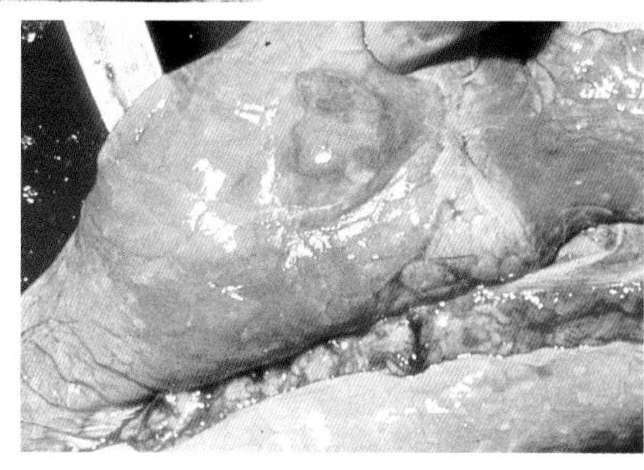
图30-10 支气管肺炎

【诊断要点】由于本病的临床症状与病理变化与猪瘟有诸多相似之处，故对其诊断主要依靠实验室检查。目前最常用、最方便和最可靠的诊断方法是：直接免疫荧光试验、血细胞吸附试验和猪接种试验。

【防治措施】本病目前尚无有效的治疗药物，只能采取对症疗法。

非洲猪瘟病毒是一种独特的病毒，大多数毒株的毒力很强，但免疫原性却非常低。虽然猪在感染后7 ～ 21天可产生补体结合抗体、沉淀抗体和血凝抑制抗体，但无论自然感染猪或人工感染猪均未检出中和抗体。因此，迄今为止，本病还无有效的预防疫苗，故预防本病的主要措施是防止疾病的传播。当猪群中发现可疑病猪时，应及时报告、立即封锁、迅速确诊，并严格按照《中华人民共和国动物防疫法》的有关规定全部扑杀处理，彻底消灭病原体，防止疾病的蔓延。

【注意事项】由于本病的症状及眼观病变颇似猪瘟，故病理组学检查对本病的确诊具有重要的意义，如发现淋巴组织坏死、淋巴细胞性脑膜脑炎、局灶性肝坏死和间质性淋巴细胞-嗜酸细胞性肝炎以及全身小血管壁玻璃样变或纤维素样坏死并伴有血栓形成，则可确诊为非洲猪瘟。目前本病与猪瘟唯一有效的鉴别方法是，用可疑病料对经过猪瘟高度免疫的家猪进行接种试验，如仍然出现与猪瘟相似的症状，则为非洲猪瘟。

三十一、口蹄疫

口蹄疫是猪、牛、羊等偶蹄动物的一种急性、热性和接触传染的病毒性疾病，临床上以口腔黏膜、蹄部及乳房皮肤发生水疱和烂斑为特征。OIE一直将本病列为发病必须报告的A类动物疫病名单之首。

【病原特性】口蹄疫病毒呈圆形或六角形，由60个结构单位构成20面体，直径为23 ～ 25纳米，无囊膜（图31-1），具有多型性、易变异的特点。根据其血清学特性，可将之分为7个主型和65个亚型，即A型（$A_{1\sim32}$）、O型（$O_{1\sim11}$）、C型（$C_{1\sim5}$）、南非Ⅰ$_{1\sim7}$型（SAT_1）、南非Ⅱ$_{1\sim3}$型（SAT_2）、南非Ⅲ$_{1\sim4}$型（SAT_3）和亚洲$_{1\sim3}$型（Asia），其中以A型和O型分布最广，危害最大。单纯性猪口蹄疫是由O型病毒所引起。虽然各型病毒所致病猪的症状相同，但用不同类型病毒所制的疫苗无交叉保护作用。

【典型症状】猪口蹄疫有良性和恶性之分，良性口蹄疫多见于成年猪，以口蹄部水疱为主要特征，病初体温升高至40 ～ 41℃，蹄冠、趾间、蹄踵出现发红、湿润、泛白（图31-2）、微热、敏感等症状，不久蹄冠部出现小水疱（图31-3）、出血和龟裂（图31-4）或形成黄豆

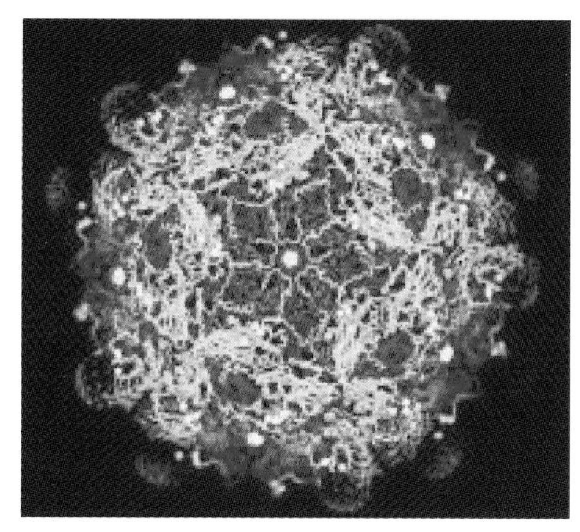

图31-1　口蹄疫病毒模式图

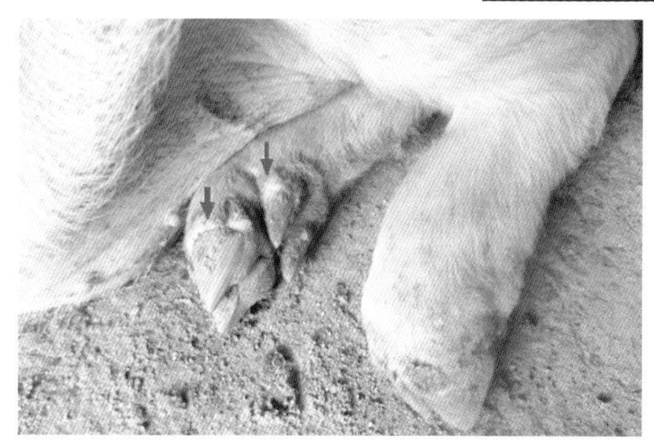

图31-2　蹄部红肿、交界处泛白（箭头）

图31-3　蹄部水疱形成

大、蚕豆大的水疱，水疱破裂后形成出血性糜烂和溃疡。蹄部发生水疱时，病猪站立时病肢屈曲减负体重（图31-5），或因疼痛而卧地不起（图31-6）。若有细菌感染，则局部化脓坏死，可引起蹄匣溶崩破

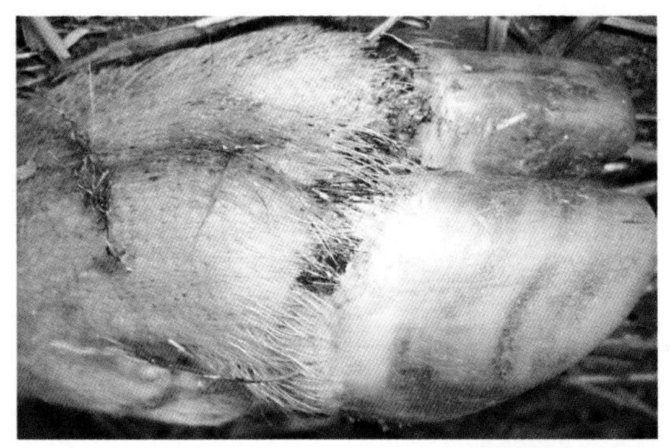

图31-4　蹄冠出血和龟裂

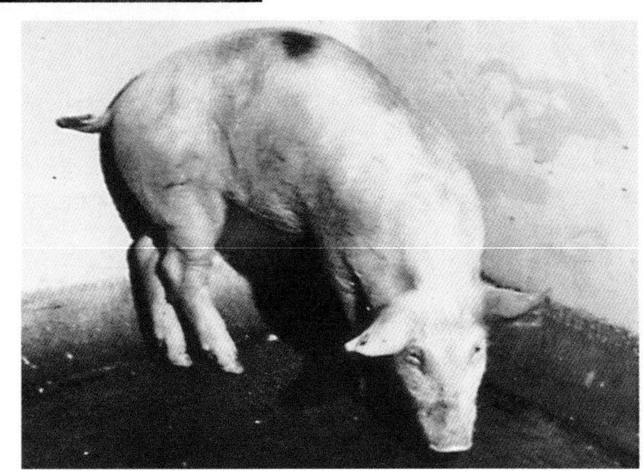

图31-5　右后肢减负体重

图31-6　蹄部疼痛、卧地不起

坏（图31-7），甚至脱落（图31-8）。病猪的口腔黏膜（图31-9）、鼻盘（图31-10）和哺乳母猪的乳头（图31-11）也常有水疱和溃疡。恶性口蹄疫主要发生于乳猪，死亡率可达75%～100%；剖检在心室中隔及

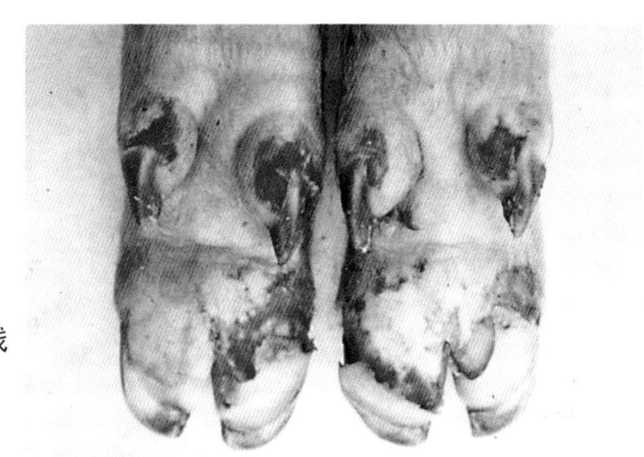

图31-7　蹄匣溶崩破坏、残缺不全

图31-8　蹄匣脱落

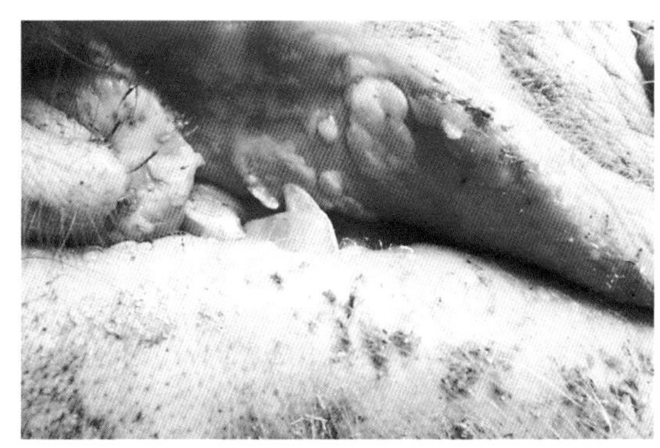

图31-9　口腔黏膜的水疱

心壁上散在有灰白色（图31-12）和灰黄色的斑点或条纹状（图31-13）

图31-10　鼻盘上的水疱

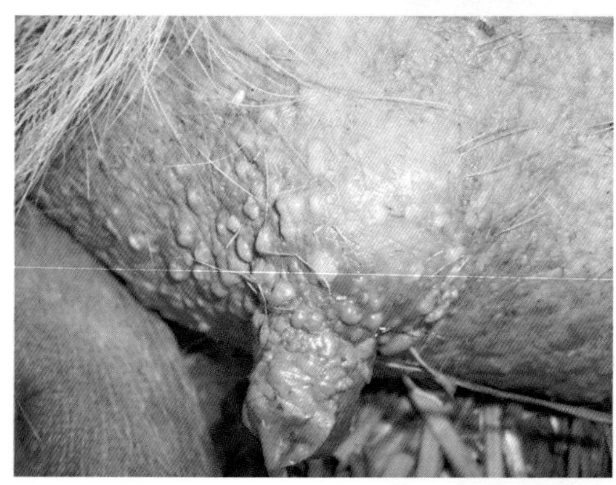

图31-11　乳房部的水疱

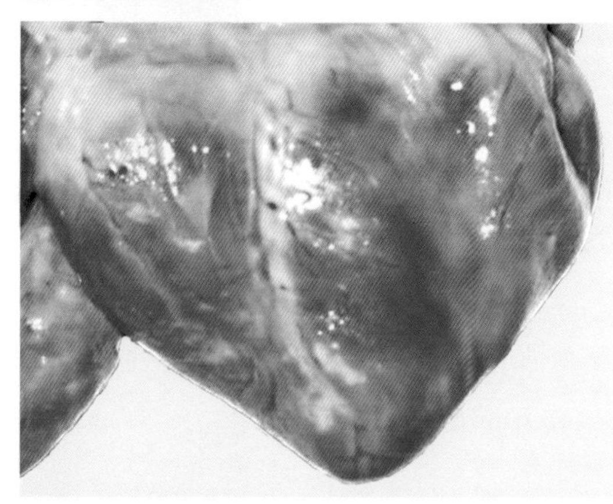

图31-12　心室的灰白色病灶

病灶，俗称“虎斑心”，切面上，心肌灰纤维间的黄白色条纹也很明显(图31-14)。

【诊断要点】根据本病特异性临床症状，结合病情的急性经过，呈流行性传播，主要侵害偶蹄动物和一般为良性转归等特点，通常即可

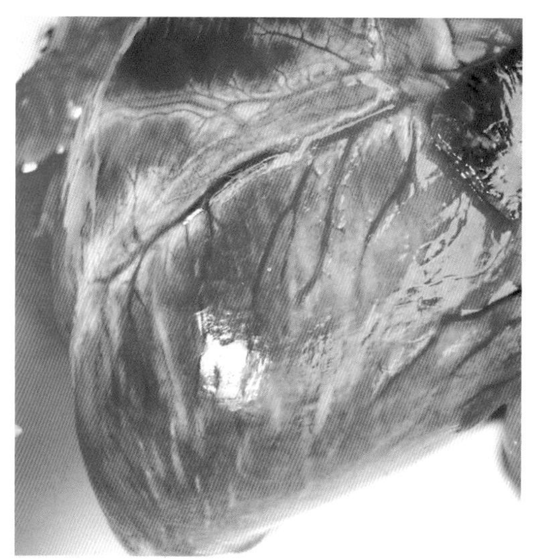

图31-13　灰黄色条纹状病灶——“虎斑心”

图31-14　心肌间黄白色条纹（箭头）

做出诊断。但口蹄疫病毒具有多型性，若需鉴定病毒属于哪一型，则需经实验室检查。

【防治措施】轻症病猪，经过10天左右多能自愈。重症病猪，为了缩短病期，可先用10%食醋水、0.2%高锰酸钾液或2%明矾水洗净局部，再涂布龙胆紫或碘甘油，经过数日治疗，绝大多数病猪均可以治愈。对恶性口蹄疫，除局部治疗外，常需辅以强心剂（如安钠咖）和滋补剂（如5%糖盐水腹腔注射）等进行全身性治疗。

目前多采用以检疫诊断为中心的综合防治措施。平时预防采取以下步骤：加强检疫和普查、及时接种疫苗和加强防疫措施。当发生口蹄疫后，应立即报告疫情，并迅速划定疫点、疫区，按照“早、快、严、小”的原则，及时严格地封锁和紧急预防。

【注意事项】诊断猪口蹄疫病时需与猪水疱病和猪水疱性口炎相鉴别。良性口蹄疫与猪水疱病的临床症状几乎无差别，诊断有赖于实验室检查。送检的方法是：首先将病猪蹄部用清水洗净，用干净剪子剪取水疱皮，装入青霉素空瓶，冷藏保管，迅速送到有关检验部门检查。需要强调的是：猪水疱病仅感染猪，而牛、羊等动物则不被感染。猪水疱性口炎的流行范围小，发病率低，很少引起死亡，且马、骡和驴等单蹄动物也可感染。

三十二、水疱性口炎

水疱性口炎是病毒所引起的一种人畜共患的急性、热性传染病。其特征是在猪等家畜和某些野生动物的口腔黏膜（舌、齿龈、唇），或在蹄冠和趾间皮肤上形成水疱，口腔流泡沫样口涎。人偶有感染，且有短期的发热症状。世界动物卫生组织（OIE）2003年将本病列为A类动物疫病。

【病原特性】水疱性口炎病毒呈子弹状或圆柱状（图32-1），是一种RNA病毒。应用中和试验和补体结合反应，将水疱性口炎病毒分为2个血清型。其代表毒株分别为印第安纳毒株和新泽西毒株。两型不能交叉免疫，其下又可分为若干亚型。

【典型症状】病猪体温升高1～2天后，在口腔、舌（图32-2）、鼻盘（图32-3）和蹄冠部出现特征性的水疱。病猪口流清涎，采食困难。病程较长时，舌面部的溃疡常有增生性变化（图32-4）。蹄部病变

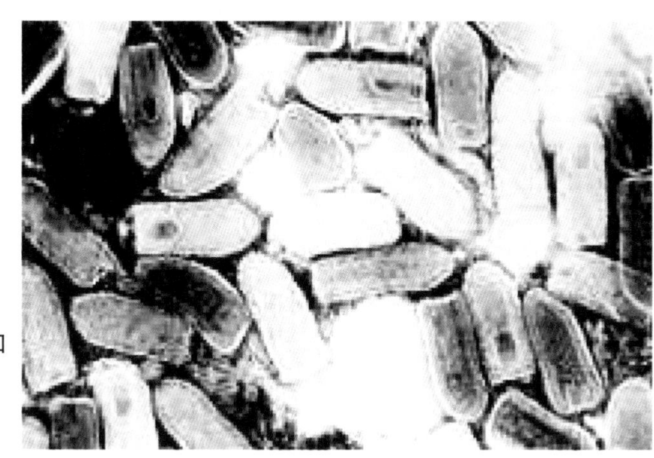

图32-1　水疱性口炎病毒

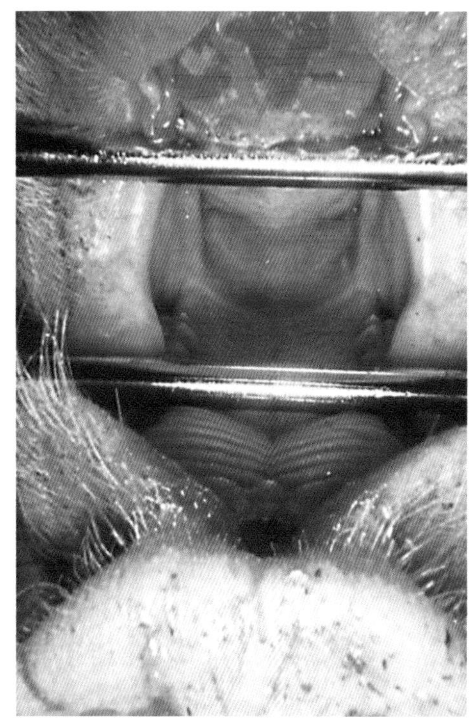

图32-2　舌面的水疱及溃疡

严重时，蹄冠部常见大面积溃疡（图32-5），甚至蹄壳脱落，露出鲜红出血面。一般情况下舌面上的水疱在短时间内破裂，变成糜烂，其周

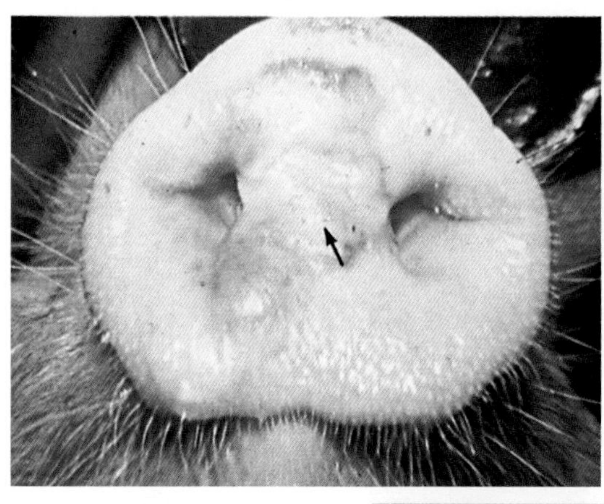

图32-3 鼻盘部的融合性水疱（箭头）

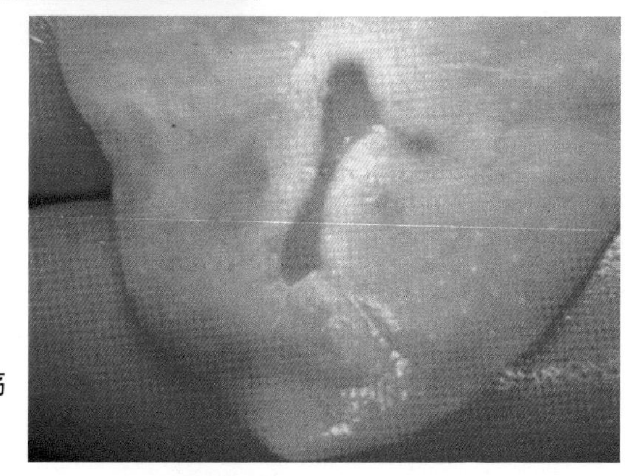

图32-4 舌面的增生性溃疡

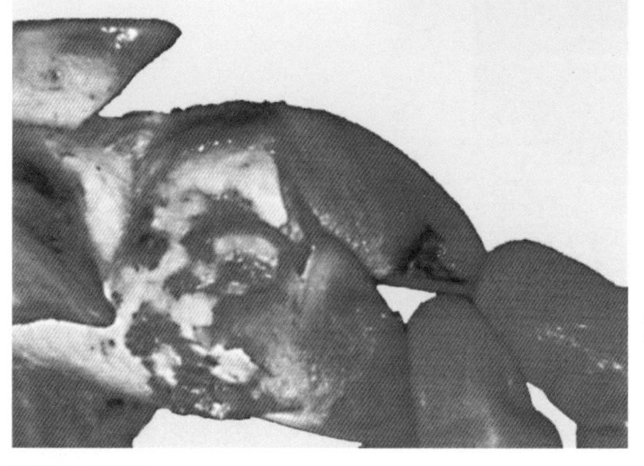

图32-5 蹄冠及蹄底部的溃疡

边残留的黏膜呈不规则形灰白色（图32-6）。有的病例，病变还可累及四肢部的皮肤，形成水疱和溃疡。

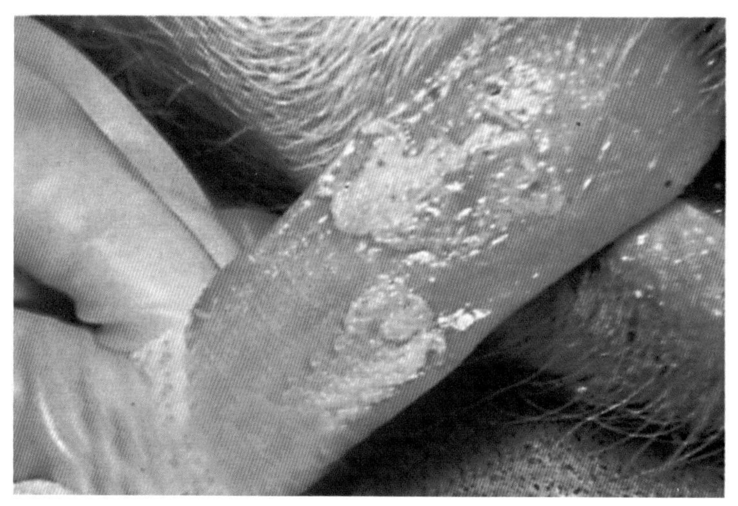

图32-6　舌面上残留的黏膜

【诊断要点】根据发病的季节性、发病率和病死率均很低，以及典型的水疱病变，可以做出初步诊断。必要时可进行人工接种试验、病毒分离和血清学试验等进行确诊。

【防治措施】本病目前尚无特异性治疗药物，一般采用局部对症疗法。口腔黏膜有糜烂或溃疡时，可撒布冰硼酸或涂擦碘甘油；蹄部水疱破裂后，应立即用碘酊或龙胆紫消毒，防止继发感染而导致蹄匣脱落。

本病发生后，应封锁疫点，隔离病猪，对污染用具和场所用2%～4%氢氧化钠溶液、10%石灰乳、0.5%过氧乙酸或1%强力消毒灵等进行严格消毒，以防疫情扩大。

【注意事项】在临床上诊断本病时需与猪口蹄疫、猪水疱疹及猪水疱病相互鉴别。据报道，应用动物接种试验可做出较准确的鉴别诊断。方法是：将2日龄鼠和7日龄鼠分两组接种病料，观察1～4天。如果2日龄鼠和7日龄鼠均健活，即为猪水疱疹；如果2日龄鼠死亡，而7日龄鼠健活即为猪水疱病；如果2日龄鼠和7日龄鼠均死亡，即为口蹄疫或水疱性口炎。

三十三、猪水疱病

猪水疱病是由一种肠道病毒所致的急性传染病。本病的流行性强，发病率高，临床上以蹄部、口部、鼻端、腹部、乳头周围皮肤和黏膜发生水疱为特征。世界动物卫生组织（OIE）将本病列为A类动物疫病。

【病原特性】猪水疱病病毒与人的肠道病毒柯萨奇B_5有抗原关系。病毒粒子呈球形，在细胞浆内呈晶格状排列（图33-1），而在病猪的细胞质中则呈环形或串珠状排列。

【典型症状】病初，病猪的蹄冠部皮肤瘀血、水肿、增厚，呈暗红色（图33-2）；继之，趾间、蹄踵、蹄冠部皮肤粗糙，出现1个或几个黄豆至蚕豆大的水疱；继而水疱融合扩大，1～2天后水疱破裂形成溃疡，露出鲜红的溃疡面（图33-3）。继发腐败菌感染时，常围绕蹄冠皮肤和蹄壳之间裂开，形成暗褐色龟裂伤（图33-4）。病猪常因剧烈疼痛而出现明显的跛行，多数病猪卧地不起或呈犬坐姿势（图33-5）。病情严重时，由于继发细菌感染，局部化脓或发生坏疽，造成蹄壳呈黑

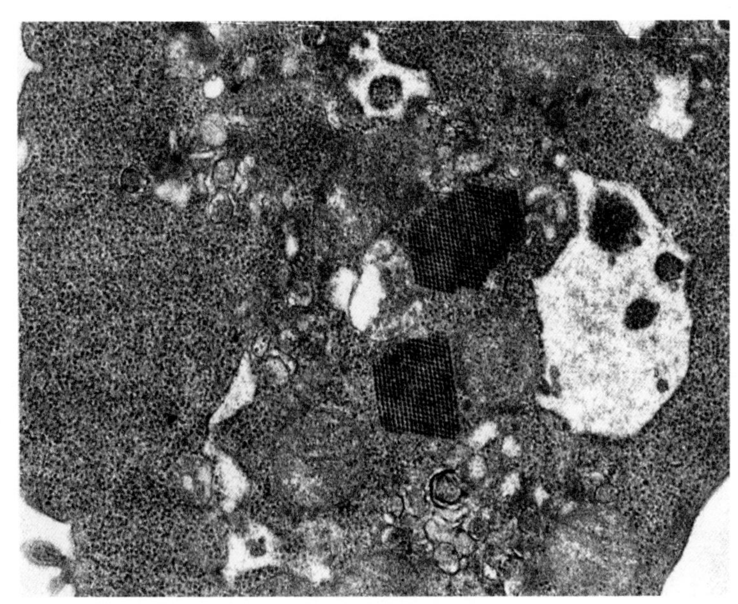

图33-1　晶格状排列的水疱病病毒

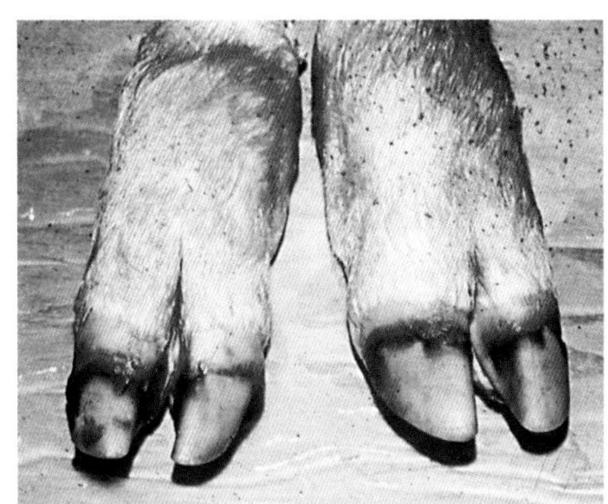

图33-2 蹄冠部皮肤瘀血、水肿

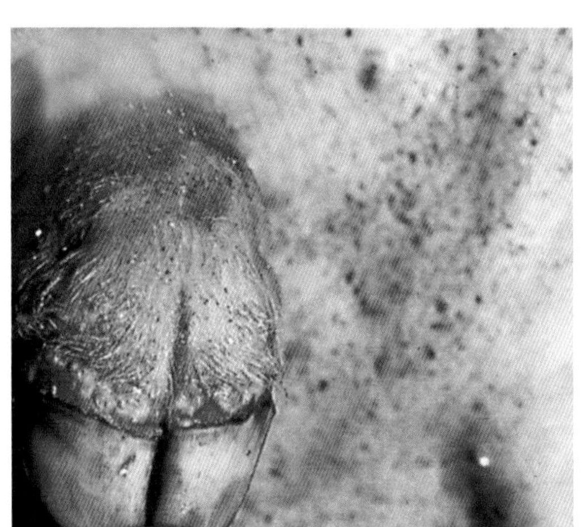

图33-3 蹄冠的小水疱和溃疡

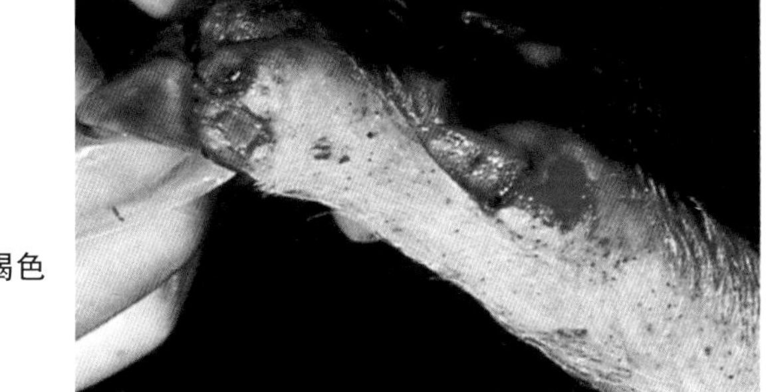

图33-4 蹄冠部有暗褐色色裂伤

图33-5　病猪卧地不起或呈犬坐姿势

褐色，破坏（图33-6）或脱落，导致病猪卧地不起，失去运动能力。另外，病猪鼻盘、口唇和口角（图33-7）以及哺乳母猪的乳头周围也常出现水疱和溃疡。

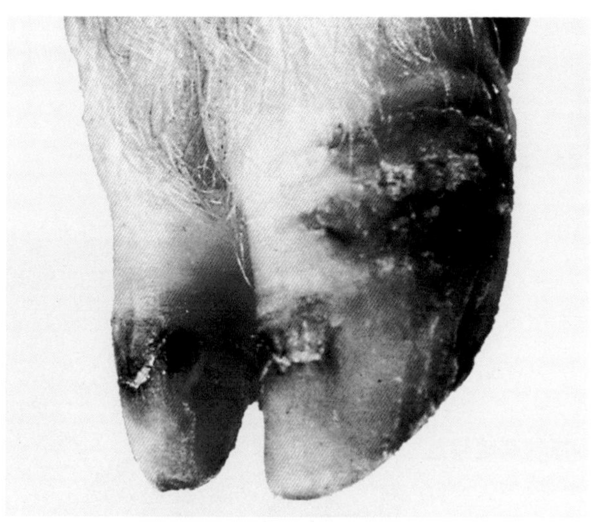

图33-6　蹄壳破坏呈黑褐色

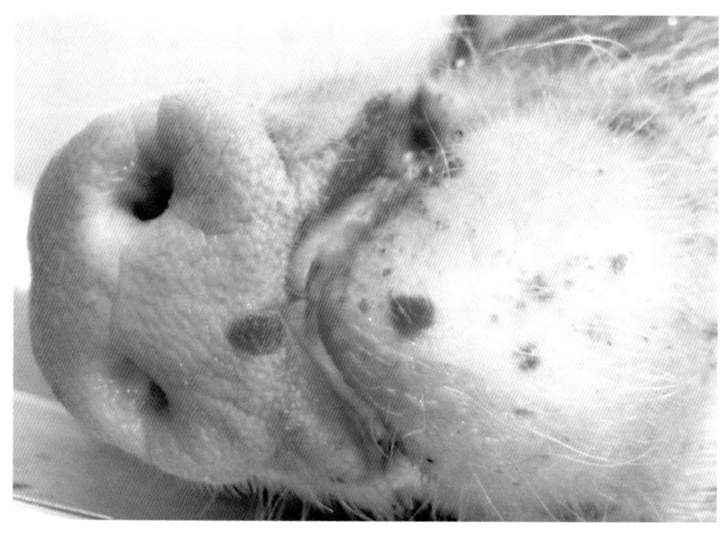

图 33-7　唇及口角的水疱及溃疡

【诊断要点】依据临床症状和流行特点，可做出初步诊断。但临床症状无助于区别猪水疱病、口蹄疫和猪水疱性口炎，因此必须依靠实验室诊断来加以区别。目前，常用的实验室方法有生物学诊断、反向间接血凝试验、补体结合反应和荧光抗体试验等。

【防治措施】本病无特效的治疗药物，若用猪水疱病高免血清和康复猪的血清进行被动免疫具有良好的效果。另外，按口蹄疫治疗方法处置，可促进恢复，缩短病程。

预防本病的方法是：不从疫区购买或调入猪，防止本病传入；对疫区和受威胁区易感猪群要定期预防注射；收购和调运生猪时应加强检疫；加强饲养管理和建立严格的消毒制度。

【注意事项】本病在症状上与口蹄疫极为相似，但牛、羊等家畜不发病；与水疱性口炎也相似，但马却不发病；与猪的水疱疹也极易混淆，但牛、羊等家畜不发病。本病传播迅速，流行广泛，曾给养猪业带来严重损失。

人可感染猪水疱病病毒，并出现与肠道病毒柯萨奇B_5感染相似的症状。近年来的研究证明，本病毒感染小鼠、猪和人类后，均导致不同程度的神经症状。因此，实验人员和饲养人员均需小心地处理病猪和病料，一定要采取措施做好自身的防护。

三十四、猪流行性腹泻

猪流行性腹泻又称流行性病毒性腹泻，是由病毒引起的一种胃肠道传染病，临床上以水样腹泻、呕吐和脱水为特征，各种年龄的猪均能感染。

【病原特性】猪流行性腹泻病毒主要存在于小肠上皮细胞及粪便中。粪便中病毒粒子是多形的，但趋于圆形，其平均直径为130纳米，外有囊膜，囊膜表面有放射状棒状突起（图34-1）。据报道，猪流行性腹泻病毒若不经特殊处理，只能在病猪小肠绒毛的上皮细胞内复制；迄今只发现一个血清型。

【典型症状】病猪排水样便，呈灰黄色或灰色（图34-2），吃食或吮乳后部分乳猪发生呕吐。日龄越小，症状越重，1周龄内的仔猪常于腹泻后2 ~ 4天，多因脱水和酸中毒而死亡（图34-3），病死率为50%；若乳猪生后立即感染本病，则病死率更高。此时见乳猪极度消瘦，肛周及四肢均被稀便黄染（图34-4）。剖检，胃内积有黄白色凝乳块，小肠扩张，肠内充满黄色液体，肠壁菲薄呈透明状（图34-5），有

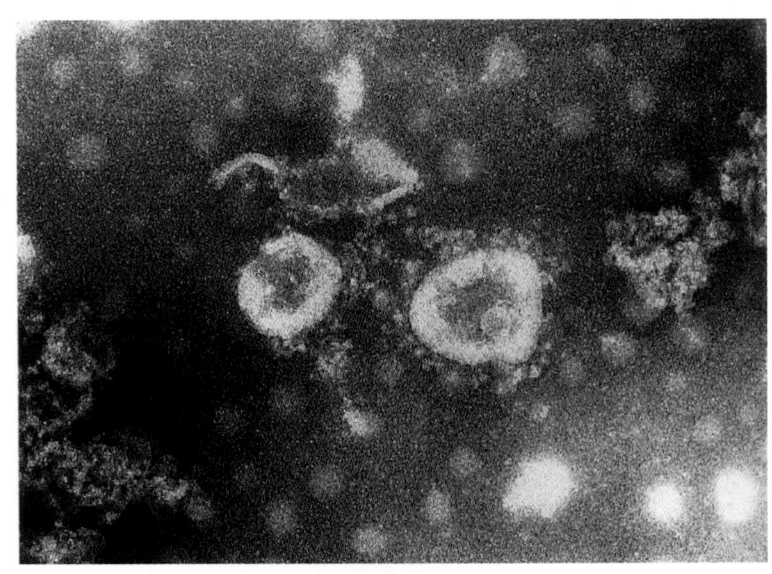

图34-1　猪流行性腹泻病毒

图 34-2　病猪排出水样灰黄色稀便

图 34-3　病猪极度脱水而死亡

图 34-4　肛周及后肢黄染

的小肠极度扩张，充满气体而不见食糜（图34-6）。断奶猪、肥育猪及母猪持续腹泻，稀便污秽不洁（图34-7）。一般经4 ～ 7天后，逐渐恢复正常。成年猪仅发生呕吐和厌食。

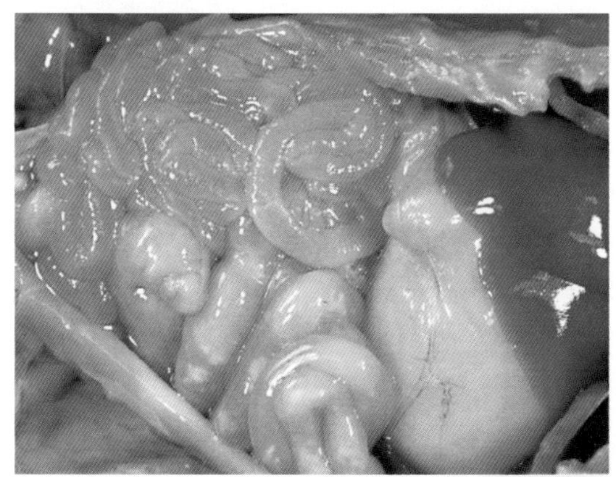

图34-5　小肠壁菲薄呈透明状

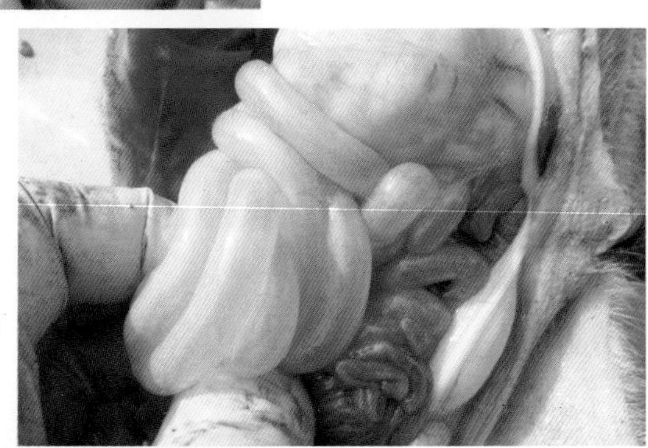

图34-6　小肠充满气体呈扩张状

图34-7　稀便污秽不洁

【诊断要点】依据流行特点和临床症状可以做出初步诊断，但要将本病与猪传染性胃肠炎做出区别时，需进行实验室检查。如果流行期已过，则可采取病愈猪的血清，检查猪流行性腹泻病毒抗体。

【防治措施】目前尚无特效治疗药物和有效的治疗方法，只能对症治疗，防止病猪脱水、酸中毒、电解质平衡破坏（可口服补盐液）和继发感染（注射抗生素）的发生。

预防本病可用猪流行性腹泻氢氧化铝灭活苗，或猪传染性胃肠炎与猪流行性腹泻二联灭活疫苗免疫接种。对妊娠母猪的免疫可保护仔猪，方法是：于妊娠母猪产前20 ～ 30天，在后海穴注射3毫升猪流行性腹泻氢氧化铝灭活苗。

【注意事项】诊断本病时，首先应与猪传染性胃肠炎、猪轮状病毒病相鉴别。猪传染性胃肠炎的传播速度快，发病重剧，呕吐、腹泻和脱水严重，病死率高，通常出生5天以内的乳猪死亡率为100%；猪轮状病毒病多发生于寒冷季节，新生猪暴发病例多发生于2 ～ 6周龄，症状和病理变化较轻，发病率高，病死率低。其次，还要与仔猪白痢、仔猪黄痢、仔猪红痢和猪痢疾等疾病相区别。

三十五、猪传染性胃肠炎

猪传染性胃肠炎是猪的一种急性高度接触性肠道传染病，以引起2周龄以下仔猪呕吐、严重腹泻、脱水和高死亡率（常达100%）为特点。

【病原特性】猪传染性胃肠炎病毒呈球形、椭圆形或多边形，直径为80 ~ 120纳米，有囊膜，表面有一层长12 ~ 28纳米的棒状纤突（图35-1）。本病毒主要存在于病猪的十二指肠、空肠及回肠的黏膜，肠内容物及肠系膜淋巴结中。据报道，本病毒也可能是猪慢性肺炎的一种病原体，在流行间歇期，隐藏在大猪的肺脏而成为仔猪的传染来源。

【典型症状】乳猪突然发生呕吐，接着发生剧烈的水样腹泻，通常呕吐多发生于吮乳之后。病猪消瘦，被毛粗乱、无光泽，恶寒怕冷，常聚集在一起相互挤压而保温（图35-2）。粪便为乳白色或黄绿色（图35-3），带有小块未消化的凝固乳块，有恶臭，其中常混有呕吐出的乳

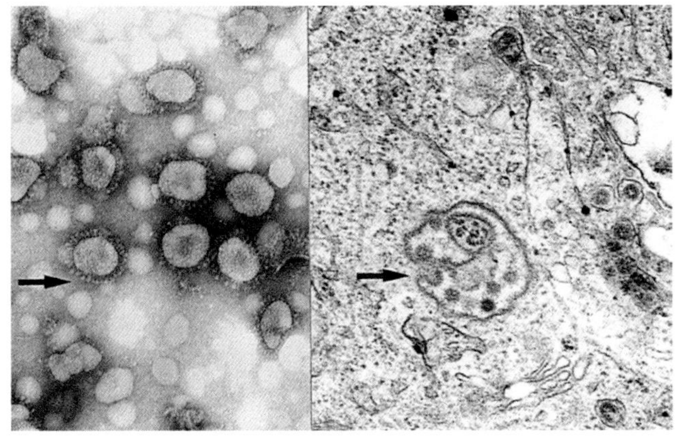

图 35-1　传染性胃肠炎病毒

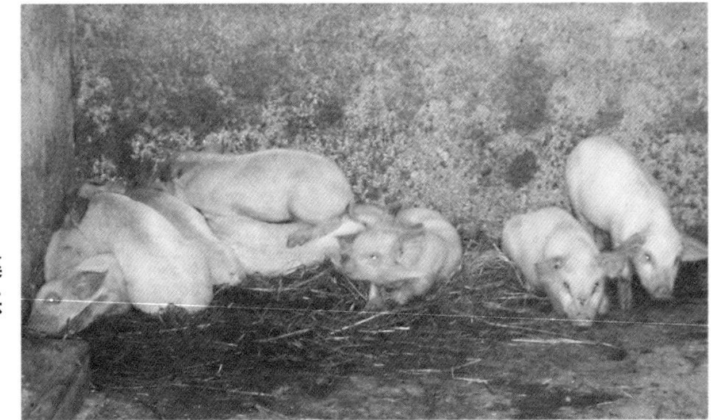

图 35-2　病猪聚集成堆，恶寒怕冷

图 35-3　病猪排出的稀便

白色的胃内容物（图35-4）。乳猪发病的日龄越小，病程越短，死亡率越高。通常出生后5日以内仔猪的死亡率为100%（图35-5）。剖检见胃肠壁菲薄（图35-6），血管扩张充血，内含气体和未消化的凝固乳块

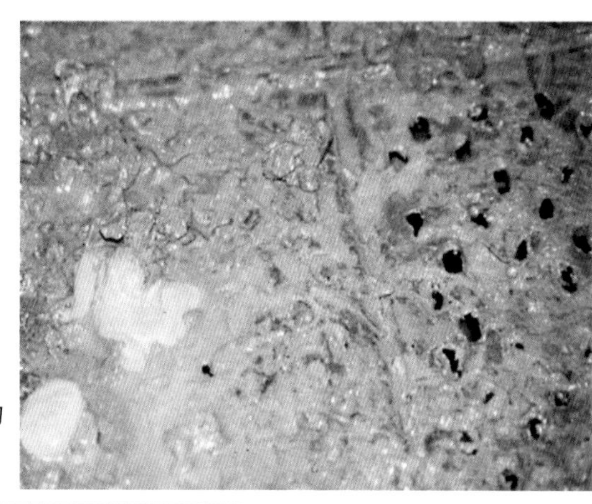

图35-4　灰白色呕吐物

图35-5　成窝乳猪死亡

图35-6　胃肠壁菲薄、积气

（图35-7）。另外，虽然肥育猪、妊娠母猪（图35-8）和哺乳母猪（图35-9）可发生严重的水样腹泻，但均可自愈。

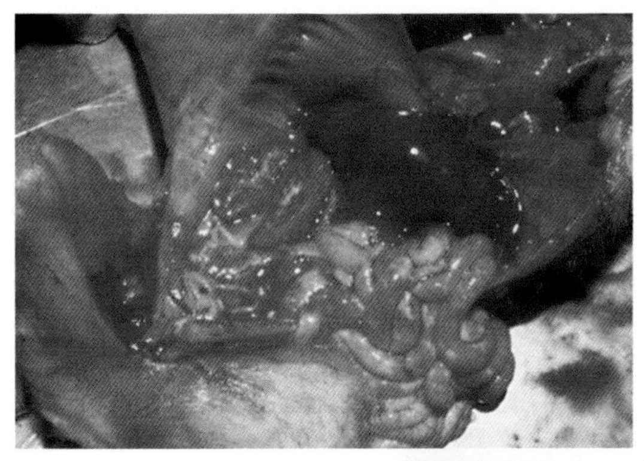

图35-7　肠内有大量未消化的凝固乳块

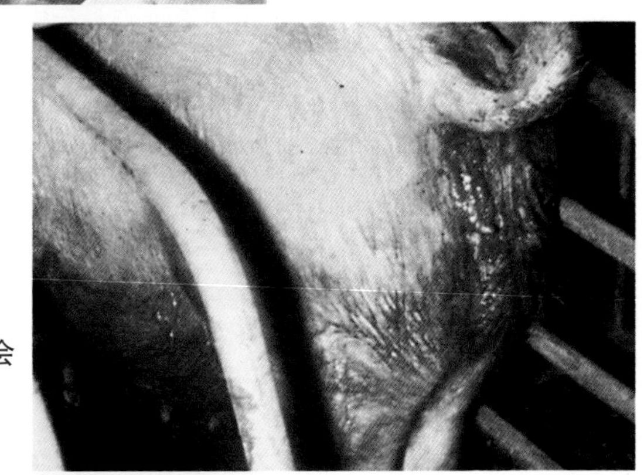

图35-8　妊娠母猪腹泻，会阴部污染

图35-9　哺乳母猪的腹泻

【诊断要点】依据流行特征、临床症状和病理特点，可做出初步诊断。若要进一步确诊则需分离病毒，进行新生仔猪的感染试验，测定急性期和恢复期血清的中和抗体效价。近年来也常运用RT-PCR技术和非放射性cDNA探针技术进行确诊。

【防治措施】本病无特异性药物进行治疗，但采取对症疗法，可以减轻脱水、电解质平衡紊乱和酸中毒；同时加强饲养管理，保持猪舍的温度（最好25℃左右）和干燥，则可减少死亡，促进病猪早日恢复。据报道，用链霉素加米壳合剂治疗本病，疗效极为显著。用法是：链霉素100万单位2支，米壳25克，白糖50克。先将米壳放入250毫升水中煎煮取汁125毫升，用纱布过滤去渣，加入链霉素和白糖。大猪一次内服，小猪减半，一般2次可愈。

预防本病，首先要注意管理。平时注意不从疫区或病猪场引进猪，以免传入本病。若要引进猪时，要注意检疫、隔离，并防止人员、动物、用具的传播。另外，要及时免疫，常用的疫苗为猪传染性胃肠炎弱毒疫苗，或猪传染性胃肠炎与猪流行性腹泻二联灭活苗。被动免疫，可于妊娠母猪产前20 ～ 30天后海穴注射2毫升；主动免疫，初生仔猪后海穴注射0.5毫升，10 ～ 50千克的猪后海穴注射1毫升，50千克以上的猪后海穴注射2毫升。

【注意事项】诊断本病时，应注意与猪流行性腹泻和猪轮状病毒病进行鉴别。猪流行性腹泻的传播速度缓慢，病死率较低；猪轮状病毒病多发生于寒冷季节，常与仔猪白痢混合感染，症状和病理变化较轻，发病率高，病死率低。另外，还应与仔猪白痢、仔猪黄痢、仔猪红痢、猪副伤寒、猪痢疾等疾病相互鉴别。

三十六、轮状病毒病

猪轮状病毒病是一种急性肠道传染病，主要发生于仔猪，而中猪和大猪则呈隐性感染，临床上以厌食、呕吐、腹泻、脱水、精神委顿和体重减轻等症状为特点。人和多种动物均可感染本病。

【病原特性】猪轮状病毒略呈圆形，有双层衣壳，直径65 ～ 75纳米，中央为核酸构成的核芯，内衣壳由32个呈放射状排列的圆柱形壳粒组成，外衣壳为连接于壳粒末端的光滑薄膜状结构，使该病毒形成车轮状外观（图36-1），故命名为轮状病毒。人和各种动物的轮状病毒在形态上无法区别，轮状病毒的内衣壳具有共同的抗原，即群特异性抗原，可用补体结合反应、免疫荧光试验、免疫扩散试验和免疫电镜来检查。轮状病毒可分为A、B、C、D、E、F 6个群，其中C群和E群主要感染猪。

【典型症状】乳猪吃奶后发生呕吐，继而腹泻，粪便呈黄色（图36-2）、灰色或黑色，为水样或糊状，其中混有未消化的乳凝块（图36-3）。症状的轻重决定于发病猪的日龄、免疫状态和环境条件。1周龄的乳猪因有母源抗体保护，一般不易感染发病；10 ～ 21日龄乳猪感

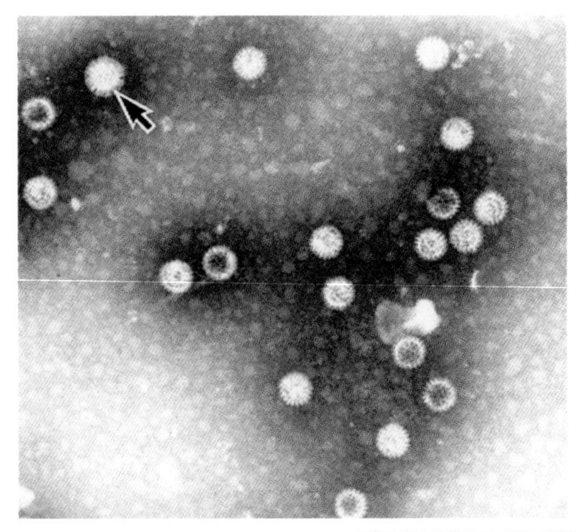

图36-1　猪轮状病毒

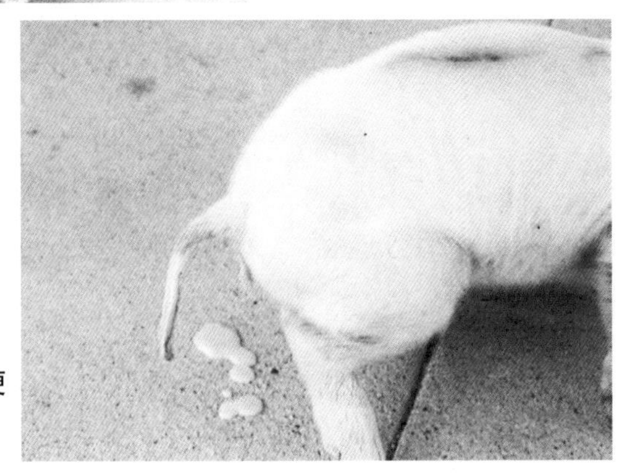

图36-2　病猪排出黄色稀便

染后的症状较轻，腹泻数日即可康复，病死率很低；3 ～ 8周龄或断乳2天的仔猪，病死率一般为10%～20%，严重时可达50%；若缺乏母源抗体的保护，乳猪感染发病后，死亡率可高达100%。剖检多见小肠臌气，肠内容物呈棕黄色水样，肠壁菲薄呈半透明状（图36-4）。剪开肠管，肠黏膜肿胀，湿润，覆有淡黄绿色的黏液（图36-5），病情

图36-3　稀便含有未消化的乳凝块

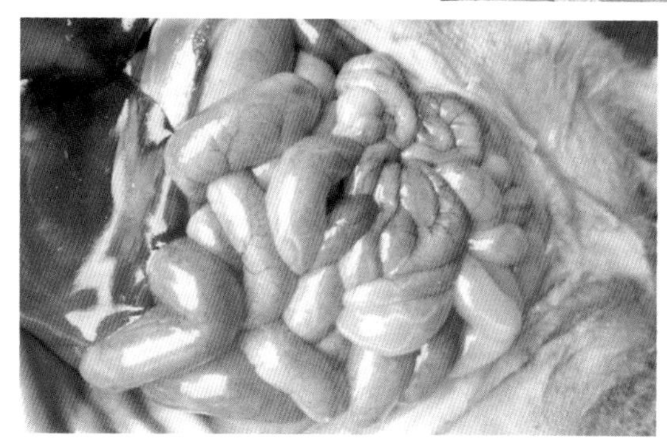
图36-4　小肠内充满气体而膨胀

图36-5　肠黏膜覆有黄绿色黏液

较重时，整个小肠黏膜均被覆黏稠的黄色凝乳样黏液（图36-6），有时见小肠发生弥漫性出血，肠内容物呈淡红色或灰黑色。

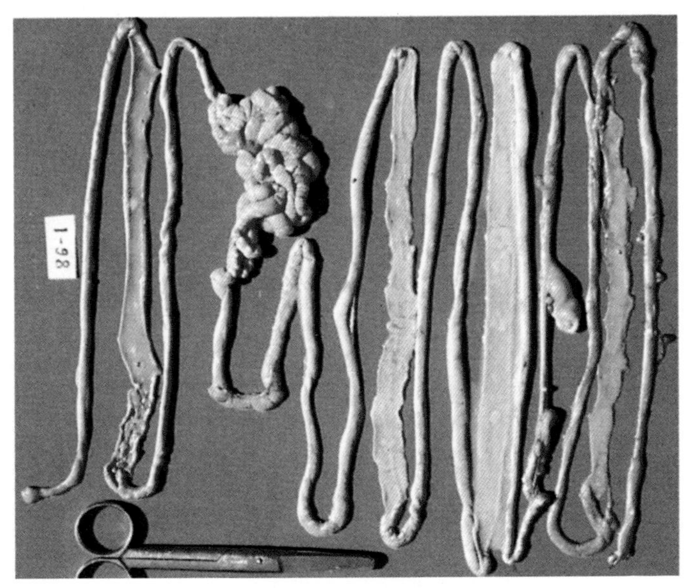

图36-6　黏膜覆大量黏稠黄色黏液

【诊断要点】依据流行特点、临床症状和病理特征，如多发生在寒冷季节，病猪多为幼龄仔猪，主要症状为腹泻，剖检以小肠的急性卡他性炎症为特征等，即可做出初步诊断。

【防治措施】目前无特效的治疗药物，只能辅以对症治疗。通常的方法是：发现病猪后立即停止喂乳，以葡萄糖盐水或葡萄糖甘氨酸溶液给病猪自由饮用，以补充电解质，维持体内的酸碱平衡。同时，服用收敛止泻剂，防止过度的腹泻引起脱水；使用抗菌药物，以防止继发细菌性感染。

预防本病目前尚无有效的疫苗，主要依靠加强饲养管理，提高母猪和乳猪的抵抗力，保持环境清洁，定期消毒，通风保暖等综合性措施。在本病流行的猪场或地区，让新生仔猪尽早吃到初乳，获得母源抗体的保护，以减少发病或减轻症状。

【注意事项】引起腹泻的原因很多，在自然病例中，既有轮状病毒、冠状病毒等病毒的感染，又有大肠杆菌、沙门氏菌等细菌感染，从而使诊断工作复杂化。因此，本病必须通过实验室检查才能确诊。另外，本病可感染人，饲养人员应特别注意饮食卫生，防止粪-口途径传播。

三十七、流行性乙型脑炎

流行性乙型脑炎又称日本乙型脑炎，是一种人畜共患的病毒性传染病，马、牛、羊、猪、禽等动物和人类均能感染。猪感染后以妊娠母猪流产、产死胎，公猪睾丸肿大为特点，只有少数病猪出现神经症状。

【病原特性】日本乙型脑炎病毒呈圆形，直径为30 ~ 40纳米，20面体立体对称。核心为RNA包被脂蛋白膜，外层为含糖蛋白的纤突（图37-1）。在感染猪的血液中存留时间很短，主要存在于中枢神经系统、脑脊液和肿胀的睾丸内。流行地区的吸血昆虫，特别是库蚊属和伊蚊属的蚊虫常能传播本病毒。

【典型症状】病猪体温可达40 ~ 41℃，口渴，粪便干燥呈球状，表面常附有灰白色黏液，尿呈深黄色。部分病猪出现神经症状，后肢轻度麻痹，或关节肿胀疼痛而呈现跛行；有的还伴发视力障碍，摆头，乱冲乱撞；有的发生转圈运动，在圈内或运动场上无目的不停地转圈（图37-2）；有的后肢麻痹，运动严重障碍，最后倒地不起而死亡。剖

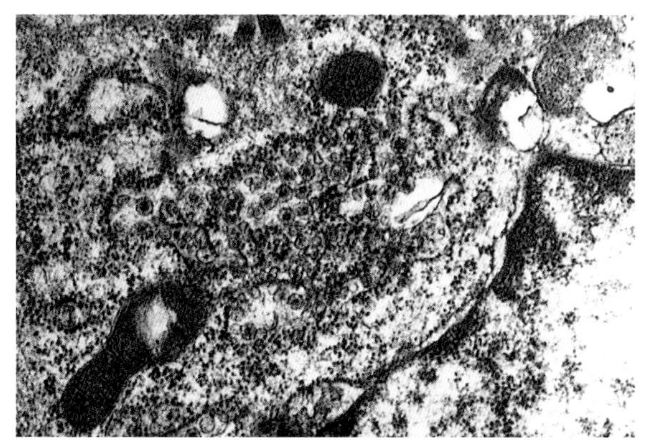

图37-1　乙型脑炎病毒

检常见脑水肿，表现颅腔和脑室内蓄积多量澄清的脑脊液，大脑皮层因脑室积水的压迫而变成含有皱襞的薄膜。中枢神经系统的其他部位也发育不全（图37-3）。妊娠母猪发生流产（图37-4）或早产或延迟分

图37-2　病猪转圈运动

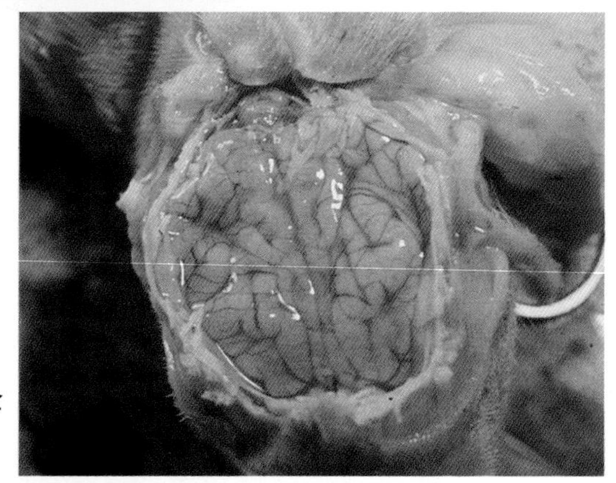

图37-3　大、小脑发育不全

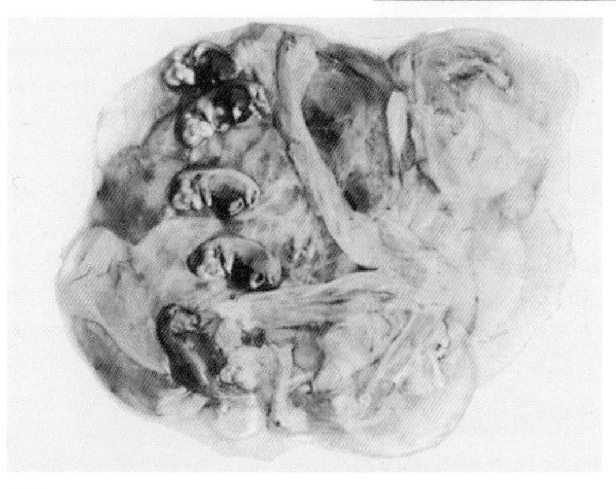

图37-4　早期流产的胎猪

娩时，产出的胎儿多是死胎（图37-5）或木乃伊胎。死胎的大小不一，小的拇指头大，呈黑褐色，干瘪而硬固；中等大的一般完全干化，呈茶褐色（图37-6）。公猪常发生睾丸肿胀，多呈一侧性（图37-7），也

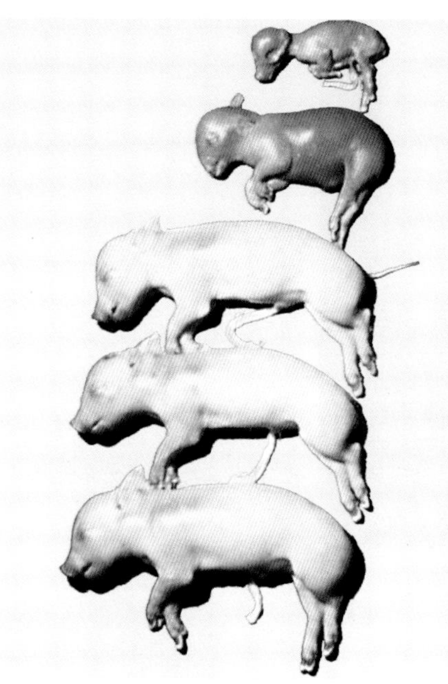

图37-5　病猪产出的死胎

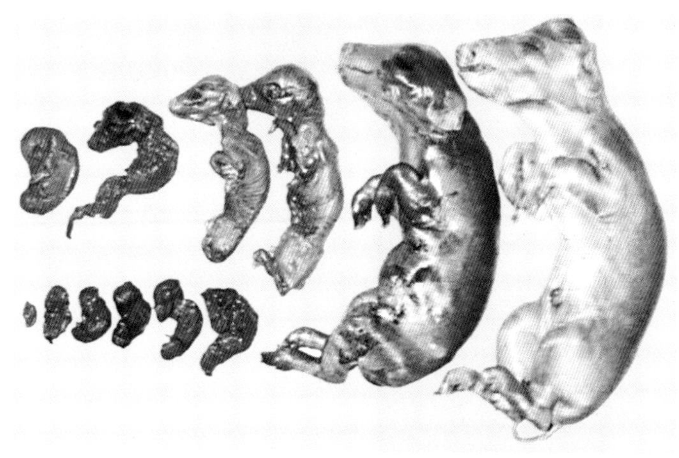

图37-6　各种木乃伊胎及死胎

有发生两侧性的（图37-8），肿胀程度不一，局部发热，有疼感，数日后开始消退，多数逐渐缩小变硬，丧失配种能力（图37-9）。剖检，睾

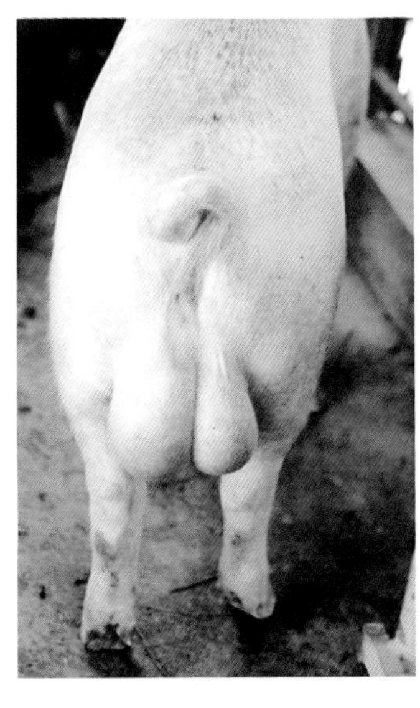

图37-7　一侧性睾丸肿胀

图37-8　两侧性睾丸肿胀

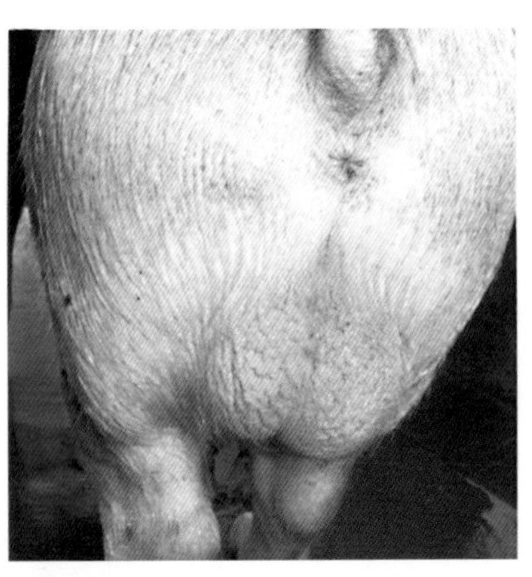

图37-9　睾丸萎缩

丸充血、肿大（图37-10），表面扩张的血管呈细网状。横断面有大小不等的黄色坏死灶，周边见出血（图37-11）。

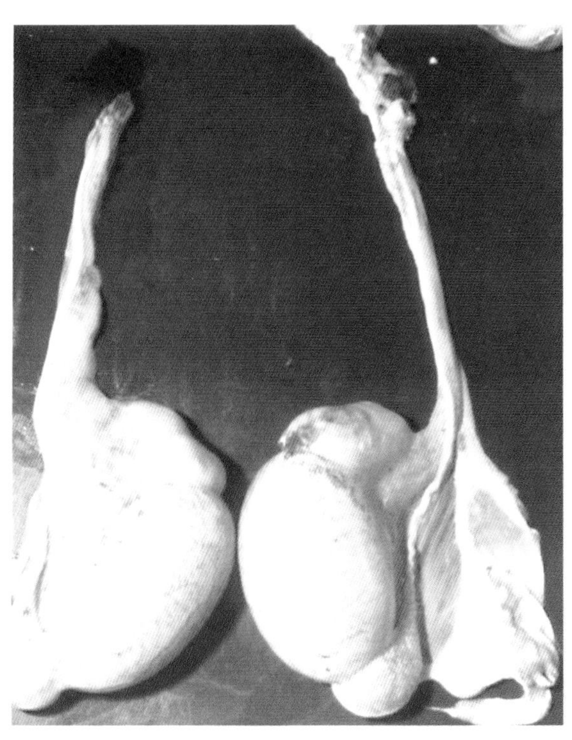

图37-10　睾丸肿大发炎

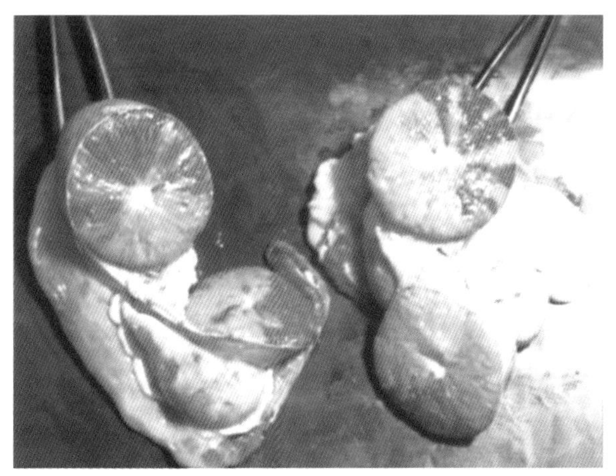

图37-11　睾丸出血、坏死

【诊断要点】本病的流行特点和临床症状仅有参考价值，只有经实验室检查才能确诊。送检的方法是：采取死产胎猪或存活仔猪吮乳前的血液，分离血清，同时采取死产胎猪的脑组织，低温保存，一并送实验室检查。若血清中检出抗日本乙型脑炎病毒的特异性抗体，或将病料接种于小鼠脑内，待小鼠发病后取其脑组织，做荧光抗体试验或固相反向补体结合反应呈阳性，即可确诊。

【治疗方法】发病后立即隔离治疗，做好护理工作，可减少死亡，促进康复。目前尚无有效的治疗药物。为了防止继发感染，可注射抗生素或磺胺类药物，如20%磺胺嘧啶钠5 ～ 10毫升，静脉注射。对有神经症状的病猪，采用针灸治疗也有较好的效果，主穴为天门、脑俞、血印、大椎、太阳；配穴为鼻梁、山根、涌泉、滴水。

预防本病主要从猪群的免疫接种、消灭蚊虫等传播媒介方面入手。现在常用的疫苗为乙型脑炎弱毒疫苗。预防接种应在蚊虫出现前1个月内完成。要注意消灭蚊幼虫孳生地，并选用有效的杀虫剂定期或黄昏时在猪圈内喷洒。

【注意事项】妊娠母猪因本病而发生流产、死产、产木乃伊胎时，应注意与布鲁氏菌病、伪狂犬病、猪细小病毒病等相区别。布鲁氏菌病无季节性，体温正常，无神经症状，无木乃伊胎，公猪睾丸肿大，且多为两侧性。伪狂犬病无季节性，流产胎儿的大小无显著差别，在母猪流产的同时，常有较多的哺乳仔猪患病，呈现兴奋、痉挛、麻痹、意识不清而死亡，公猪无睾丸肿大现象。猪细小病毒病无季节性，流产只发生于头胎，母猪除流产外无任何症状，其他猪即使感染猪细小病毒，也无任何症状，木乃伊胎的大小常不一致，存活的胎儿有的可能是畸形。

三十八、伪狂犬病

伪狂犬病又称阿氏病，是由病毒引起的家畜和野生动物的一种急性传染病。猪是本病的自然宿主和贮存者。感染本病的猪，由于年龄不同，其临床症状也有所差异。哺乳仔猪出现发热、神经症状，病死率甚高，常可高达100%；成年猪呈隐性感染；妊娠母猪发生流产。

近年来，猪的感染率和发病率有升高的趋势，应引起重视。除了猪外，其他动物感染均有发热、奇痒及脑脊髓炎等典型症状，且为致死性感染。

【病原特性】伪狂犬病病毒呈圆形，直径为100 ～ 150纳米，具有脂蛋白囊膜与纤突（图38-1），常存在于脑脊髓组织中。感染猪在发热期，其鼻液、唾液、奶、阴道分泌物、血液、实质器官中都含有病毒。伪狂犬病病毒只有一个血清型，但各毒株之间存在差异。

【典型症状】病猪的主要表现为体温升高，可达41℃以上，精神沉郁，呼吸困难，食欲不振，呕吐，流涎（图38-2），下痢等常见症

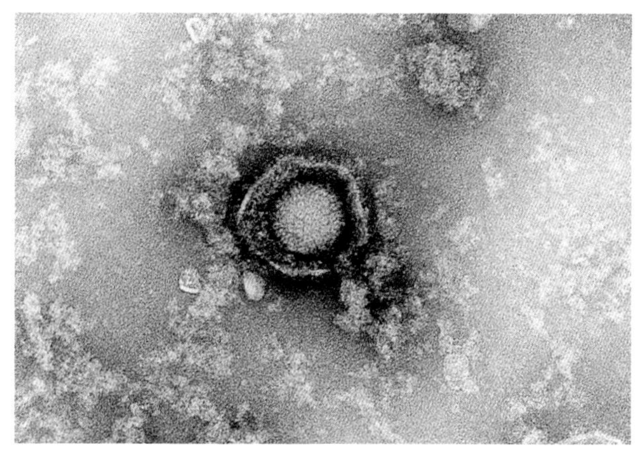

图38-1　伪狂犬病病毒

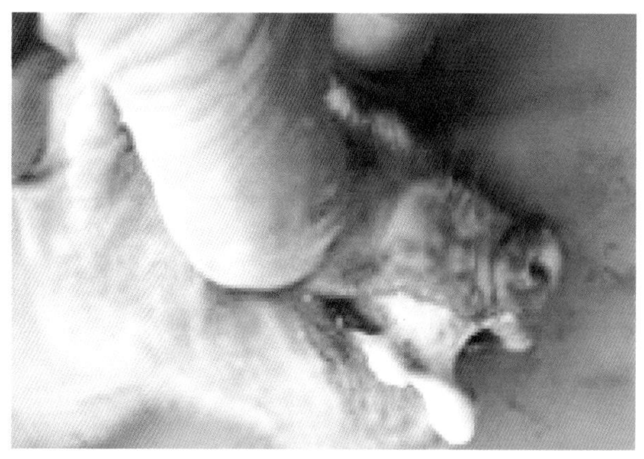

图38-2　病猪呕吐、流涎

状。与其他动物不同，猪感染本病大多无明显的局部瘙痒现象，但有的仔猪则出现（图38-3）。2周龄以内的乳猪发病后多以神经症状为主症。病猪肌肉震颤，步态不稳，四肢运动不协调（图38-4），眼球震颤，间歇性痉挛，后躯麻痹（图38-5），有前进或后退或转圈等强迫

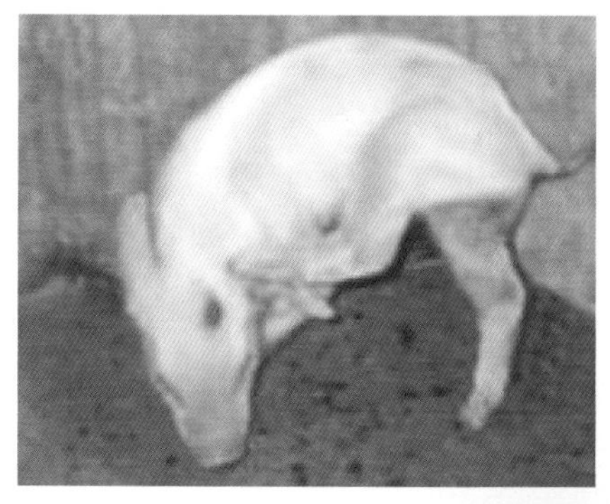

图38-3　仔猪的痒感症状

图38-4　四肢运动不协调

图38-5　后躯麻痹，运动障碍

运动，常伴有癫痫样发作，呈现游泳状姿势（图38-6）及昏睡等现象，神经症状出现后1 ～ 2天内死亡，病死率可达100%（图38-7）。3 ～ 4周龄乳猪感染后神经症状较轻，死亡率降低。病猪的眼结膜潮红，角膜混浊，眼睑水肿，甚至两眼呈闭合状（图38-8）；鼻盘、口腔和腭部

图38-6 癫痫样发作，呈游泳姿势

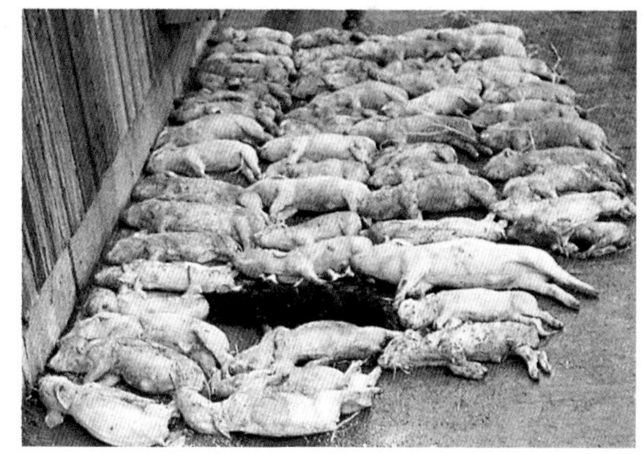

图38-7 大批乳猪相继死亡

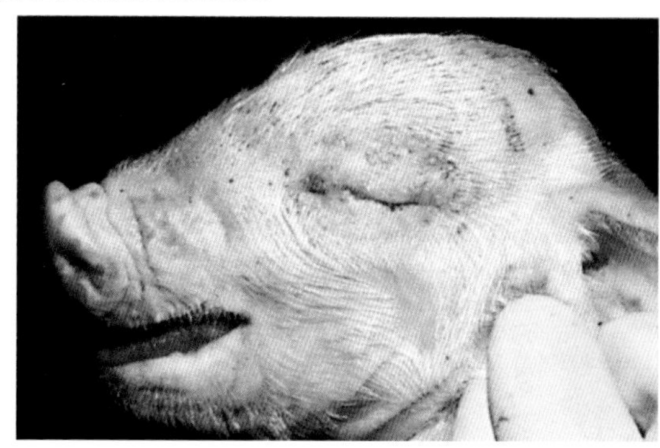

图38-8 眼睑水肿，两眼闭合

常见大小不一的水疱、溃疡和结痂（图38-9）。剖开口腔常见扁桃体肿大并有不同程度的坏死（图38-10）。妊娠母猪感染时常发生流产，产出死胎和木乃伊胎等（图38-11）。流产、死产的胎儿大小相差不显著，

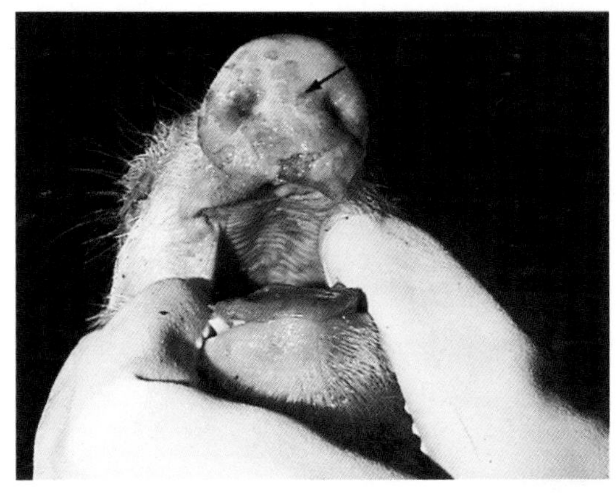
图38-9　鼻盘和口腔有水疱和溃疡（箭头）

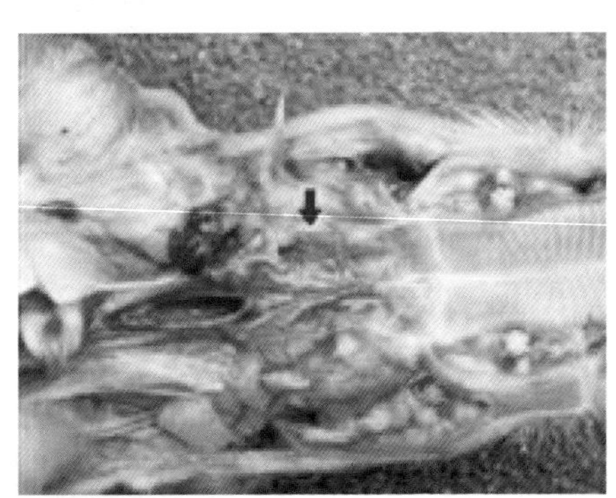
图38-10　扁桃体坏死（箭头）

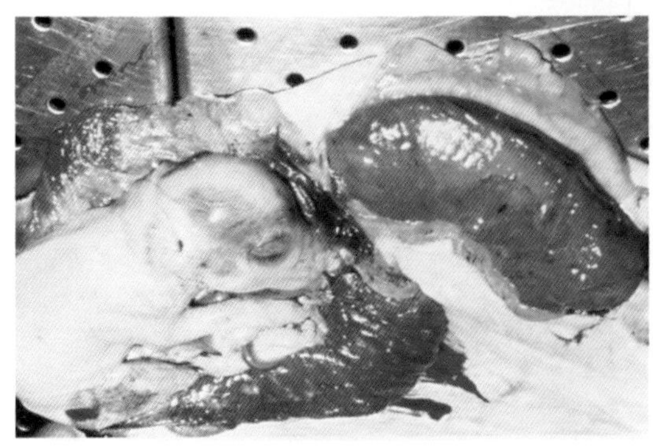
图38-11　流产死胎和木乃伊胎

无畸形胎，有时娩出的胎儿全部木乃伊化（图38-12）。临床上具有明显神经症状的仔猪，剖检大脑常见软脑膜血管充血，水肿（图38-13），出现非化脓性脑炎变化的特点。

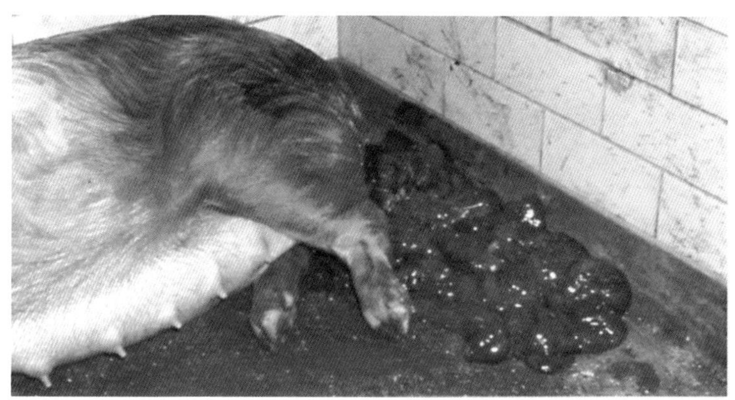

图38-12　病猪娩出的木乃伊胎

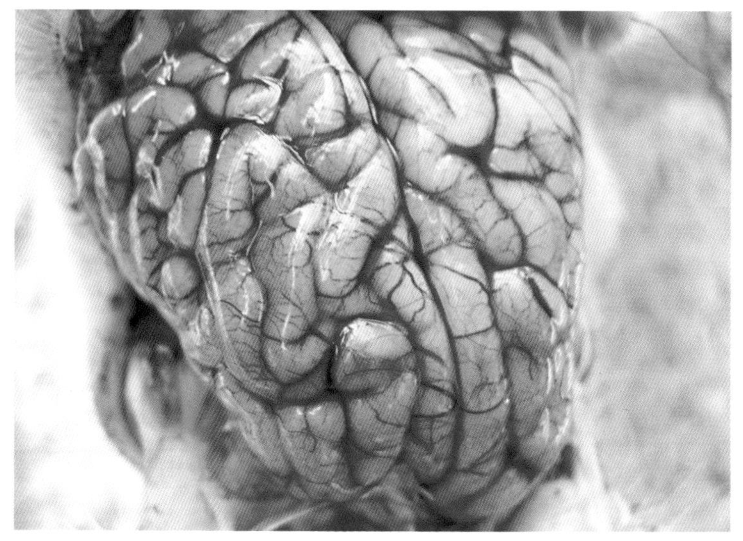

图38-13　脑组织充血，水肿

【诊断要点】一般根据病猪的流行特点、临床症状、病理变化，特别是广泛性非化脓性脑炎及嗜酸性包含体的检出而初步诊断，必要时可进行实验室检查予以确诊。实验室检查的简单易行又可靠的方法是家兔接种试验。采取病猪脑组织，磨碎后加生理盐水制成10%悬浮液，离心沉淀，取上清液于家兔后腿外侧部皮下注射1 ~ 2毫升。家兔接种后2 ~ 3天死亡，死亡前，注射部位的皮肤发生剧痒。

【防治措施】目前尚无有效的治疗药物，在紧急情况下，在病猪出现神经症状之前，注射高免血清或病愈猪血液，有一定疗效。但是耐过的病猪，可长期携带病毒，应注意隔离饲养。

现在，猪被公认为是伪狂犬病病毒的重要贮存宿主之一，因此，经常性防控本病是非常必要的。常规预防主要包括严格检疫、净化猪群，建立无病毒猪群、消除隐性感染和定期消毒等。紧急预防时，应及时扑杀病猪和预防接种，并采取有效措施进行猪群净化等工作。

目前，用于预防本病的疫苗有弱毒苗、灭活苗和基因缺失苗三种。考虑到用户的经济承受能力等因素，育肥用的仔猪可以使用弱毒疫苗，但在种猪群中要尽量只用灭活苗。基因缺失苗的免疫效果也很好，但因其价格较高，所以使用较少。

【注意事项】本病的临床症状与链球菌性脑膜炎、猪水肿病和食盐中毒等有相似之处，临床诊断时需注意区别。链球菌性脑膜炎除有神经症状外，还有皮肤出血、肺炎及多发性关节炎症状，用青霉素等抗生素治疗有良好的效果。猪水肿病多发生于断乳期，眼睑浮肿，体温不高，声音改变，胃壁和肠系膜水肿。食盐中毒有摄入食盐过多的病史，体温不高，喜欢喝水，有出血性胃肠炎病变，无传染性。

三十九、猪病毒性脑心肌炎

猪病毒性脑心肌炎是由病毒引起猪、某些啮齿类动物和灵长类动物的一种以脑炎和急性心脏病为特征的急性传染病。本病的死亡率很高，妊娠母猪感染后可发生繁殖障碍。

【病原特性】猪脑心肌炎病毒呈球形，直径为25 ~ 31纳米，无囊膜。根据中和试验，可将之分为11个血清型，各血清型之间存在有限的交叉反应。据报道，病毒能长期存在于鼠类的肠道中，也能侵害人类的中枢神经系统。

【典型症状】病猪体温可高达41 ~ 42℃，并出现急性神经症状和心脏病的特征。大部分病猪在死前没有明显的症状，有时可见病猪震颤，步态蹒跚，麻痹，呕吐，呼吸困难等症状，并于发生角弓反张后很快死亡（图39-1）。剖检，病猪全身瘀血，呈暗红色或红褐色（图39-2），腹下部、四肢和股部内侧皮肤常见瘀斑或褐色结痂（图39-3）。

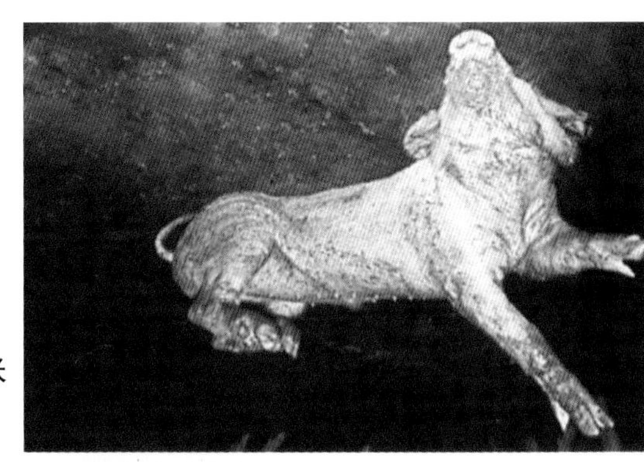

图39-1 病猪角弓反张

图39-2 全身瘀血呈红褐色

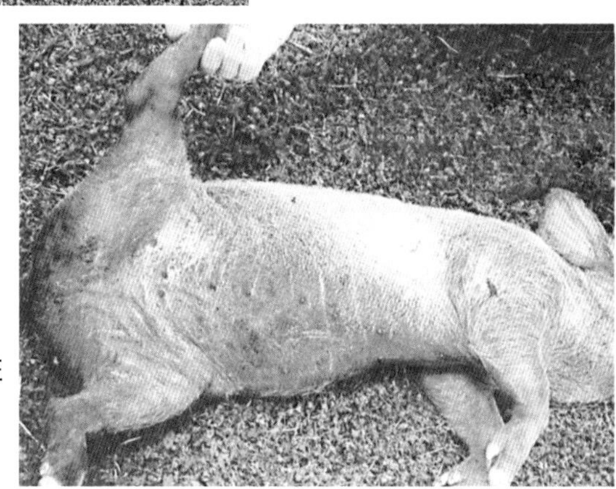

图39-3 股后内侧有瘀斑和褐色结痂

心肌柔软，常在右心室的心壁上散布较多灰白色病灶，有的呈条纹状，或界线不清楚的灰黄色病灶，或在弥漫性病灶上见黄白色坏死斑块（图39-4）。

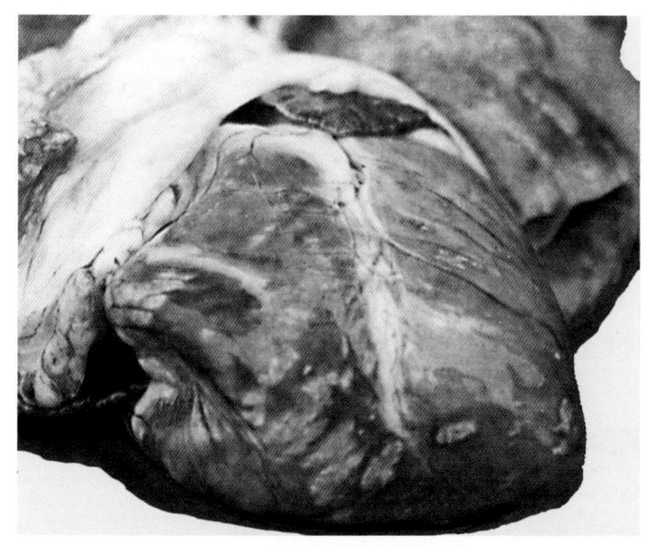

图39-4　心脏的黄白色坏死斑块

另外，有的妊娠母猪感染后出现发热、食欲下降，随后发生繁殖障碍，如流产、木乃伊胎和死产，或产弱仔等。

【诊断要点】根据症状和病理变化，结合流行情况，可以初步诊断。新发生本病的地区应进行实验室检查，即采取急性死亡病猪的右心室放入50%甘油生理盐水中，以进行病毒的分离和鉴定，或用其接种小鼠（脑内或腹腔内注射），经2～5天潜伏期，小鼠出现后腿麻痹症状而死亡。另外，还可通过血清中和试验、血凝抑制试验和RT-PCR进行诊断。

【防治措施】目前尚无有效疗法，也无可供应用的疫苗，对症治疗和控制继发病可降低病猪的死亡率。

主要的防疫措施是尽量清除猪场内可能带毒的鼠类，以减少带毒者直接感染猪，或间接污染饲料及饮水。污染的猪场应使用漂白粉对环境彻底消毒，也可用含碘或汞的消毒剂杀灭环境中的病毒。对耐过本病的猪，应尽量避免刺激，以防因心脏病的后遗症导致突然死亡。

对病死的猪，应注意无害化处理，以防人感染本病。

【注意事项】当妊娠母猪患本病，诊断时需与猪细小病毒病、猪伪狂犬病和猪繁殖与呼吸综合征相区别。本病引起母猪繁殖障碍时不分胎次，往往同时出现新生哺乳仔猪的高病死率。猪细小病毒病主要为初产母猪的头胎中木乃伊胎数增多，无新生仔猪死亡。猪伪狂犬病性流产无严格的季节性，以产死胎为主，患病仔猪多见神经症状，并常全窝死亡。猪繁殖与呼吸综合征性流产主要发生于妊娠后期，每窝流产的死胎率差别很大，仔猪呼吸困难，于断奶前后死亡率增高，病猪多伴有耳朵发蓝症状。

另外，本病的眼观病变与维生素E和硒缺乏所引起的白肌病，败血症性栓塞引发的心血管梗塞，以及猪水肿病时的肠系膜水肿有一些相似，应注意区别。

四十、猪痘

猪痘又称猪天花，是一种急性、热性病毒性传染病。其特征是在患部皮肤和黏膜上形成红色丘疹、水疱、脓疱和结痂。

【病原特性】猪痘可由两种形态极为相似的病毒引起，一种是具有高度宿主特异性的猪痘病毒，其形态较大，为结构较复杂的DNA病毒，多为砖形或卵圆形，有数层外膜，是大型病毒组中直径最大的病毒（图40-1），在普通光学显微镜下也能够检出。它仅能使猪发病，只能在猪源组织细胞内增殖；另一种是痘苗病毒，能使牛、猪等多种动物感染，能在牛、绵羊及人等胚胎细胞内增殖。两种病毒无交叉免疫性。

【典型症状】病猪的痘疹先发生于腰背部（图40-2）、胸腹部（图40-3）和四肢内侧等处，有时发生于头部及前躯（图40-4），严重时遍及全身（图40-5）。痘疹开始为深红色的硬结节，体积较小（图40-6）；继之，体积变大，色泽变红，突出于皮肤表面，略呈半球状（图40-7），或呈扁平的蕈状突起（图40-8）；病变发展较快，病情严重时常可见到出血性痘疹（图40-9）；痘疹通常见不到水疱期即可转为脓疱，并很快结痂形成棕黄色痂块（图40-10）；当较大的结痂脱落而在

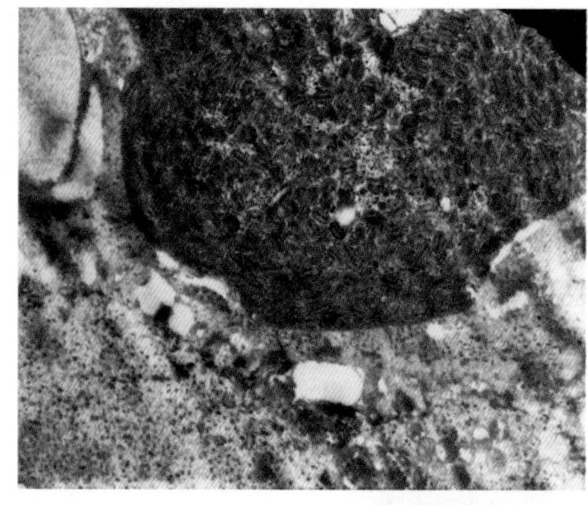

图 40-1　猪痘病毒

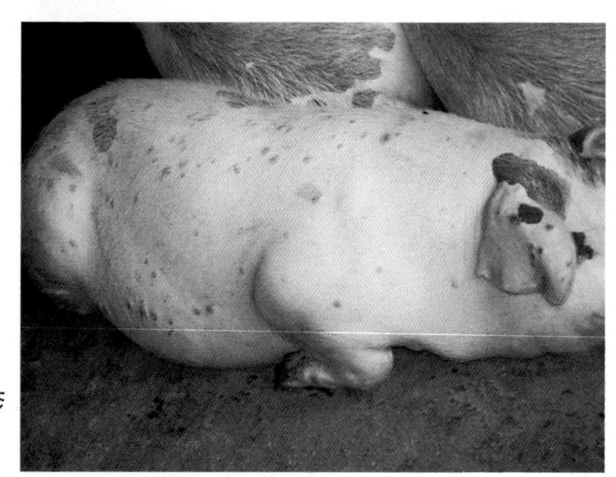

图 40-2　腰背部的痘疹

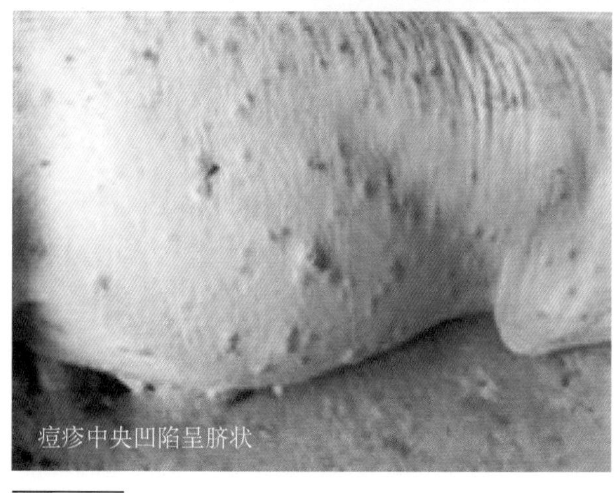

图 40-3　胸腹部痘疹

图40-4　猪前躯的痘疹

图40-5　全身性痘疹

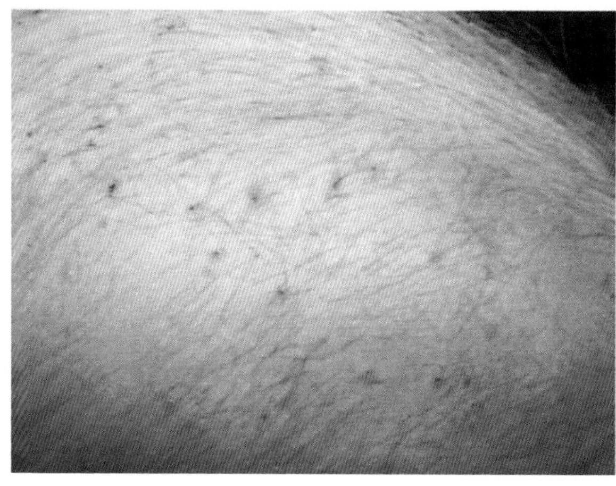

图40-6　初期痘疹

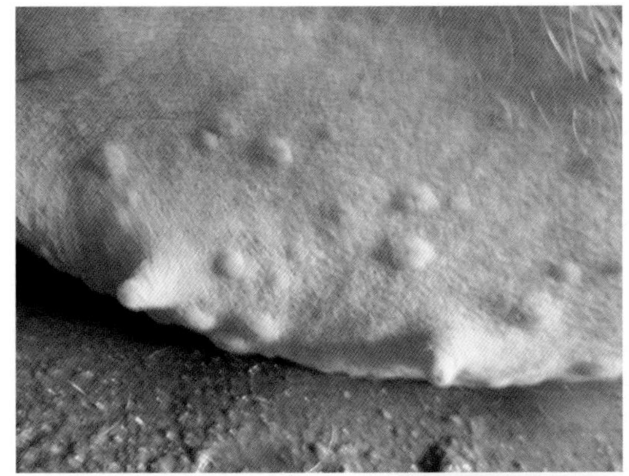

图40-7　呈半球状突起的痘疹

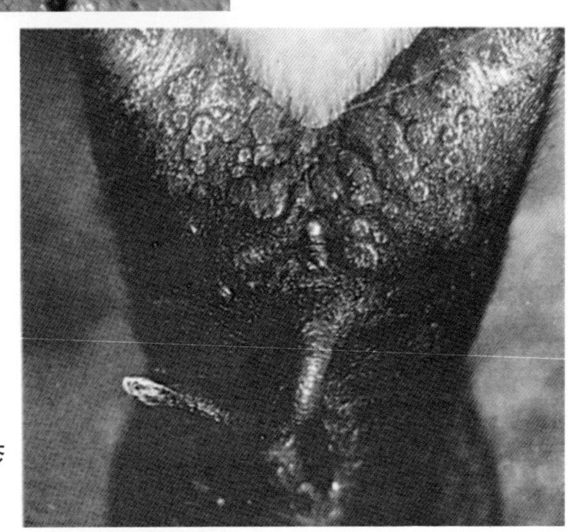

图40-8　扁平的蕈状痘疹

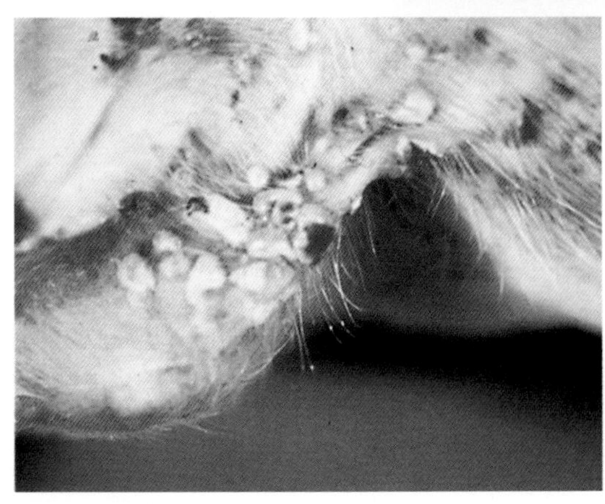

图40-9　出血性痘疹

痘疹的中央留有小溃疡灶时，形成脐状痘疹（图40-11）。最后，结痂脱落遗留白色斑块或浅表性疤痕而痊愈（图40-12）。但死于痘疹的病

图40-10 化脓性结痂

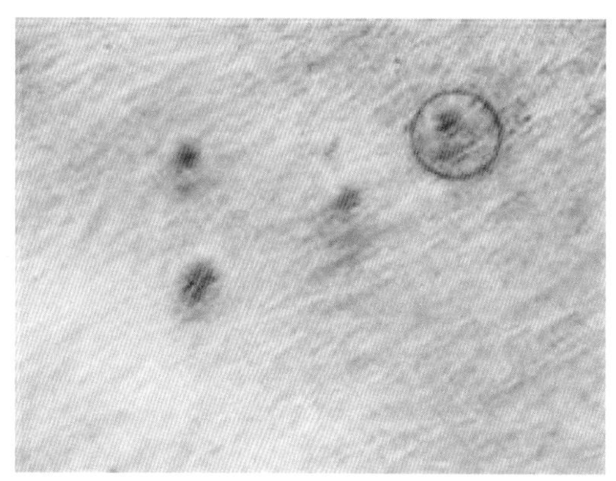

图40-11 脐状痘疹

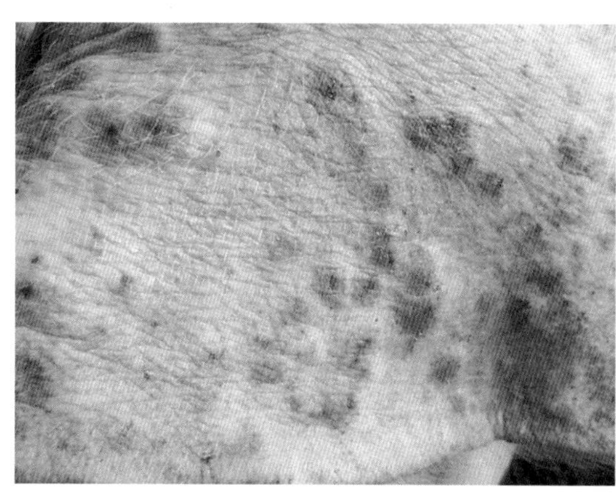

图40-12 结痂脱落而痊愈

猪，往往病情严重并伴有继发感染，全身布满痘疹或形成毛囊炎性疖和痈（图40-13）。

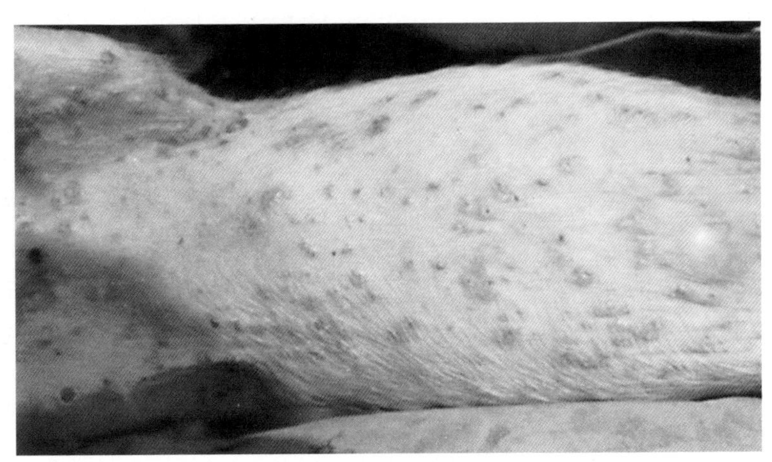

图40-13　毛囊炎性疖和痈

【诊断要点】依据临床症状和流行情况，一般可以初步诊断。进一步的确诊可用痘疹制作涂片，经HE染色后在镜下于变性坏死的上皮或巨噬细胞的胞浆中检出嗜酸性包含体即可确诊。

【防治措施】本病尚无特效药物，对发病的猪通常采取对症治疗等综合性措施。痘疹的局部可用0.1%高锰酸钾溶液洗涤，擦干后涂抹紫药水或碘甘油等。据报道，用复方蒲公英注射液或复方大青叶注射液涂擦患部，一日2次，连用2天，治愈率可达99%。将火柴头上的火药，用猪油调成膏，于洗净患处后除去痂皮涂擦之，一日2次，连用2～3天，有疗效。康复猪的血清有一定的防治作用，预防量成年猪每只5～10毫升，仔猪2.5～5毫升，治疗量加倍，皮下注射。如能用免疫血清，则可获得更好的效果。

对猪群加强饲养管理，搞好环境卫生，消灭猪血虱、蚊和蝇等是预防本病的重要措施。对病猪污染的环境及用具要彻底消毒，焚烧垫草等，以消灭散播于环境中的病毒。

【注意事项】猪痘易与口蹄疫、水疱病、猪瘟及猪副伤寒相混淆。猪痘不发生于四肢下部，很少见于唇部和口黏膜，而主要发生于腹下部、腿内侧等部的皮肤。这些特点易与口蹄疫和水疱病等相互区别。而猪瘟、猪副伤寒或其他原因引起的皮疹，只有个别或很少数的猪发生。

四十一、猪细小病毒病

猪细小病毒病是由病毒所引起猪的一种以繁殖障碍为主的传染病。其特征为受感染的母猪，特别是初产母猪产出死胎、畸形胎和木乃伊胎，而母猪本身无明显症状，有时也导致母猪不育。

【病原特性】猪细小病毒呈圆形或六角形，为20面对称体，无囊膜，直径为18 ~ 24纳米（图41-1），具有血凝特性。毒株有强弱之分，强毒株感染母猪后可导致病毒血症，并通过胎盘垂直感染，引起胎儿死亡；弱毒株感染妊娠母猪后不能经胎盘感染胎儿，而被用作疫苗株。

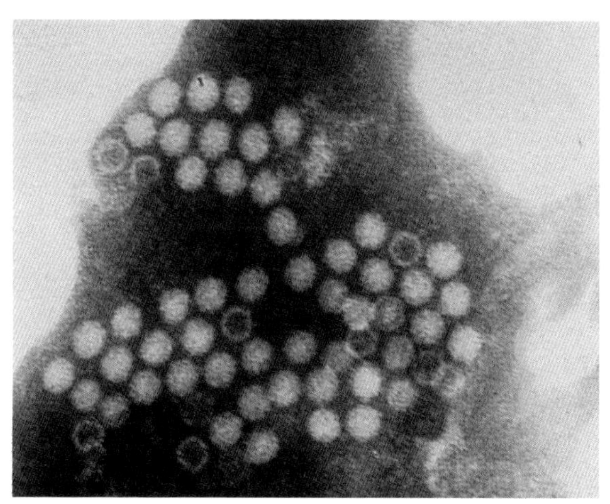

图41-1　猪细小病毒

【典型症状】主要症状为母源性繁殖障碍。母猪在妊娠7 ~ 15天感染时，则胚胎死亡而被吸收或排出，因其体积很小而不被发现（图41-2）；妊娠30 ~ 50天感染时，最初可产出不成形的胎猪（图41-3），后期主要产出木乃伊胎（图41-4）；妊娠50 ~ 60天感染时多产出死胎；在妊娠中、后期感染时，可产出木乃伊化胎、死胎（图41-5）和虚弱

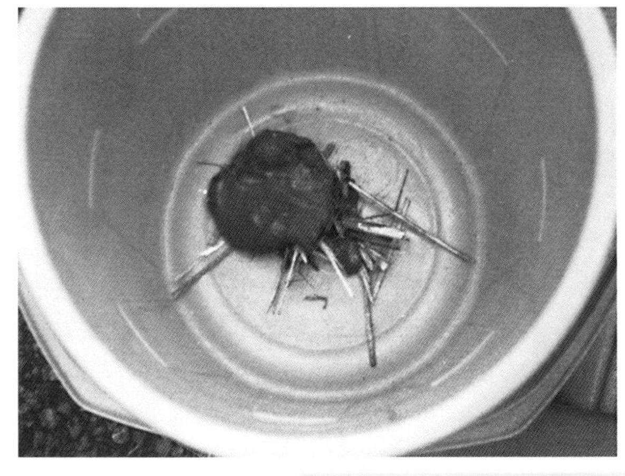

图41-2　妊娠10天左右的胚胎

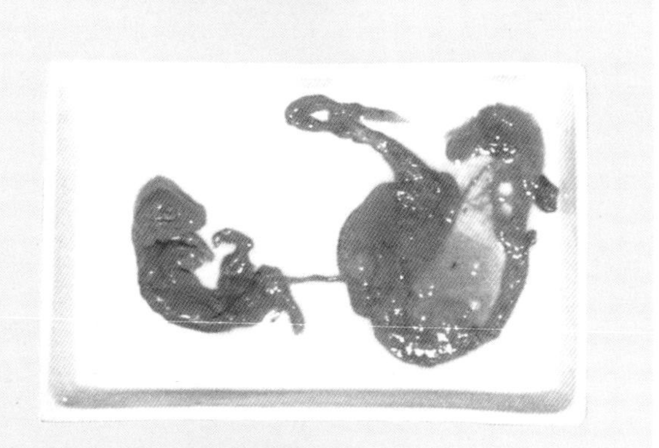

图41-3　流产的不成形胎猪

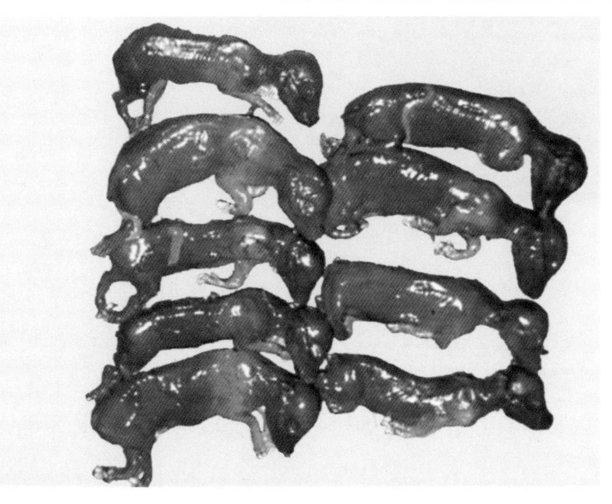

图41-4　病猪排出的木乃伊胎

的活胎儿。剖检，子宫内含许多黑褐色硬固的木乃伊胎（图41-6）；切开子宫见黑褐色的块状物实为木乃伊化的死胎（图41-7）。含有木乃伊

图41-5　木乃伊胎与死胎

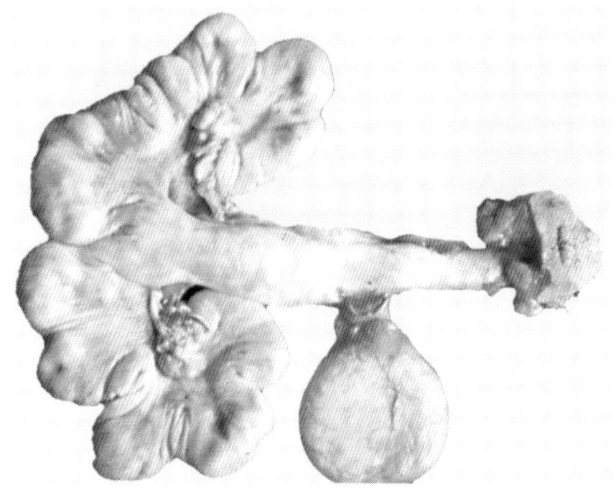

图41-6　子宫内有木乃伊胎

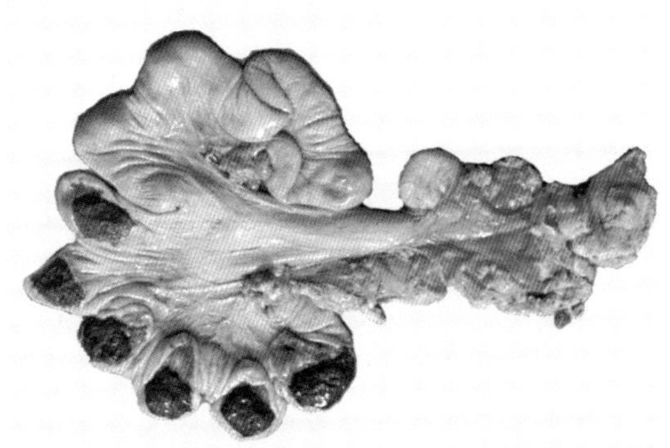

图41-7　木乃伊化的死胎

胎的子宫黏膜常轻度充血，并发生卡他性炎症（图41-8）。妊娠70天后感染时，则大多数胎儿能存活下来，并且外观正常，但可长期带毒排毒，若将这些猪作为繁殖用种猪，则可使本病在猪群中长期扎根，难以清除。

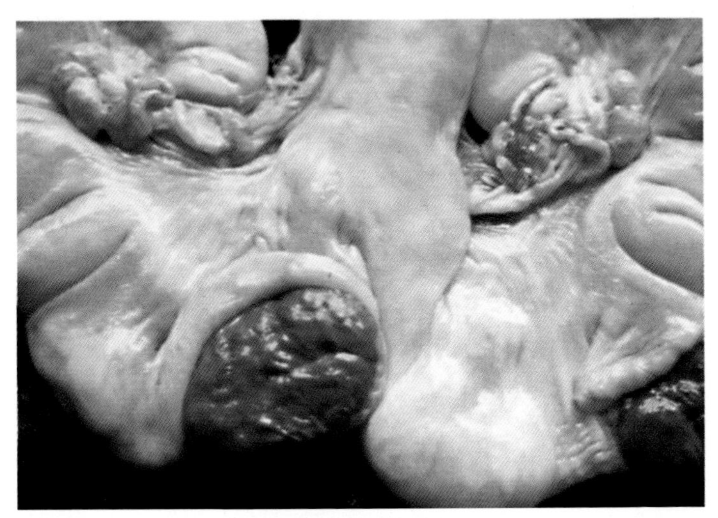

图41-8　子宫黏膜发炎

另外，本病还可引起母猪不正常的发情、多配不孕等症状。

【诊断要点】根据病猪的临床症状，即母猪发生流产、死胎、木乃伊胎，胎儿发育异常等情况，而母猪本身没有什么明显的症状等，结合流行情况和病理剖检变化，即可做出初步诊断。若要确诊通常需在实验室进行血凝抑制试验。此法是一种操作简单、检出率较高的诊断方法。

【防治措施】本病尚无有效的治疗方法，只能对症治疗。

控制本病的基本方法有三种：一是防止带毒母猪进入猪场，应从无本病的猪场引进种猪，并进行隔离检疫；二是待初产母猪获得免疫力后再配种，我国已研制出猪细小病毒灭活疫苗，每年免疫2次可以预防本病；三是清除病猪，净化猪群，一旦发生本病，应立即将发病的母猪或仔猪隔离或彻底淘汰，用具、猪舍等严格消毒。

【注意事项】本病应注意与猪伪狂犬病和猪流行性乙型脑炎等相区别。猪伪狂犬病多于母猪妊娠60天后感染，常出现流产、死产等现象，但流产、死产的胎儿大小相差不显著，无畸形胎，死产胎儿有不同程度的软化现象。猪流行性乙型脑炎引起的流产、早产或延时分娩，胎儿多是死胎或木乃伊胎。同一胎仔猪的大小和病变有显著差别，并常混合存在。公猪的睾丸常呈一侧性肿胀。

四十二、猪繁殖与呼吸综合征

猪繁殖与呼吸综合征又称猪蓝耳病和母猪后期流产等，是由病毒引起的一种繁殖障碍和呼吸道炎症的传染病。临床上以妊娠母猪流产，产出死胎、弱胎、木乃伊胎，以及仔猪的呼吸困难和死亡率较高为特征；病理学上以局灶性间质性肺炎为特点。

【病原特性】猪繁殖与呼吸综合征病毒呈卵圆形，直径为50 ～ 65纳米，有囊膜，20面体对称（图42-1），可分为A、B两个亚群，A亚群为欧洲原型，B亚群为美国原型。本病毒比较独特之处是，即使抗体试验结果阳性也不表示具有免疫力，具有高滴度抗体的猪仍可大量排毒。

【典型症状】耳朵发绀是本病重要的特征性症状，仔猪表现明显。病初可见仔猪的耳尖瘀血、发绀，呈紫红色（图42-2）；继之，耳及

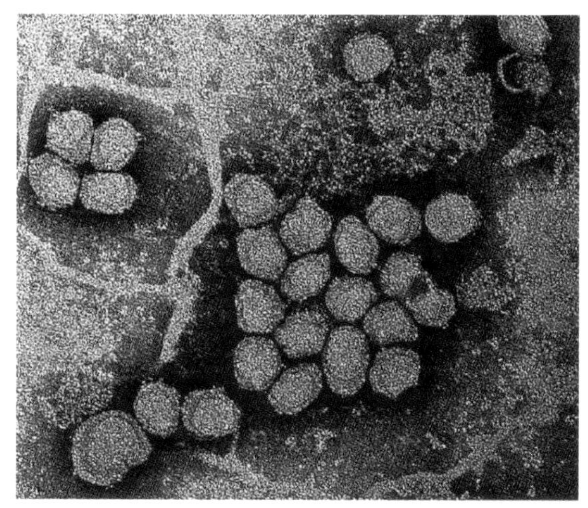

图42-1　猪繁殖与呼吸综合征病毒

口鼻端明显瘀血，呈蓝紫色（图42-3），病情严重时病猪躯体下部皮肤和四肢末端均瘀血发绀。母猪多在妊娠后期流产，早产，产出死胎（图42-4）、弱胎或木乃伊胎；有些母猪的耳朵发紫，躯干及腹部皮肤

图42-2　病猪的耳尖发绀

图42-3　耳及口鼻部发绀

图42-4　病猪产出的死胎

有瘀血现象（图42-5）；少数母猪出现肢体麻痹性神经症状（图42-6）。种公猪发病后主要出现咳嗽、打喷嚏、呼吸困难，严重时可出现喘沟（图42-7）。剖检见皮肤及内脏有程度不同的瘀血，呈红褐色（图

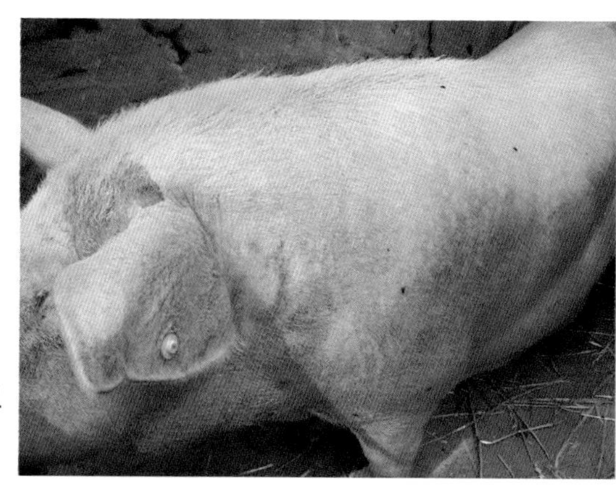

图42-5　流产母猪全身性瘀血

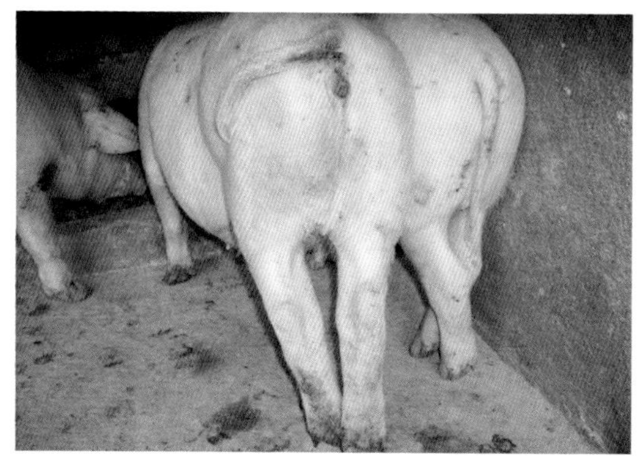

图42-6　流产母猪臀部发绀，后肢麻痹

图42-7　呼吸困难性喘沟（箭头）

42-8)，肺脏瘀血、水肿，呈红褐色（图42-9）；气管和支气管断端有泡沫样液体流出（图42-10）；有的肺脏膨满，表面有大量灰白色肺泡性气肿灶，肺组织呈细海绵状（图42-11）；有的肺表面有大小不等的

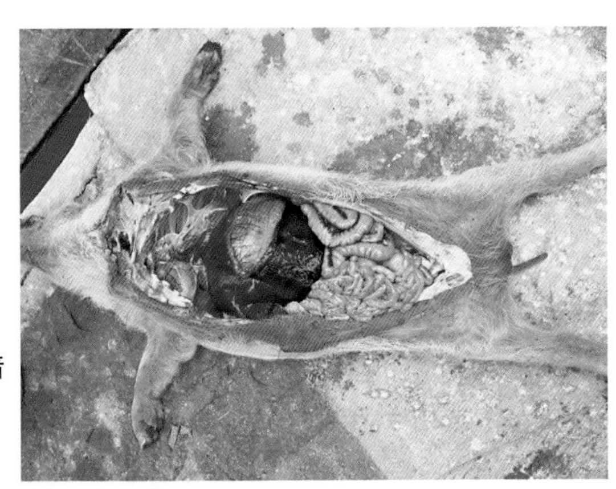

图42-8　全身性瘀血呈暗红色

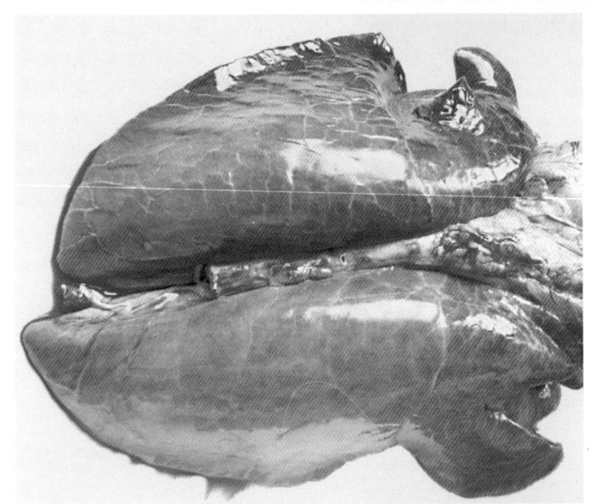

图42-9　肺脏瘀血、水肿

图42-10　气管内有泡沫样液体

点状出血，尖叶和心叶部有红褐色瘀斑和实变区，具有支气管肺炎变化（图42-12）。病程较久时，肺结缔组织明显增生，使肺脏的被膜增厚，小叶间质增宽，肺小叶明显，当病情急性发作时，常伴有出血性变化（图42-13）。

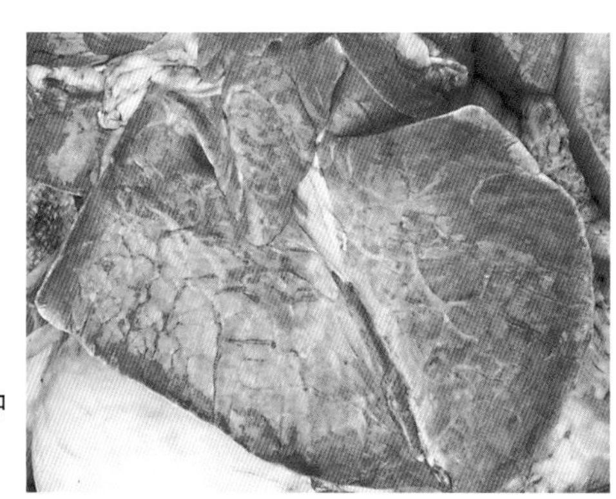
图42-11　肺泡性肺气肿

图42-12　支气管肺炎

图42-13　出血性间质性肺炎

【诊断要点】根据病猪典型的临床症状，如耳朵发紫，胸腹及四肢末端瘀血，妊娠母猪发生流产，新生仔猪死亡率高等，以及以间质性肺炎为主的病理特点，即可做出初步诊断。但确诊则有赖于实验室诊断。实验室诊断的常用方法除病毒的分离与鉴定外，还有间接ELISA法、免疫荧光法和RT-PCR法。

【防治措施】目前尚无特效药物进行治疗，主要采取综合性的对症疗法。给初生仔猪补充电解质、葡萄糖和充足的初乳等可降低死亡率。于母猪分娩前20天连续用数天水杨酸钠或阿司匹林等抗炎性药物，以减少流产，但用药应在产前7天左右停止；用抗生素或其他抗菌药物，如泰乐菌素、替米考星、恩诺沙星、磺胺类药物等，控制继发性感染。另外，有条件的猪场可配合使用猪白细胞干扰素、免疫球蛋白、高免血清等生物制剂进行辅助治疗，会收到更好的治疗效果。

预防本病的主要措施是清除传染源，切断传播途径，对有病或带毒母猪应淘汰；对感染而康复的仔猪，应专圈饲养，肥育猪出栏后圈舍及用具彻底消毒，间隔1 ～ 2个月再使用；对已感染本病的种公猪应坚决淘汰。在本病流行的地区，应用疫苗来预防本病。对猪进行免疫的方法是：对仔猪在母源抗体消失之前第一次免疫，母源抗体消失后进行第二次免疫；对母猪应在配种前2个月进行第一次免疫，间隔1个月后进行第二次免疫。

【注意事项】本病的诊断，在临床上需与猪支原体肺炎、猪伪狂犬病、猪流感、猪细小病毒病和猪传染性胸膜肺炎等具有呼吸障碍或引起流产的疾病相互区别。同时还要注意与在本病的流行期间继发感染的猪瘟、猪弓形虫病、猪圆环病毒感染、猪副嗜血杆菌病等相鉴别。

四十三、猪流行性感冒

猪流行性感冒，简称猪流感，是由猪流感病毒所引起的一种急性、高度接触的呼吸道炎性传染病。临床上以突然发病，迅速蔓延至全群，表现为上呼吸道炎症为特点；剖检时以上呼吸道黏膜卡他性炎、支气管肺炎和间质性肺炎为特征。

【病原特性】猪流感病毒呈多形性，也有的呈丝状，直径为

20～120纳米，囊膜上有呈辐射状密集排列的两种纤突（图43-1），即血凝素（HA）和神经氨酸酶（NA）。病毒主要存在于病猪和带毒猪的呼吸道鼻液、气管和支气管的分泌物、肺脏和胸腔淋巴结中。

【典型症状】病猪突然发热，体温可高达42℃。皮肤血管扩张充血，色泽加深而呈暗红色（图43-2）。病猪常拥挤在一起，不愿活动，恶寒怕冷（图43-3）；呼吸困难，咳嗽，多低头喘气（图43-4），严重

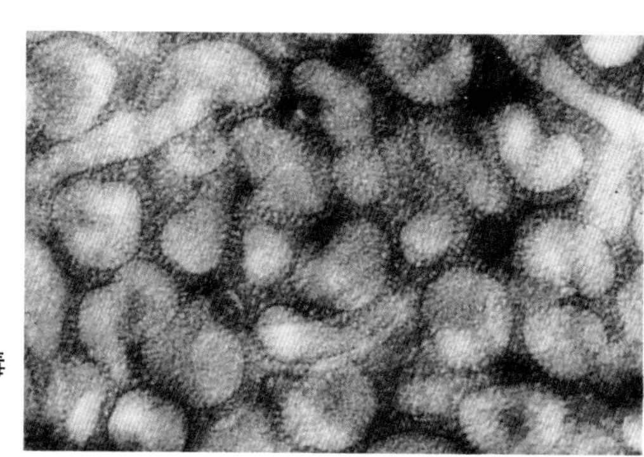
图43-1　猪流感病毒

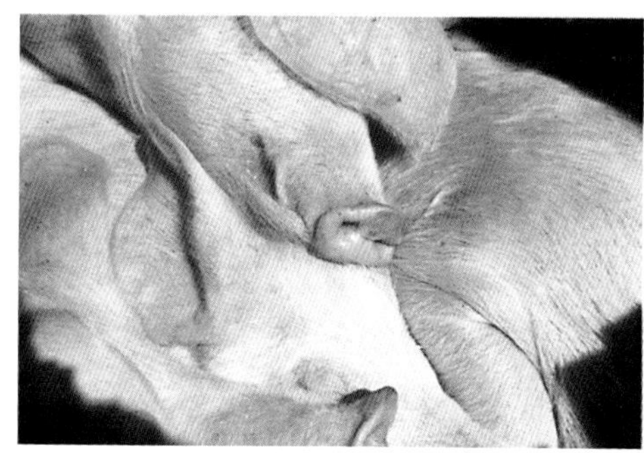
图43-2　耳、皮肤充血

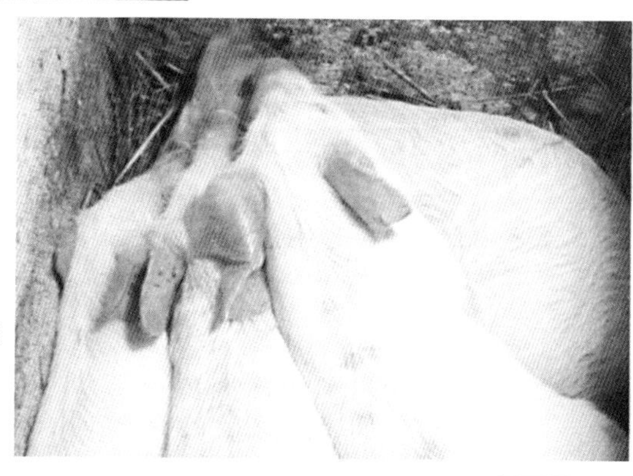
图43-3　病猪发热，恶寒怕冷

时卧地不起而连续咳喘（图43-5）；从眼、鼻流出黏液性分泌物，有时鼻分泌物中带有血液；有的病猪伴发肌肉和关节疼痛。剖检，喉头、气管黏膜肿胀，潮红，从喉口流出大量泡沫样渗出物（图43-6），剖开

图43-4　呼吸困难，低头喘气

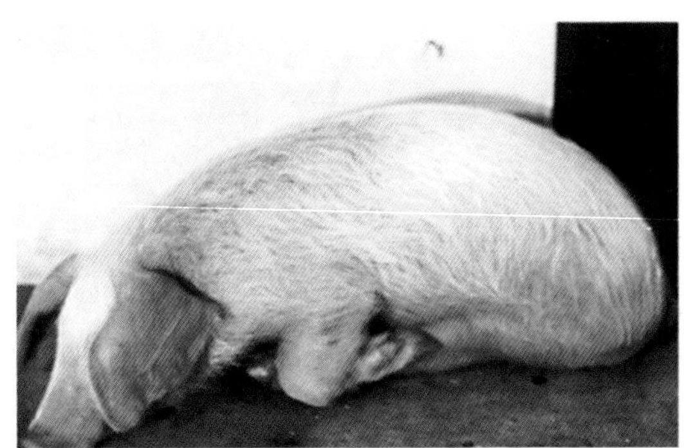
图43-5　卧地不起，剧烈咳喘

图43-6　喉头有大量泡沫流出

气管，管腔内有大量白色泡沫（图43-7）。肺尖叶、心叶、中间叶、膈叶的背部有暗红色支气管肺炎病灶（图43-8），其周围的肺组织则呈苍白色气肿状。肺切面湿润，常有大量水肿液流出，间质水肿增宽，小叶结构明显（图43-9）。支气管黏膜充血，表面有多量泡沫状黏液，有

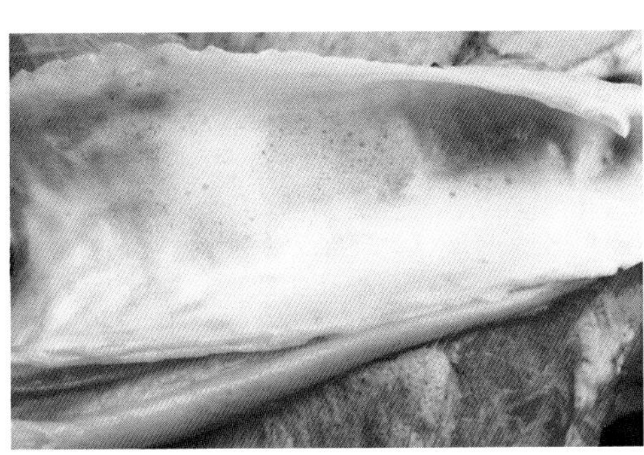

图43-7　气管腔内的白色泡沫

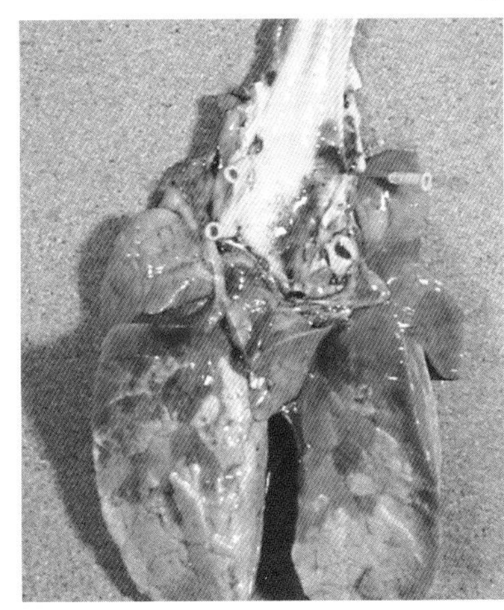

图43-8　肺暗红色的炎性病灶

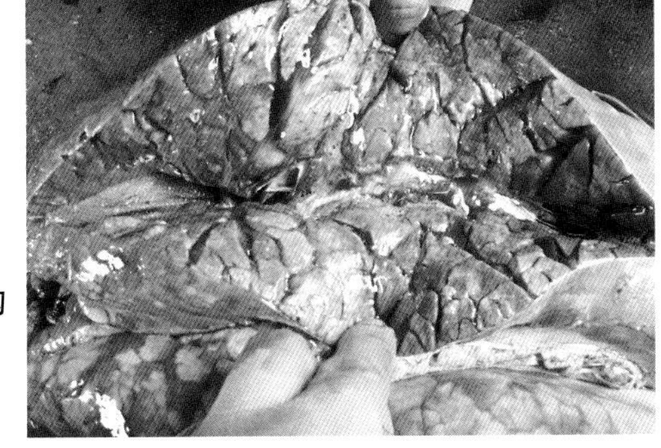

图43-9　肺间质增宽，小叶结构明显

时混有血液而呈淡红色（图43-10）。

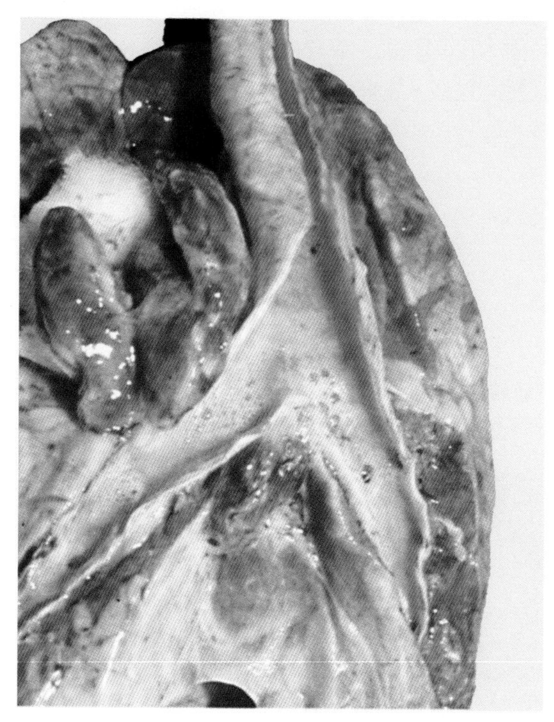

图43-10　支气管中泡沫样水肿液

【诊断要点】依据流行情况、临床症状和病理变化特点，进行综合性分析，即可做出初步诊断。确诊时应采取发热猪的鼻液或用灭菌棉棒擦拭鼻咽部分泌物，立即接种于孵化9 ~ 11天的鸡胚尿囊腔或羊膜腔内，培养5天后，取羊水做血凝试验。

【防治措施】目前无特殊治疗药物。一般可用解热镇痛剂等对症治疗，以减轻临床症状。为了退热可肌内注射30%安乃近3 ~ 5毫升，或复方奎宁5 ~ 10毫升，肌内注射1% ~ 2%氨基比林溶液5 ~ 10毫升。为了增强病猪的抵抗力，可肌内注射百尔定2 ~ 4毫升。为了防止或治疗继发性感染，可应用抗生素或磺胺类药物。

本病主要依靠综合性预防措施进行控制。特别是春秋季节要注意猪舍保暖和清洁卫生；尽量避免在寒冷、多雨、气候多变的季节长途运输猪群，降低猪的应激性；发生疫情后，应将病猪隔离，给予抗生素和磺胺类药物，防止继发感染。必要时可对疫区进行封锁。目前，美国和欧洲均有H_1N_1和H_3N_2亚型商品疫苗，最好间隔3周接种2次；在仔猪有母源抗体的情况下，应在10周龄后免疫，以免产生干扰。使用疫苗时应注意各种流行株的亚型，因为不同的亚型之间没有交叉保护作用。

【注意事项】本病应与普通感冒、猪肺疫和急性猪气喘病相互区别。普通感冒发病缓慢，无传染性，病情轻，病程短。急性猪肺疫的全身症状及呼吸困难严重，病程较短，剖检见肺有不同程度的肝变区，切面呈大理石样；胸腔与心包积液，并含有纤维蛋白凝块，细菌学检查可见两极浓染的多杀性巴氏杆菌。急性猪气喘病的呼吸困难明显，病猪张口喘气，呼吸数剧增，呈腹式呼吸，并有喘鸣音，剖检以急性肺气肿和心力衰竭为特点。

四十四、猪细胞巨化病毒感染症

猪细胞巨化病毒感染症又称猪包含体鼻炎，是猪的一种以鼻甲黏膜、黏液腺、泪腺、唾液腺等组织受侵为特征的病毒性传染病。病猪在临床上以胎猪和仔猪死亡、仔猪发育缓慢并发生鼻炎、肺炎，并产生巨细胞和带有明显的核内包含体为特征。

【病原特性】猪细胞巨化病毒又称为猪疱疹病毒Ⅱ型，多呈卵圆形、长方形或哑铃形，直径为120 ～ 150纳米，有囊膜，呈12面对称，可在3 ～ 5周龄乳猪的肺巨噬细胞中生长，出现巨细胞，感染细胞可比正常细胞大6倍左右。病毒主要存在于细胞核及细胞质的空泡内（图44-1）。

【典型症状】病猪不断地打喷嚏，咳嗽，鼻分泌物增多，流泪并常见泪斑形成（图44-2）。继之因鼻腔堵塞而吮乳困难，体重很快减轻。妊娠母猪感染后可产出死胎或新生猪产后不久即死亡，存活者体躯矮小、可视黏膜苍白、下颌和四肢关节水肿。剖检见胎儿和新生仔猪的病变为鼻黏膜瘀血水肿，呈暗红色，并有广泛的点状出血和大量小灶状坏死（图44-3）。病情严重时，鼻黏膜发生弥漫性出血，整个鼻腔黏膜呈黑红色（图44-4）。

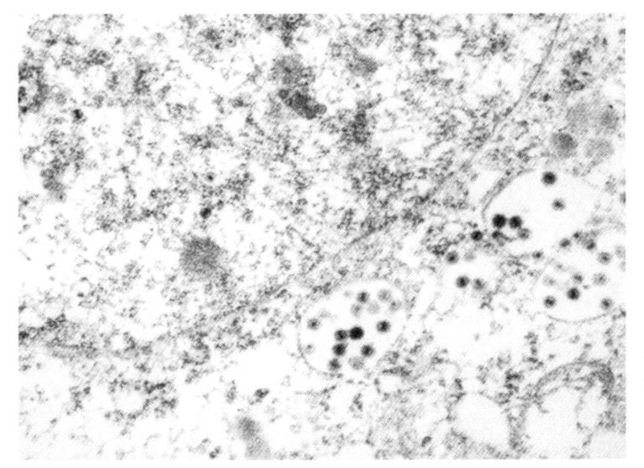

图44-1　猪细胞巨化病毒

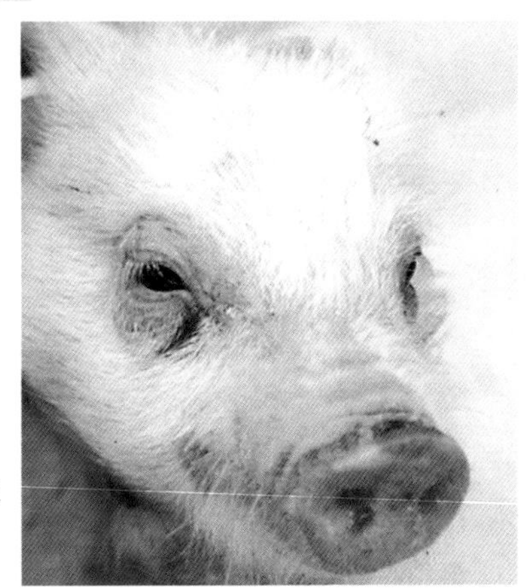

图44-2　眼角的泪斑形成

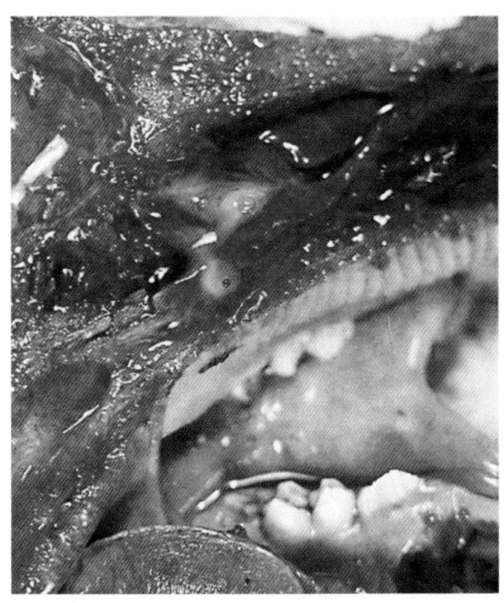

图44-3　鼻黏膜出血、灶状坏死

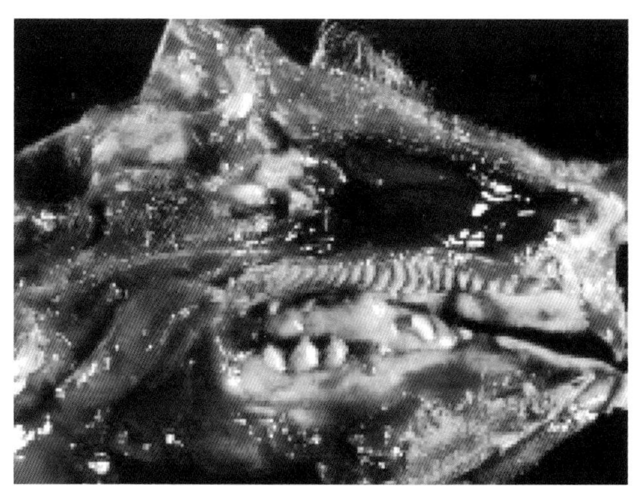

图44-4 鼻黏膜出血呈黑红色

【诊断要点】 根据临床症状（即2 ～ 5周龄或断乳期仔猪的症状）、流行病学特点和病理剖检的主要特征，即在鼻黏膜组织切片或涂片中的巨化细胞内看到嗜碱性核内包含体，便可做出诊断。

在新疫区确诊本病时，还应进行实验室检查。其方法是：采取病死猪鼻腔黏膜和肾组织，放入10%福尔马林溶液中，进行病理组织学检查；或采取感染猪的血清样品，做ELISA，进行特异性抗体检查，或采取新鲜病料制作冰冻切片做间接荧光试验，检查组织中的病毒抗原。

【防治措施】 目前对本病无特效疗法。在暴发传染性鼻炎时，可用抗菌药物防治继发感染。

本病的流行有一定的局限性，当饲养管理条件良好时，一般不会对猪群构成大的危害，造成大的经济损失。引入新的种猪时，应注意检疫，防止带来新的传染源。在本病流行的地方，应定期对仔猪进行抗体监测，建立阴性猪群，逐渐净化猪场。

【注意事项】 猪传染性萎缩性鼻炎的临床症状与本病有些相似，但猪传染性萎缩性鼻炎主要侵害鼻甲骨组织，后期表现明显的鼻甲骨萎缩，鼻和面部变形，全身症状轻微，很少死亡。而猪细胞巨化病毒感染症主要侵害上皮组织，一般无鼻甲骨萎缩现象，对新生不久的仔猪可引起死亡。

四十五、仔猪先天性震颤

仔猪先天性震颤又叫传染性先天性震颤，俗称“仔猪跳跳病”或“仔猪抖抖病”，是仔猪刚出生不久便出现全身或局部肌肉阵发性挛缩的一种疾病。

【病原特性】先天性震颤病毒的分类地位尚未确定。一般认为它可存在于病猪的肾脏等内脏和脑组织中，并可垂直传染给胎猪。

【典型症状】发病仔猪的症状轻重不等，若全窝仔猪发病，则症状往往严重（图45-1）；若一窝中只有部分仔猪发病，则症状较轻。病仔猪多呈两侧性震颤，骨骼肌受侵而不能站立（图45-2）。肌肉痉挛，一

图45-1　全窝发病的仔猪

图45-2　病猪站立困难

般以头部、四肢（图45-3）和尾部表现最为明显，病猪运动困难（图45-4）。病重者全身抖动，表现剧烈的有节奏的阵发性痉挛（图45-5）。

图45-3 病猪四肢肌肉痉挛

图45-4 病猪运动困难

图45-5 全身肌肉有节奏的痉挛

由于震颤严重，使仔猪行动困难，无法吮乳（图45-6），常饥饿而死，尸体消瘦，明显脱水（图45-7）。若仔猪能存活1周，则可免于死亡，症状明显减轻（图45-8），通常于3周内震颤逐渐减轻以至消失（图

图45-6　病猪吮乳困难

图45-7　病尸消瘦、脱水

图45-8　痉挛症状明显减轻

45-9)，但生长发育受阻。缓解期或睡眠时震颤减轻或消失，但噪声、寒冷等外界刺激可引发或加重症状。

图45-9　病猪趋于恢复

【诊断要点】根据症状和病史可以做出初步诊断。因为先天性震颤病毒不产生细胞病变，也没有可以检查病毒抗原的免疫学方法，故分离病毒的诊断意义不大。但在病理学检查过程中，若发现中枢神经组织发生髓鞘形成不全等病变，即可以确诊。

【防治措施】对本病试用过许多种药物治疗，均无发现特效的治疗药物，但及时的对症治疗可减少死亡并促进病猪早日康复。

对发病仔猪应加强管理，猪舍要保持温暖、干燥、清洁，使仔猪靠近母猪以便顺利吮乳，或对病猪进行人工哺乳，以便增强病猪的体质和抗病能力。为避免由公猪通过配种将本病传给母猪，应注意检查公猪的来历。不从有仔猪先天性震颤的猪场引进种猪。

四十六、猪圆环病毒感染

猪圆环病毒感染又称断奶仔猪多系统衰竭综合征，是由猪圆环病毒引起猪的一种的传染病。本病主要感染8 ~ 10周龄仔猪，临床上以仔猪体质下降、消瘦、腹泻和呼吸困难为特点；病理学上以肉芽肿性间质性肺炎、淋巴结炎、淋巴细胞性肉芽肿性肝炎和肾炎为特征。

【病原特性】猪圆环病毒是动物病毒中最小的一种病毒。病毒粒子的直径仅为14 ~ 25纳米，20面体对称，无囊膜（图46-1），基因组为单股DNA。目前的研究证明，本病毒只有2个血清型，即对猪无致病作用的PCV-Ⅰ型和引起猪发病的PCV-Ⅱ型。

【典型症状】病猪精神不振，食欲不良，发育障碍，进行性消瘦。病初眼结膜充血、潮红黄染，眼睑肿胀（图46-2），继之贫血苍白。被毛粗乱，皮肤苍白，病初多在头部尤其是耳朵上见有大小不一的出

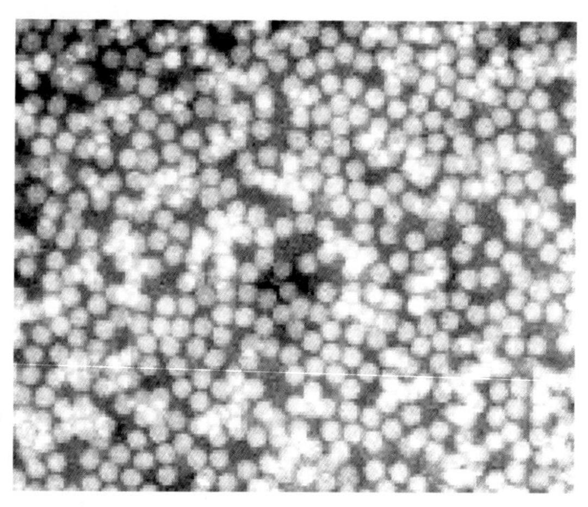

图46-1　猪圆环病毒

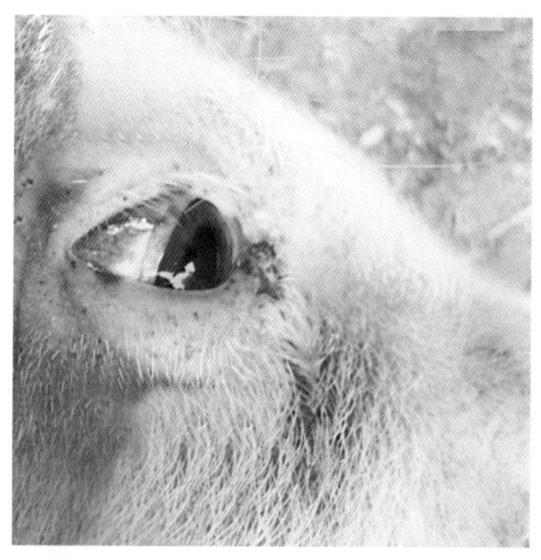

图46-2　眼结膜潮红，眼睑肿胀

血斑点（图46-3），继之在躯干和臀部也常见陈旧性或新鲜的出血斑点（图46-4），病情严重时，病猪全身均可见出血斑点及坏死斑（图46-5）。病猪咳嗽，打喷嚏，呼吸加快或呼吸困难（图46-6）。体表淋

图46-3　两耳有大量出血斑点

图46-4　躯干部的出血斑点

图46-5　全身性皮肤出血

巴结，特别是腹股沟淋巴结肿大。部分病猪还出现黄疸、呕吐和腹泻症状。剖检多在皮肤上见形成圆形或不规则形的红色到紫色的出血斑点，或融合成大的斑块（图46-7）。体表特别是腹股沟淋巴结（图46-8），内脏尤其是肠系膜淋巴结（图46-9）明显肿大。肺脏有程度不

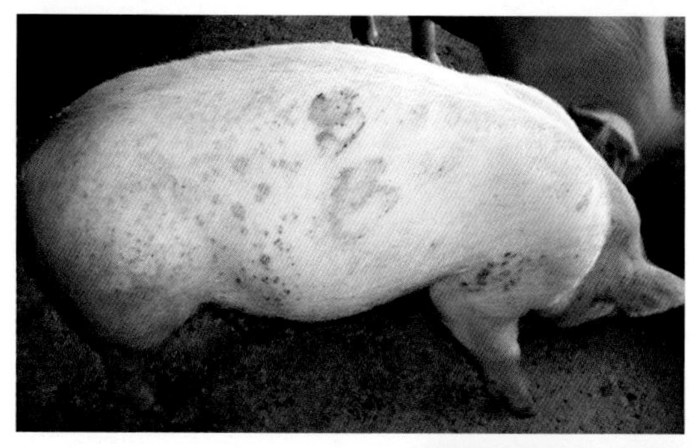

图46-6　呼吸困难，低头喘气

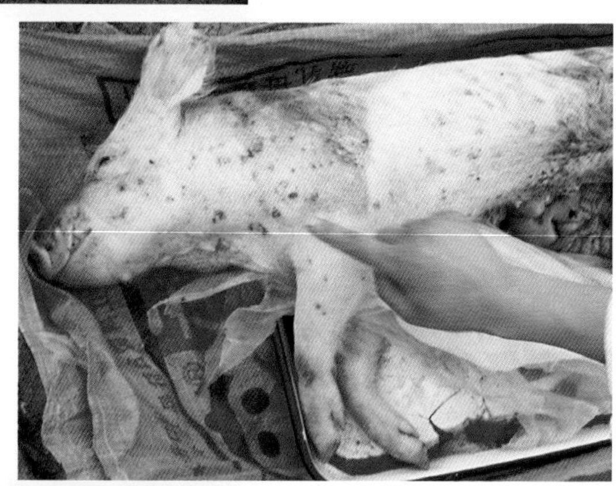

图46-7　全身性出血斑

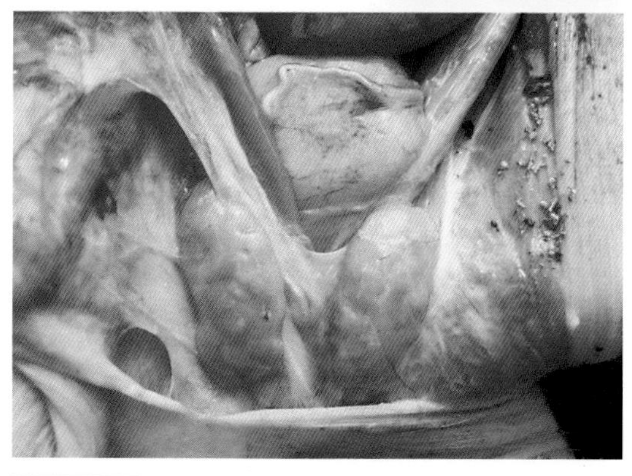

图46-8　腹股沟淋巴结肿大

一的萎陷（图46-10），或见灰红色至暗红色的炎性病灶。肝脏肿大、变性，胆囊膨满。胃内容物呈黄红色（图46-11），胃底部黏膜充血肿胀，有点状出血或呈弥漫性出血（图46-12），胃黏膜发生糜烂和浅表

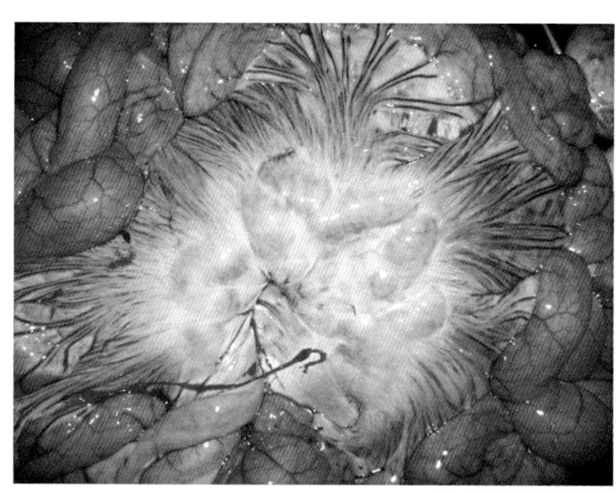

图46-9　肠系膜淋巴结肿大

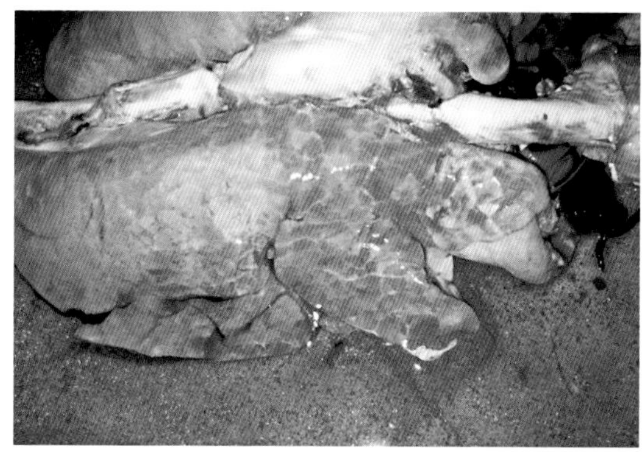

图46-10　肺脏的局灶性萎陷

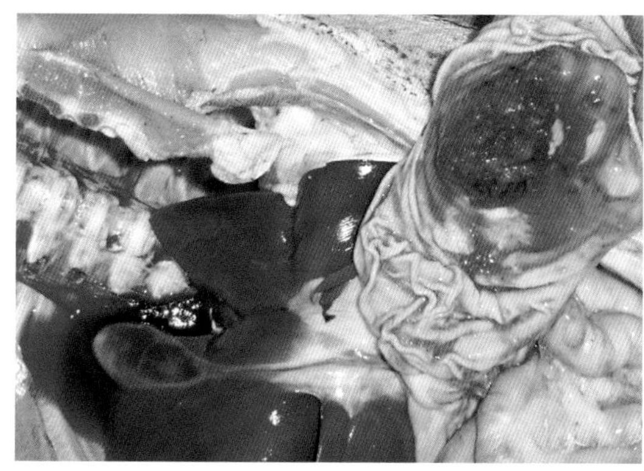

图46-11　胃内容物呈红黄色

性溃疡。肾脏发生实质性变性，呈淡灰色并常有出血点（图46-13）。心脏变性，心肌松软，心室扩张，心尖变圆（图46-14）。

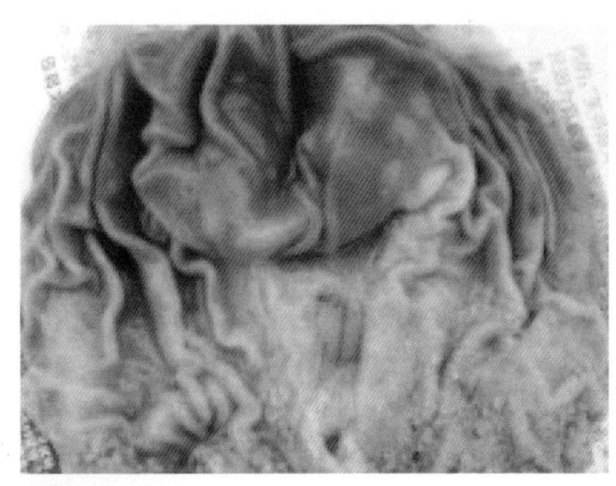

图46-12　胃底黏膜弥漫性出血

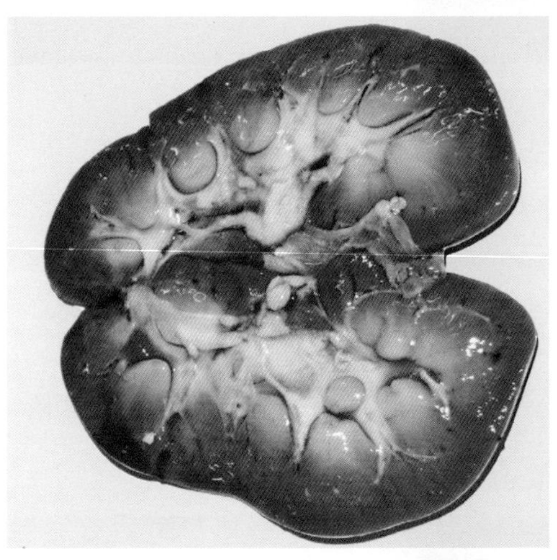

图46-13　肾瘀血、变性

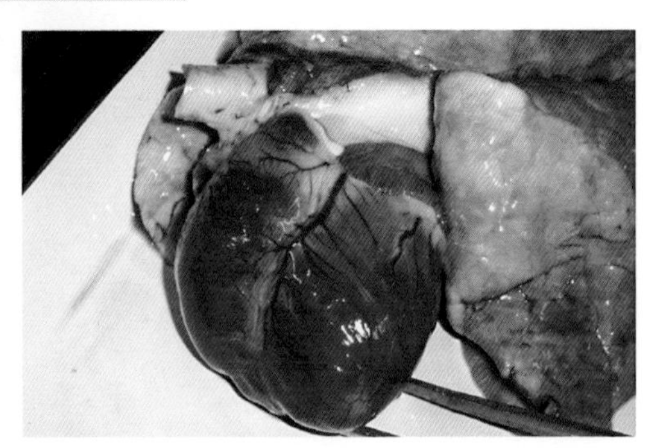

图46-14　心室扩张，心尖变圆

【诊断要点】一般根据特殊的临床症状和多系统的病理变化可建立初步诊断，但确诊需进行实验室的病原或抗体检测，常用的方法有病毒的分离和鉴定、间接免疫荧光试验、原位核酸杂交试验和聚合酶链反应等。

【防治措施】目前对本病无有效的治疗药物，只能对症治疗，综合防治。一般可从以下几个方面进行治疗。一是提高猪体抗病力：在饲料中添加黄芪多糖粉（100 克/吨），同时在饮水中添加多维葡萄糖粉（每50千克500克），连用7天。二是生物制剂治疗：用干扰素3万单位加黄芪多糖注射液10毫升混合，哺乳仔猪每头肌内注射3毫升，断奶仔猪每头肌内注射6毫升，肥育猪每头肌内注射10毫升，每天1次，连用3天。三是控制继发感染：可用阿莫西林每千克体重25毫克、氨基比林每千克体重2毫克、维生素B_{12}每千克体重1.25毫克，混合溶液肌内注射，每天1次，连用5天。

目前，尚无特异性疫苗预防本病，一般主要是通过加强饲养管理和有效的防疫措施来控制。一旦发现可疑病猪，应及时隔离，彻底消毒，切断传播途径，阻止病情扩散。据报道，药物混饲也可有效地预防本病。如妊娠母猪在产前1周与产后1周，每吨饲料中加入80%支原净125克、15%金霉素2.5千克、阿莫西林150克，拌匀，连喂15天；断奶仔猪的每吨饲料中加入80%支原净50克、15%金霉素150克（强力霉素150克）、阿莫西林150克，拌匀，连喂15天，具有良好的预防与防止继发感染的作用。另有报道，为了主动预防本病，可采取含病毒较多的淋巴结、肺等组织，捣碎研磨后，添加佐剂和免疫功能增强剂，制成组织灭活苗，给全场猪进行免疫，通常在注射后12 ～ 15天，发病减少，疫情逐渐平息。

【注意事项】据报道，猪圆环病毒除引起断奶仔猪多系统衰竭综合征外，还可引起猪间质性肺炎、猪皮炎、肾病综合征和母猪繁殖障碍；若PCV-Ⅱ子宫内感染，还可引起新生仔猪的先天性震颤；继发感染可引起肺炎和关节炎等病症。因此，对本病的诊断应慎重。

四十七、猪蛔虫病

猪蛔虫病是由猪蛔虫引起的一种肠道线虫病。主要感染仔猪，分布广泛，感染普遍，对养猪业的危害极为严重。感染本病的仔猪，生长发育不良，增重往往比健康仔猪降低30%左右甚至变成“僵猪”；病情严重者，生长发育停滞，甚至死亡。

【病原特性】猪蛔虫为黄白色或淡红色的大型线虫。虫体呈中间较粗，两端较细的圆柱状；体表有横纹，体两侧纵线明显。雌虫较大，长20～35厘米，尾端钝圆；雄虫较小，长15～31厘米，尾弯向腹侧（图47-1）。虫卵多为椭圆形，呈棕黄色，卵壳表面凹凸不平（图47-2）。

【典型症状】主要见于仔猪，轻度感染时仅有轻微的湿咳、消瘦、贫血等。感染严重时，病猪呼吸困难，常伴发声音低沉而粗厉的咳嗽，流涎、呕吐等。当发生蛔虫性肠梗阻时，可出现不同的腹痛症状（图47-3）；蛔虫进入胆管时，可引起胆管阻塞（图47-4）。病猪有剧烈的

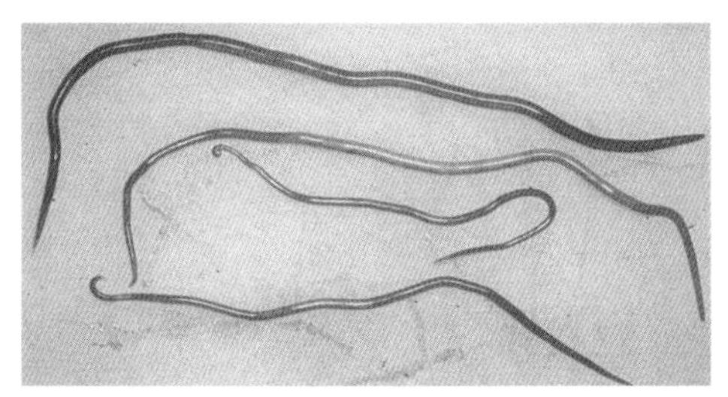

图47-1 雌性（上两条）、雄性（下两条）蛔虫

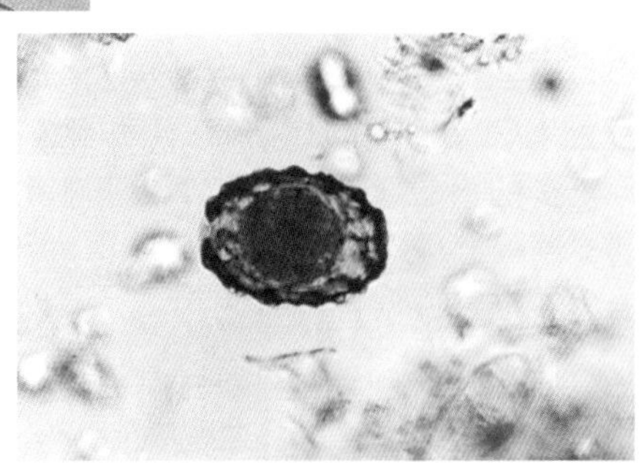

图47-2 棕黄色蛔虫卵

图47-3 蛔虫引起的腹痛

腹痛、腹泻和黄疸等症状。

剖检见蛔虫主要位于小肠，严重感染时常可从肠浆膜面看到肠腔内有大量蛔虫缠绕成麻花状（图47-5），并可造成小肠腔阻塞（图47-6），

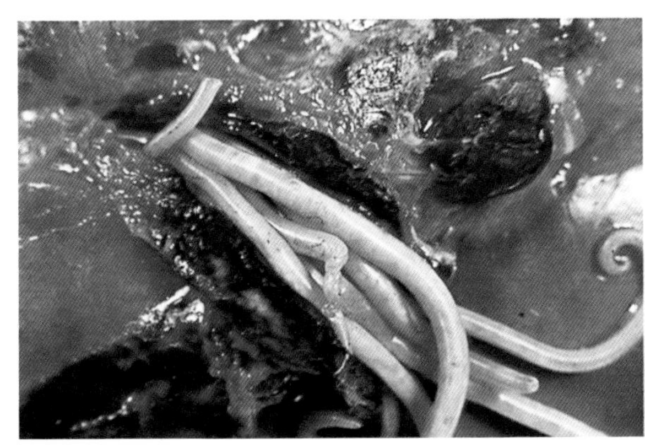

图47-4　蛔虫性胆管阻塞

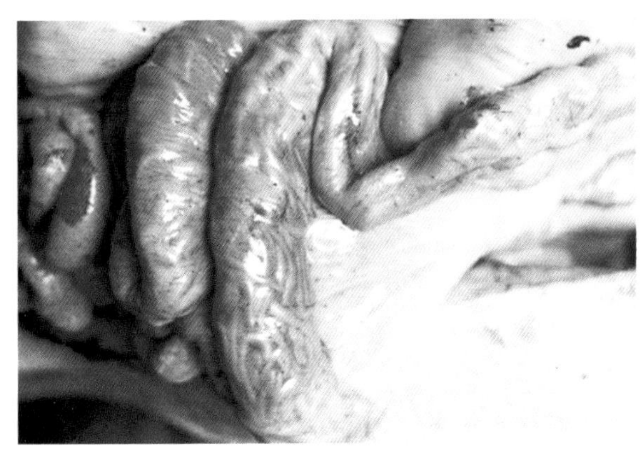

图47-5　肠管内大量蛔虫缠绕成麻花状

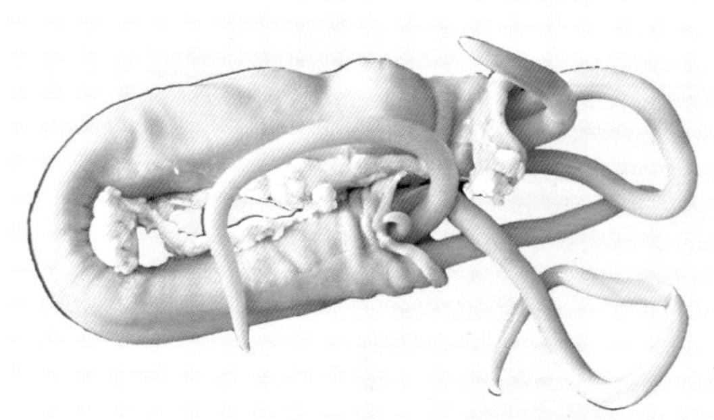

图47-6　蛔虫性肠阻塞

切开肠管见大量蛔虫蠕出（图47-7）。感染时间较久时，肠管内的蛔虫个体较大，均为性成熟型蛔虫（图47-8）。大量幼虫穿行肝脏或死于肝内可引起肝实质损伤和间质性肝炎，形成“乳斑肝”（图47-9），严重的间质性增生可导致肝脏发生乳斑肝性硬变（图47-10）。蛔虫在肺内

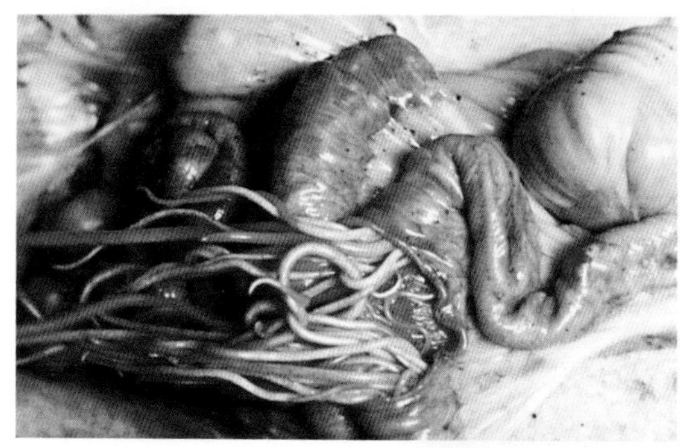
图47-7　大量蛔虫从肠内蠕出

图47-8　性成熟型蛔虫

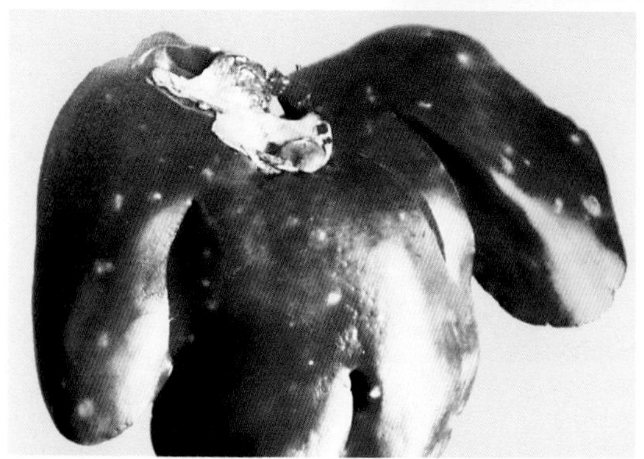
图47-9　乳斑肝

移行和发育时，可引起急性肺出血或弥漫性点状出血（图47-11）。

【诊断要点】幼虫移行期诊断较难，可结合流行病学和临床上爆发性呼吸困难、咳嗽等症状综合分析。成虫期诊断主要是检查虫卵，检出虫卵有2种方法：一为直接涂片检查法，主要用于重度感染（图47-12）；

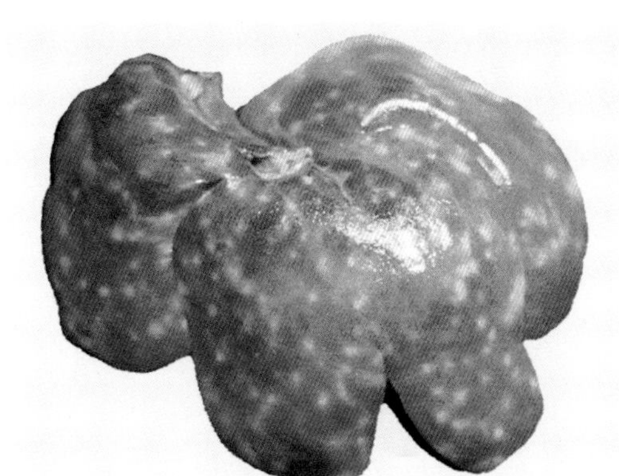

图47-10　乳斑肝性硬变

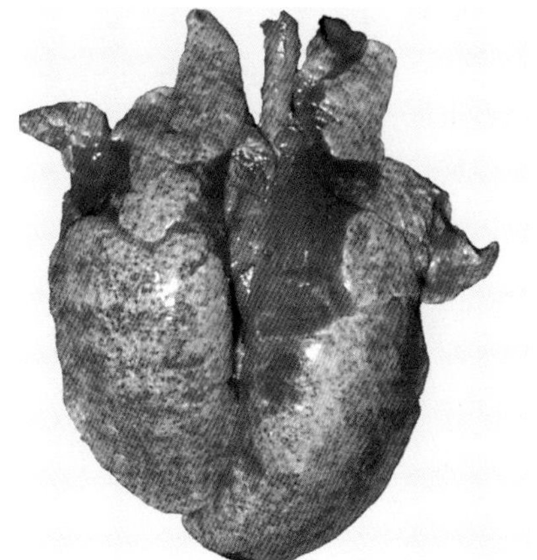

图47-11　肺弥漫性点状出血

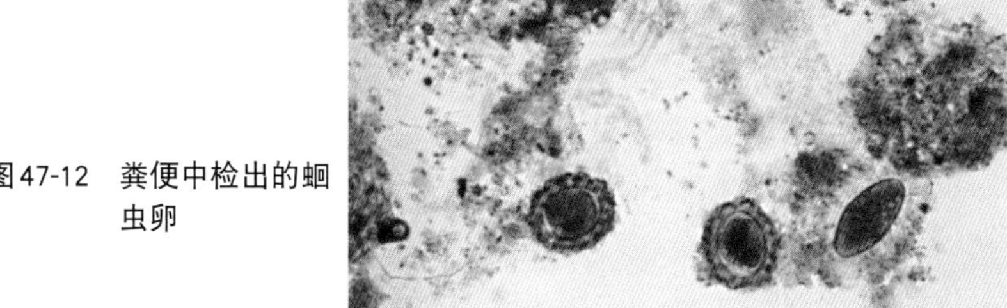

图47-12　粪便中检出的蛔虫卵

二是饱和盐水浮集法，用于轻度感染，在涂片中可检出不同发育阶段的虫卵。一般情况下，当1克粪便中虫卵数达到1 000个时，即可确诊为蛔虫病。

【防治措施】治疗本病时，一般根据病猪健康状况采取综合性治疗措施，包括药物驱虫、改善饲养管理、防止再感染等。对于有较严重胃肠疾患或明显消瘦贫血的病猪，应在应用驱虫药之前，先进行对症治疗。用于治疗蛔虫病的有效药物较多，常用的药物有敌百虫、枸橼酸哌嗪、磷酸哌嗪、噻苯唑、噻咪唑、噻咪啶、丙硫咪唑和伊维菌素等，一般按用药剂量混入少量饲料中一次喂给。如精制敌百虫的用法是：按每千克体重0.1克，总量不超过10克，溶解后均匀拌入饲料内，一次喂服。哌嗪化合物常用的有枸橼酸哌嗪和磷酸哌嗪，按每千克体重0.2 ～ 0.25克，用水化开，混入饲料内，使猪自由采食。另外，也可用针剂进行肌内注射或皮下注射。如5%噻咪唑注射液按每千克体重10毫克剂量皮下注射或肌内注射；伊维菌素，按每千克体重0.3毫克，一次皮下注射，均具有较好的驱虫作用。

本病的预防，必须采取综合性措施。未发病的猪场，重点在“防”，要搞好环境卫生，加饲养管理，防止仔猪感染；已发病的猪场，重点在“净”，即要净化猪场，消灭病猪和带虫猪，建立无虫猪场。另外，还需注意妊娠母猪产前、产后的管理。对暴发本病的猪场，应进行紧急预防。立即将病猪和无病猪，成猪和仔猪分离饲养，并用上述治疗药物进行治疗和药物预防。发生蛔虫病后的猪场，每年应进行2次全群驱虫，并于春末或秋初深翻猪舍周围的土壤，或铲除一层表土，换上新土，并用生石灰消毒；对2 ～ 6月龄的仔猪，在断乳时驱虫一次，以后间隔1.5 ～ 2个月再进行一次预防性驱虫。

四十八、猪鞭虫病

猪鞭虫病又称猪毛首线虫病，是由猪鞭虫所致的一种肠道线虫病。猪鞭虫主要寄生在猪的盲肠，以仔猪受害最重，引起肠炎、腹泻和贫血等，严重时可引起死亡，成年猪很少发生感染。

【病原特性】猪鞭虫呈乳白色（雌虫常因子宫含虫卵而呈褐色），

鞭状，前部呈细长的丝状，后部粗短为体部。因整个外形酷似鞭子，前部细，像鞭梢，后部粗，像鞭杆，故称鞭虫。鞭虫的雄虫长20 ~ 52毫米，后端卷曲；雌虫长39 ~ 53毫米，后端钝直（图48-1）。虫卵呈棕黄色，腰鼓状，卵壳厚，两端有塞（图48-2）。

【典型症状】主要发生于仔猪。病猪食欲不振，消瘦，贫血，腹泻，肛门周围常黏附有红褐色稀便（图48-3），粪便中混有黏液和血

图48-1 雌性（右五条）、雄性（左五条）鞭虫

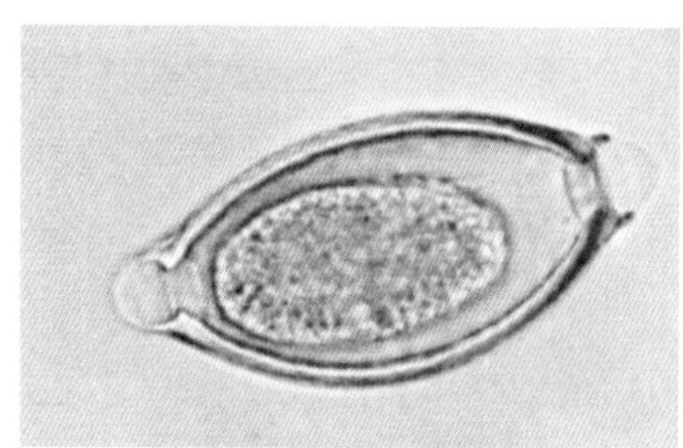

图48-2 腰鼓状的鞭虫卵

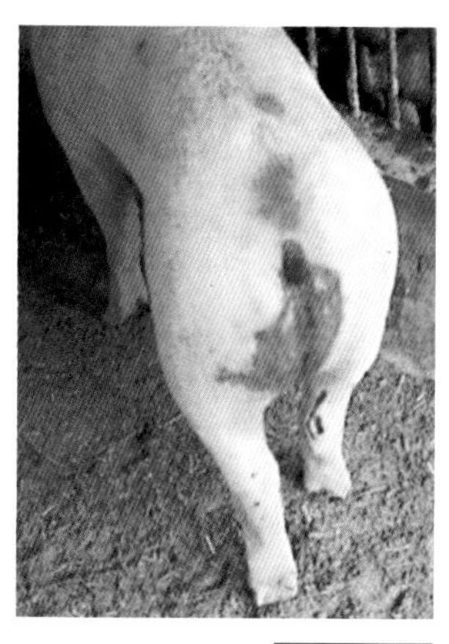

图48-3 鞭虫引起的腹泻

液，生长发育明显缓慢等。病尸消瘦，贫血，被毛粗乱，后躯被稀便污染而污秽不洁（图48-4）。剖检发现，鞭虫的成虫主要损害盲肠和结肠。眼观肠黏膜肿胀，表面覆有大量灰黄色黏液，并有大量乳白色鞭虫叮着于肠黏膜（图48-5）。严重感染时可引起肠黏膜发生出血性炎、水肿及坏死（图48-6），病变也可累及大肠后端甚至抵达直肠（图48-7）。

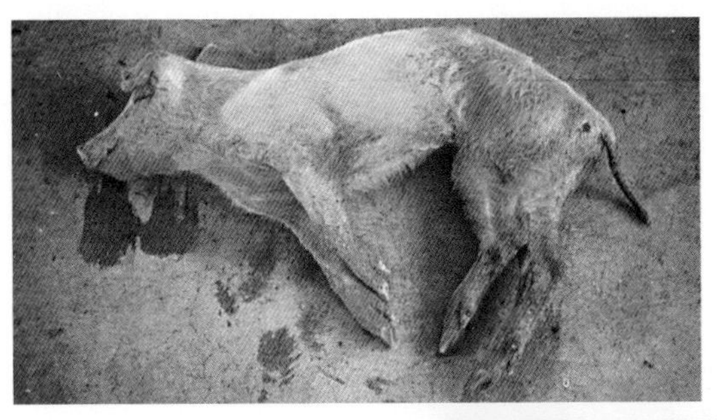

图48-4　死于鞭虫病的猪

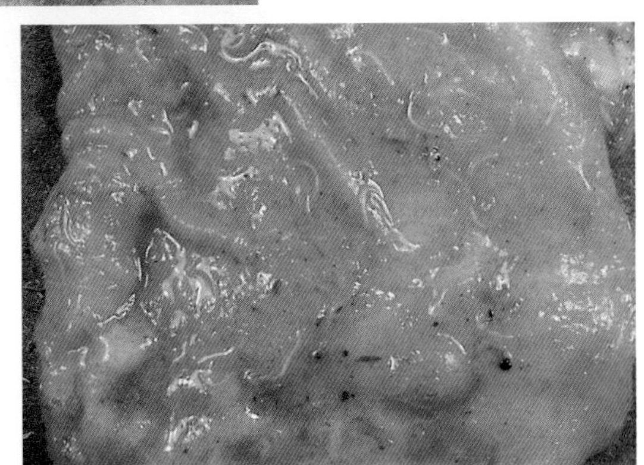

图48-5　鞭虫性肠卡他

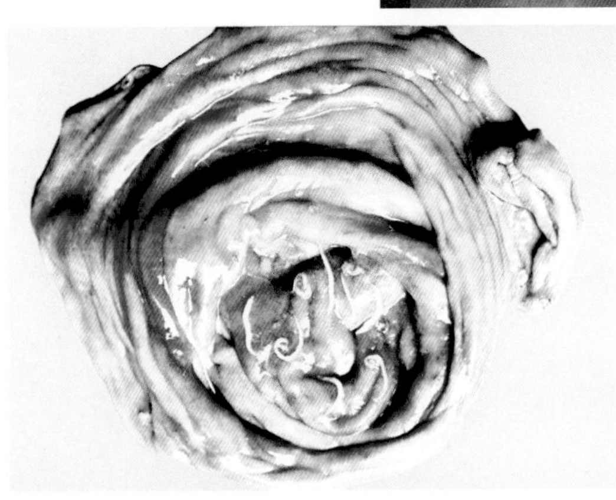

图48-6　鞭虫性肠出血坏死

【诊断要点】本病的生前诊断主要靠检查粪便中的虫卵及虫体的检查。据研究，一条雌虫一日可产5 000个虫卵，1克粪便中若有1 000个以上的虫卵，则寄生虫的数目不会少于30条，用浮集法可检出不同发育阶段的虫卵（图48-8）。由于虫卵颜色、结构比较特殊，故易识别而确诊。病猪死后主要根据尸检时发现特殊形态的虫体、寄生部位及引起病理损害而确诊。

【防治措施】用于本病的治疗药物较多，其中羟嘧啶为驱除鞭虫的特效药，猪按每千克2毫克口服或拌料喂服。其他的使用药物可参考猪蛔虫病。

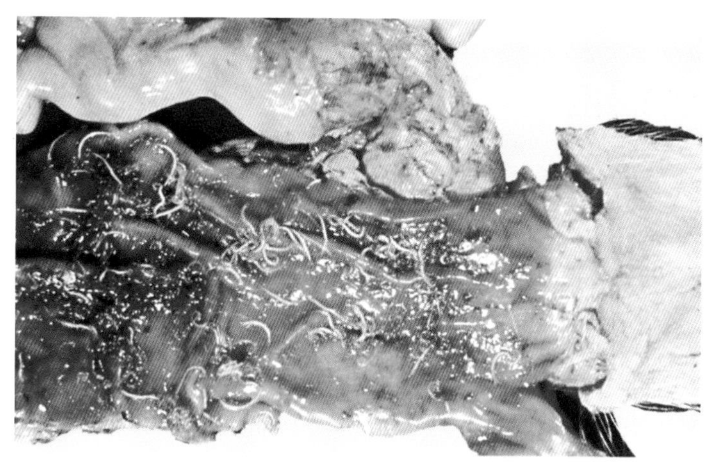

图48-7　出血性坏死性直肠炎

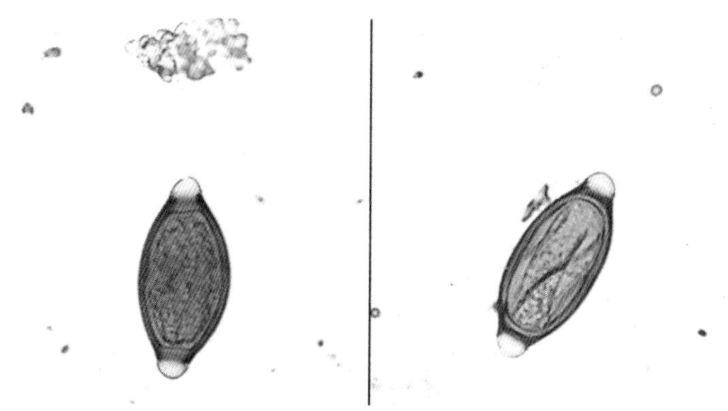

图48-8　粪便中的鞭虫卵

平时要保持良好环境卫生，定期给猪舍消毒，更换垫草，减少虫卵污染的机会；要勤清扫粪便并发酵进行无害化处理，以消灭虫卵。从外地引进猪时，应进行虫卵的检查，确定无本病后才可并群。对本病常发地区，每年春秋应给猪群驱虫2次，并将猪舍周围的表层土进行换新或用生石灰进行彻底消毒。

四十九、猪肺虫病

猪肺虫病又称猪后圆线虫病或寄生性支气管肺炎，主要是由长刺猪肺虫寄生于支气管而引起的寄生虫病，主要危害仔猪和肥育猪，6 ~ 12月龄的猪最易感，引起支气管炎和支气管肺炎，严重时可引起大批死亡。

【病原特性】长刺猪肺虫的虫体呈细丝状（又称肺丝虫），乳白色或灰白色。雄虫短，12 ~ 26毫米，末端有小钩，雌虫长，达20 ~ 51毫米，尾端稍弯向腹面（图49-1）。雌虫在支气管内产卵，卵随痰转移至口腔被咽下（咳出的极少），随猪粪排到外界。猪肺虫卵呈椭圆形，卵壳厚，表面粗糙不平，有细小的乳突状隆起，稍带暗灰色（图49-2）。

【典型症状】猪有拱地习惯，从土壤中获得感染（图49-3）。病程长者，消瘦，贫血，发育不良，被毛干燥无光泽；阵发性咳嗽，特别

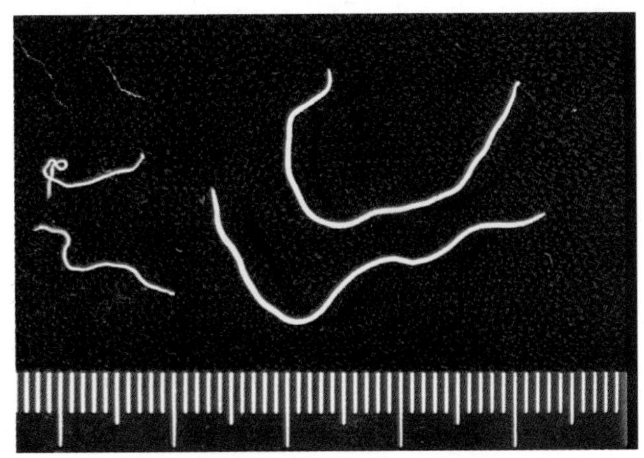

图49-1　雌性（右）、雄性（左）猪肺虫

是在早晚运动后或遇冷空气刺激时尤为剧烈，鼻孔流出脓性黏稠分泌物，严重病例呈现呼吸困难；有的病猪还发生呕吐和腹泻，胸下、四肢和眼睑出现浮肿。

剖检见肺脏有斑点状出血和局灶性气肿（图49-4），切面见支气管

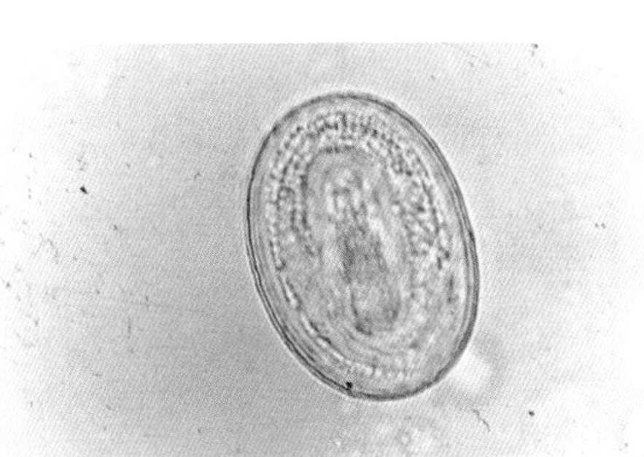

图49-2　猪肺虫卵

图49-3　病猪从土壤中获得感染

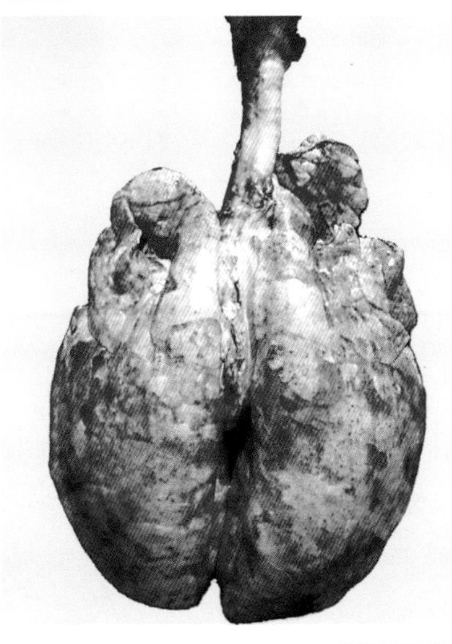

图49-4　局灶性肺气肿

断端有虫体蠕动（图49-5），纵切面见支气管黏膜肿胀，含有大量黏液和虫体（图49-6），当局部管腔阻塞时，则见相关的肺泡萎陷、实变和气肿变化（图49-7）。当继发感染时，支气管扩张，其中充满黏液和蜷

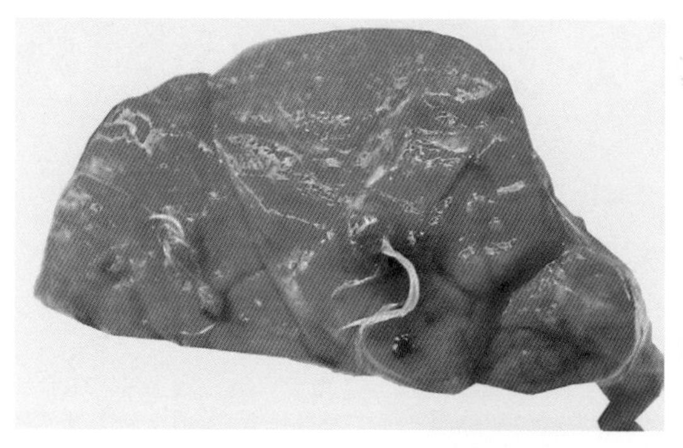

图49-5　支气管断端的虫体

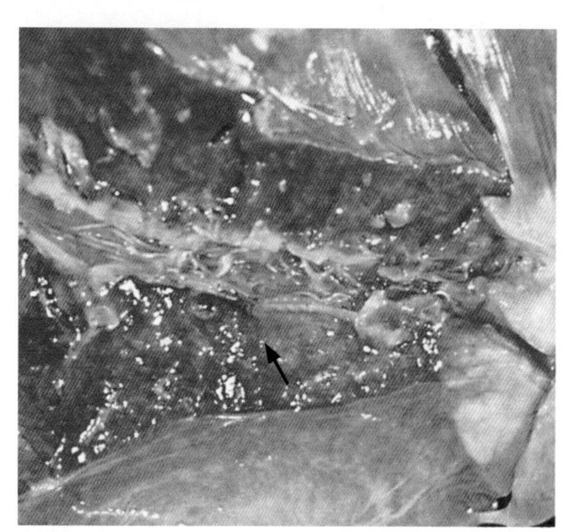

图49-6　肺虫性支气管炎

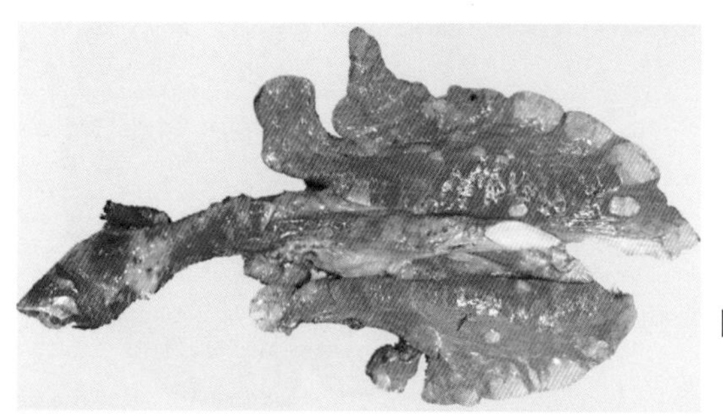

图49-7　肺萎陷和肺气肿

曲的成虫（图49-8）。由于部分支气管呈半阻塞状态（图49-9），使气体交换受阻，通常是进气大于出气，故在肺的尖叶和膈叶的后缘可见灰白色隆起的气肿灶（图49-10）。

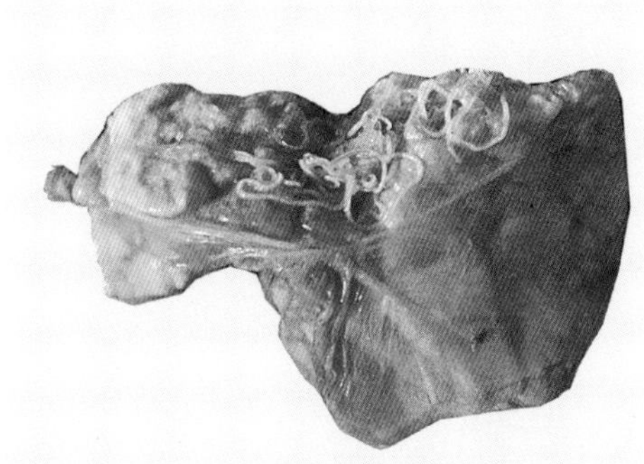

图49-8　支气管中含大量成虫

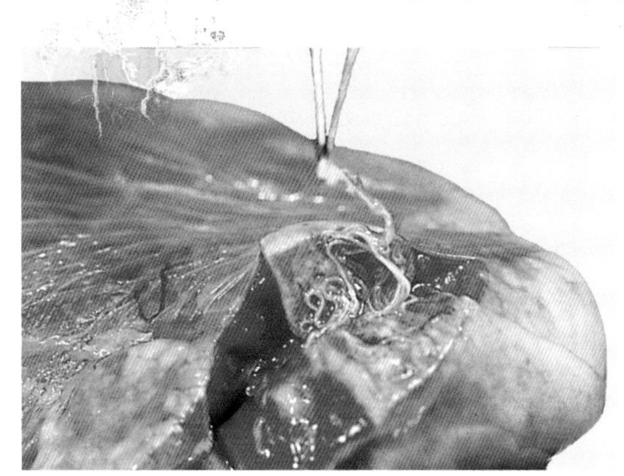

图49-9　支气管被虫体阻塞

图49-10　肺边缘的气肿灶

【诊断要点】根据临床症状，结合流行特点和病理剖检找出虫体而确诊。生前常用沉淀法或饱和硫酸镁溶液浮集法检查粪便中的虫卵。另外，还可用变态反应诊断法进行检测。方法是：用病猪气管黏液作抗原，加入30倍生理盐水，再滴加30%醋酸溶液，直到稀释的黏液发生沉淀时为止，过滤，再徐徐滴加30%的碳酸氢钠溶液中和，调到中性或微碱性，消毒后备用 。以抗原0.2毫升注射于被检猪耳背面皮内，在5 ～ 15分钟内注射部位肿胀超过1厘米者为阳性。

【防治措施】治疗本病的药物很多，主要有驱虫净、左咪唑和氰乙酰肼等。但这些药物均有不同程度的毒副作用，一般情况下，随着药量的增多而毒副作用增大。因此，在用药时一定要注意用量。临床治疗时，常选用驱虫净（四咪唑），可按每千克体重20 ～ 25毫克，口服或拌入少量饲料中喂服；或按每千克体重10 ～ 15毫克肌内注射。本药对各期幼虫和成虫均有很好的疗效（几乎可达100%），但有些猪于服药后10 ～ 30分钟出现咳嗽、呕吐、颤抖和兴奋不安等中毒反应；感染严重的病猪，中毒反应一般较大，但通常于1 ～ 1.5小时后自行消失。

在猪场内创造无蚯蚓的环境，是杜绝本病的主要措施。因此猪舍、运动场应铺水泥地面；墙边、墙角疏松泥土要砸紧整实，防止蚯蚓进入，或换砂土，构成不适于蚯蚓孳生的环境等。发生本病时，应及时隔离病猪，在治疗病猪的同时，对猪群中的所有猪进行药物预防，并对环境进行彻底消毒。流行区的猪群，春秋可用左咪唑（剂量为每千克体重8毫克，混入饲料或饮水中给药）各进行一次预防性驱虫；按时清除粪便，进行堆肥发酵；定期用1%氢氧化钠溶液或30%草木灰水溶液，淋湿猪的运动场地，既能杀灭虫卵，又能促使蚯蚓爬出，以便消灭它们。

【注意事项】临床上诊断本病时应与仔猪肺炎、流感及气喘病相区别。一般而言，仔猪肺炎和流感的发病急剧，高热，频咳，呼吸迫促，而本病的发生较缓慢，呈阵发性咳嗽，病情严重时才出现呼吸困难。猪气喘病的呼吸困难明显，病猪常张口喘息，呼吸次数剧增，呈腹式呼吸多带有喘鸣音，有时发出连续性痉挛性短咳，鼻腔常有灰白色黏液性鼻液流出。

五十、弓形虫病

弓形虫病是一种世界性分布的人畜共患原虫病，在人、畜及野生动物中广泛传播，感染率很高。猪暴发弓形虫病时，常可引起全群发病，死亡率高达80%以上。临床上病猪以发热、呼吸困难、腹泻、皮肤出现红斑、妊娠母猪流产或产出虚弱小猪及死胎为特征。

【病原特性】弓形虫的生活史分为一个期：滋养体期、包囊期、裂殖体期、配子体期和卵囊期。前两期为无性生殖期，出现于中间宿主和终宿主体内；后三期为有性生殖期，只出现于终宿主体内。游离于宿主细胞外的滋养体通常呈弓形或月牙形，一端锐尖，一端钝圆，核位于虫体的中央或略偏于钝圆端（图50-1）。

【典型症状】病猪体温高达40.5℃～42℃，呈稽留热型；食欲废绝，便秘，粪便干燥，有时在粪块表面覆有一层白色黏液；呼吸困难，常呈犬坐姿势的腹式呼吸；体表淋巴结肿大，皮肤出现瘀斑或发绀（图50-2）。妊娠猪往往发生流产或产死胎。耐过急性期的病猪，可

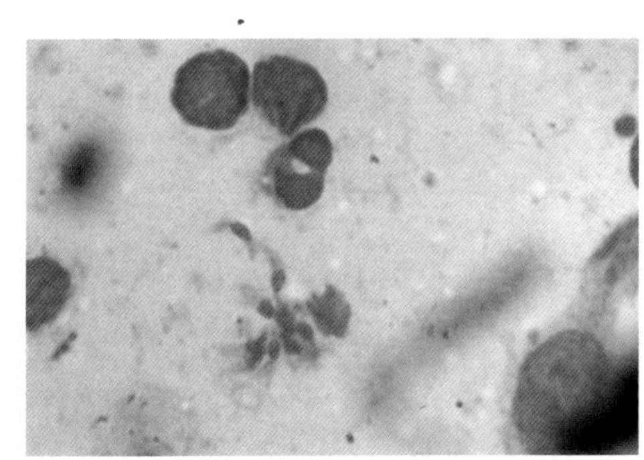

图50-1　弓形虫的滋养体

图50-2　病猪皮肤发绀

遗留咳嗽、呼吸困难，以及后躯麻痹、运动障碍等神经症状。

病尸全身瘀血并见点状出血，特别是腹下部明显（图50-3）。剖检见肺膨满，表面常见弥散性点状出血（图50-4），出血严重时可形成出血斑，小叶间质水肿增宽（图50-5）。病程稍长时，常在肺瘀血的基础

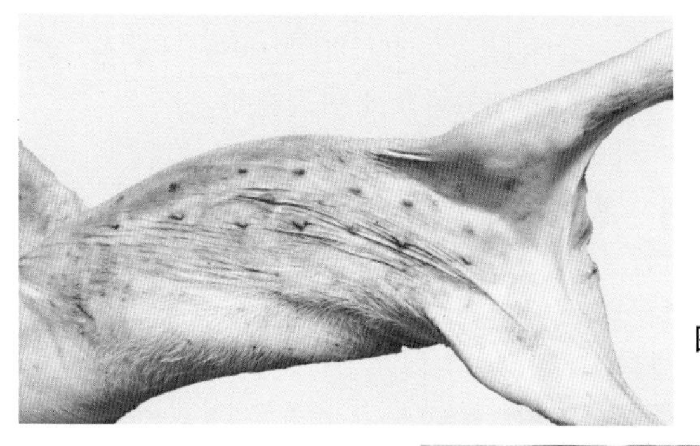

图50-3　尸体瘀血和点状出血

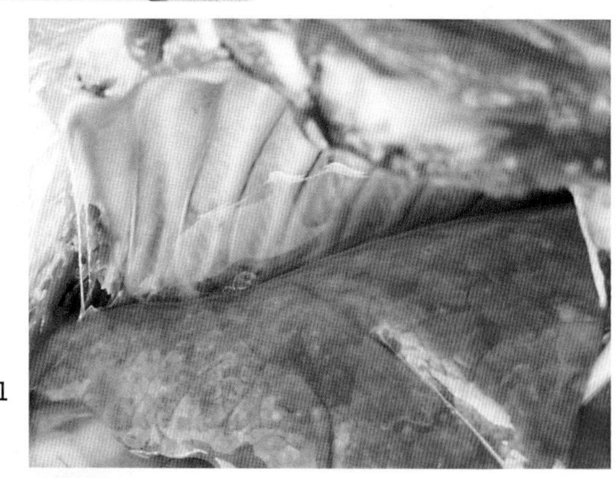

图50-4　肺膨满并发点状出血

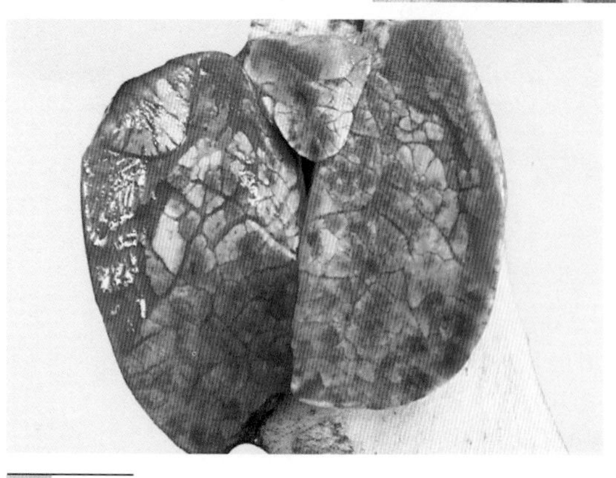

图50-5　肺间质水肿和出血

上检出散在的灰白色粟粒大坏死灶（图50-6）。全身淋巴结急性肿胀，常见灰白色粟粒大的坏死灶（图50-7）。小肠系膜淋巴结肿大、坏死（图50-8），如板栗至核桃大，密集排列成串，坚硬，其被膜和周围结缔组织常有黄色胶样浸润（图50-9）。肝瘀血、肿大，被膜下常见有灰

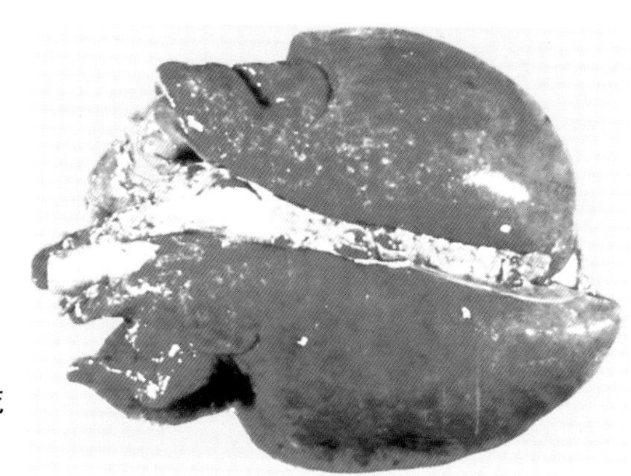

图50-6　肺瘀血和灶状坏死

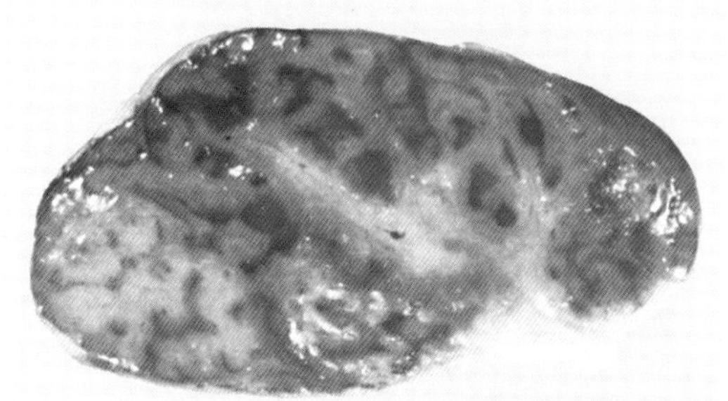

图50-7　坏死性淋巴结炎

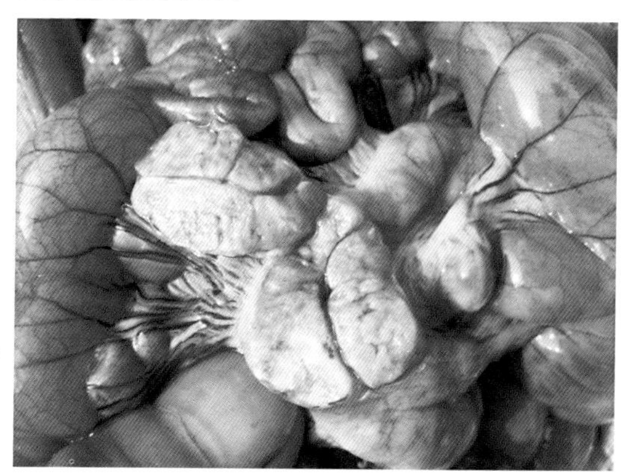

图50-8　小肠系膜淋巴结肿大、坏死

白色坏死灶（图50-10）。肾脏肿大，间质增生，表面常见增生形成的灰白色斑块和小坏死灶（图50-11）。脾脏瘀血、出血，明显肿大，呈红褐色，表面常见灰白色或黄白色坏死灶（图50-12）。

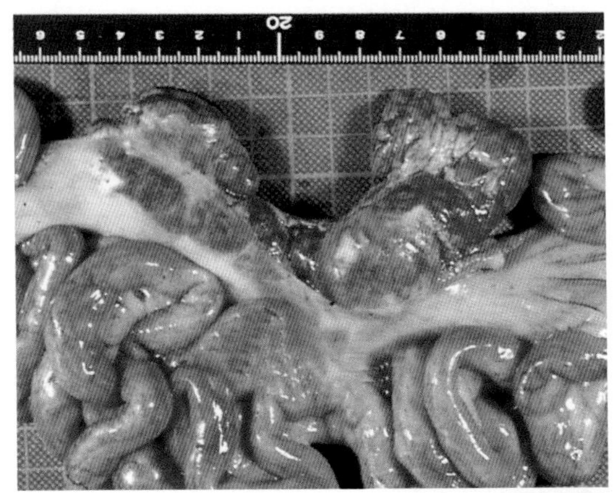

图50-9　肠系膜呈现胶样浸润

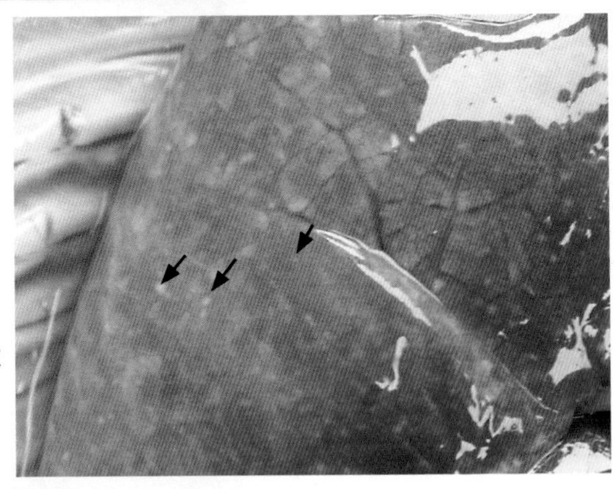

图50-10　肝表面有灰白色坏死灶（箭头）

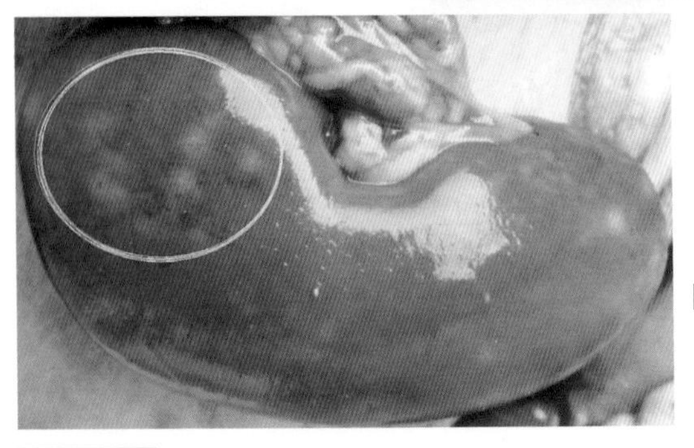

图50-11　肾脏间质增生性灰白色斑块

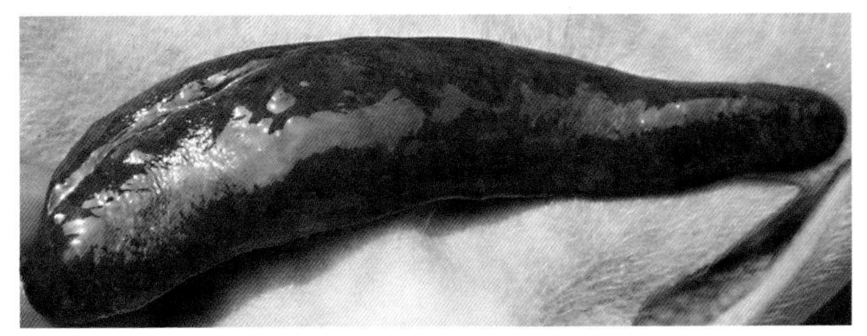

图50-12　脾出血和坏死

【诊断要点】虽然本病在临床表现、病理变化和流行病学上有一定的特点，但仍不足以作为确诊的根据，必须在实验室诊断中查出病原体或特异性抗体，才能做出诊断。目前用于实验室诊断的方法主要有以下3种：涂片检查、小鼠腹腔接种试验和血清学诊断。临床诊断时，涂片检查最常用。其方法是：采取胸腔、腹腔渗出液或肺、肝、淋巴结等做涂片检查，其中以淋巴结和肺脏涂片背景较清楚，检出率较高。涂片标本自然干燥后，甲醇固定，姬氏液或瑞氏液染色后，在油镜下检查。

【防治措施】磺胺类药物对本病有较好的效果，如与增效剂联合应用效果更好。治疗猪弓形虫病常选用磺胺嘧啶（SD）加甲氧苄氨嘧啶（TMP），每千克体重用70毫克；或磺胺嘧啶（SD）加二甲氧苄氨嘧啶（DVD），每千克体重用14毫克，每天2次，口服，连用3～4天。注射可选用磺胺甲氧吡嗪，用12%复方磺胺甲氧吡嗪注射液，每千克体重50～60毫克（实用每头猪10毫升），每天肌内注射1次，连用4次，可获得较好的疗效。

常规预防本病的方法是灭鼠、驱猫，猪场禁止养猫，发现野猫应设法消灭。加强对饲草、饲料的保管，严防被猫粪污染；勿用未经煮熟的屠宰废弃物作为猪的饲料；猪舍保持清洁，经常消毒。当猪场发生本病时，应及时采取以下措施：确诊病猪、及时处理；严格消毒，病猪流产的胎儿及其排出物应深埋，环境、猪舍和用具均应彻底消毒；药物预防，病猪场可采用磺胺类药物连用7天进行药物预防。

【注意事项】急性猪弓形虫病易与急性猪瘟、猪副伤寒和急性猪丹毒等相混淆，故应注意鉴别。急性猪瘟的皮肤出血，淋巴结出血，肺脏变化不明显，脾脏常见出血性梗死；猪副伤寒的淋巴结多呈髓样增生，大肠发生弥漫性纤维素性坏死，肝、肾等器官中常见副伤寒结节；急性猪丹毒的皮肤出现丹毒性红斑，全身淋巴结发炎但不坏死，脾脏肿大呈樱桃红色。

五十一、猪囊尾蚴病

猪囊尾蚴病是由猪囊尾蚴所致的一种寄生虫病；因虫体呈囊状，故又称猪囊虫病。猪感染后，囊尾蚴可寄生于皮下、肌肉、脑、心脏、肾脏、眼睛和脂肪等多种组织和器官，引起相应的病理损伤与症状。本病的危害十分严重，是全国重点防治的寄生虫病之一，是肉品卫生检验的重要项目之一。近年来，随着猪的集约化饲养，本病明显减少，但仍偶有发生。因此，不能放松警惕。

【病原特性】本病的病原体为寄生在人体的有钩绦虫的幼虫——猪囊尾蚴。猪是人有钩绦虫的中间宿主。猪囊尾蚴为白色半透明、黄豆大的囊泡，囊壁为薄膜状，表面上可见1个绿豆大的白色头节，囊内充满透明的液体（图51-1）。

【临床症状】猪感染囊尾蚴一般无明显症状。极严重感染的猪可能有营养不良、生长迟缓、贫血和水肿等症状。有报道，从猪体外形来

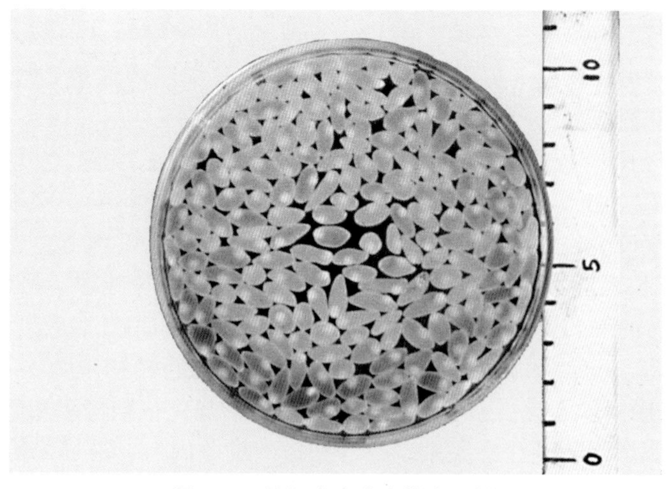

图51-1　从肌肉中分离的囊尾蚴

看，两肩明显外张，臀部不正常的肥胖、宽阔而呈哑铃状或狮体状体型的猪多为被猪囊尾蚴感染。

剖检见猪囊尾蚴主要寄生在肌肉内，以舌肌、咬肌（图51-2）、肩部和腰部肌肉、股内侧肌（图51-3）及心肌（图51-4）较为常见，严

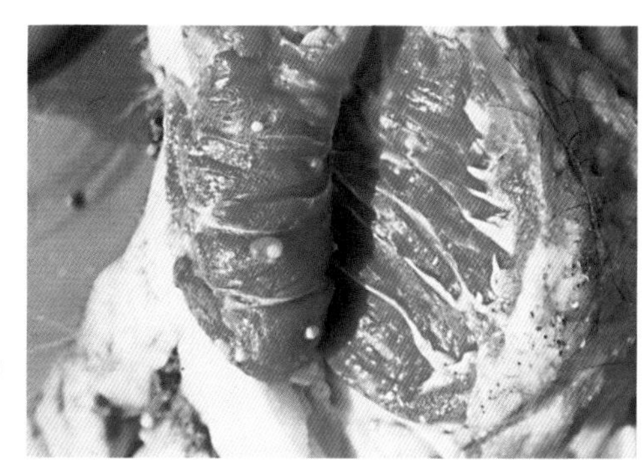

图51-2　咬肌中的囊尾蚴

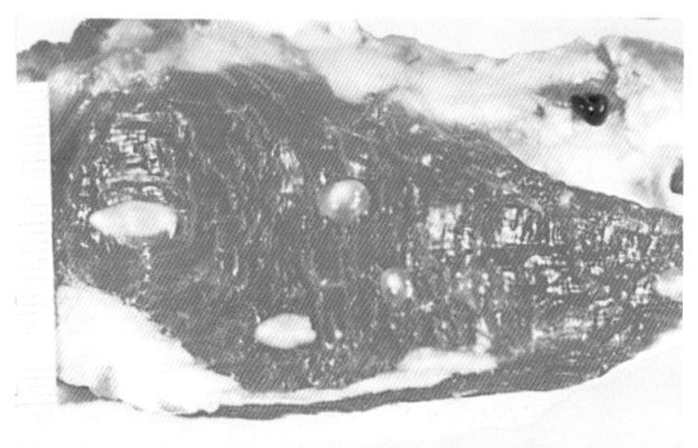

图51-3　股内侧肌表面的囊尾蚴

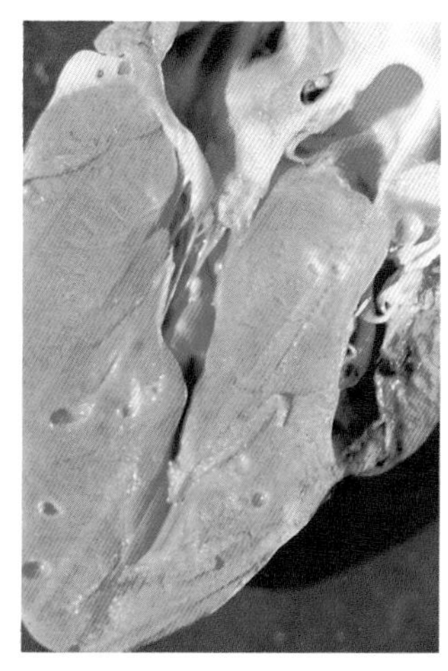

图51-4　心肌中的囊尾蚴

重感染时全身肌肉布满囊尾蚴的囊泡（图51-5），甚至脑（图51-6）及眼球脂肪内（图51-7）也能发现。肌肉中由于有米粒状囊尾蚴存在，

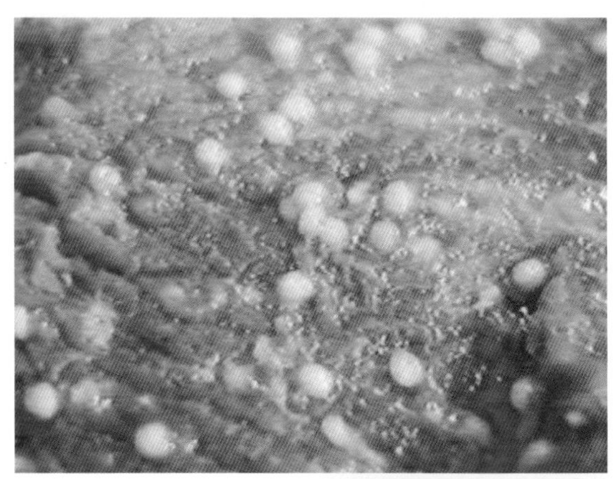

图51-5　肌肉上有大量囊泡

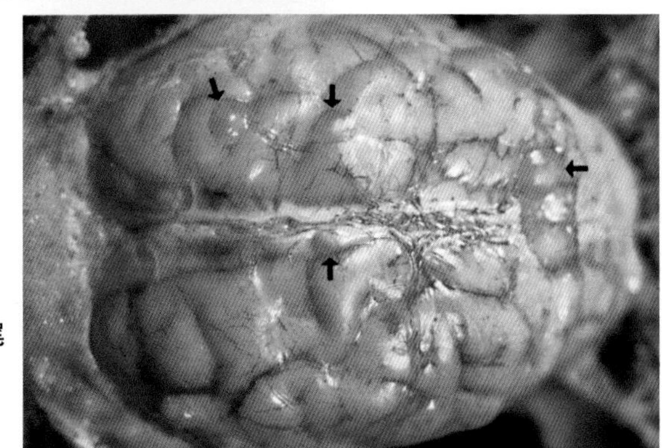

图51-6　大脑中的囊尾蚴（箭头）

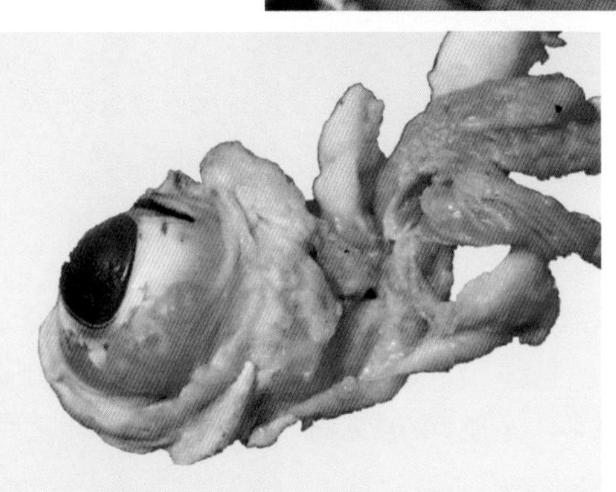

图51-7　眼球脂肪中的囊尾蚴

故将之称为“米猪肉”、“豆猪肉”和“米糁子肉”(图51-8)；严重感染时，肌纤维受压迫而萎缩，肌肉切面呈蜂窝状（图51-9)。

图51-8　米糁子肉

图51-9　呈蜂窝状的肌肉

【诊断要点】本病的生前诊断比较困难。只有当舌部浅表寄生时，触摸舌根或舌腹面常有囊尾蚴引发的疙瘩，眼结膜也可发现囊尾蚴。严重感染的猪，发音嘶哑，呼吸困难，睡觉发鼾。猪的体型也可能改变，肩胛肌因严重水肿而增宽，臀部肌肉因水肿而隆起，猪体外观呈哑铃状或狮体状。走路时前肢僵硬，后肢不灵活，左右摇摆。民间对此病的诊断经验是：“看外形，翻眼皮，看眼底，看舌根，再摸大腿里”。

近几年多采用猪囊尾蚴的囊液做成抗原，或炭抗原，应用间接血细胞凝集反应、卡红平板凝集反应或酶联免疫吸附试验等方法进行生前诊断，检出率可达到80%左右。死后诊断或宰后检验，可按食品卫生法检验的要求在最容易发现虫体的咬肌、臀肌、腰肌等处剖检，当发现囊尾蚴时，即可确诊。

【防治措施】近年来应用吡喹酮和丙硫苯咪唑来治疗猪囊尾蚴病，收到了较好的效果。方法是：将吡喹酮按每千克体重50毫克的剂量，混入少量饲料中喂服，一天1次，连用3天；或用液状石蜡配成20%悬液肌内注射，一天1次，连用2天。本药不论对躯体囊尾蚴还是对脑囊尾蚴均可收到同样的疗效。但需注意，应用吡喹酮治疗后，囊尾蚴出现膨胀现象，破坏的虫体可引起猪生物毒性反应，故对重症患猪应减少用药的剂量，或分多次给药，以免引起死亡。丙硫苯咪唑按每千克体重20毫克剂量口服，每隔48小时服一次，共服3次；或按每千克体重60 ~ 65毫克，以橄榄油或豆油配成6%悬液，肌内注射，隔天一次，共注射2次，均有较好的疗效。

预防本病主要采取“查”、“驱”、“管”、“检”和“治”的综合性防治措施。查，即在人群中普查绦虫病，查出患病者；驱，就是对病人实施驱虫；管，即要发动群众管好厕所、猪圈；检，即是加强猪肉的检疫，检出本病时按食品卫生法检验的要求严格进行无害化处理；治，就是用特效药物如丙硫苯咪唑和吡喹酮等及时对病猪进行治疗，尽力做到早发现、早治疗。及时治疗病猪不仅从生产环节上消灭了传染源，而且也大大减少了经济损失。

五十二、细颈囊尾蚴病

细颈囊尾蚴病又称细颈囊虫病，是由细颈囊尾蚴所引起的一种寄生虫病。猪细颈囊尾蚴主要寄生于猪的腹腔脏器的表面，如肝脏、浆膜、网膜和肠系膜，严重感染时可寄生于肺脏。本病流行很广，在我国各地普遍流行，其感染率为50%左右，个别地区高达70%以上，严重影响猪的生长发育，甚至已成为仔猪死亡的重要原因之一。

【病原特性】本病的病原体为犬和其他肉食动物的泡状带绦虫的幼虫——细颈囊尾蚴。细颈囊尾蚴，俗称“水铃铛”、“水泡虫”，呈囊泡状，大小随寄生时间长短而不同，自豌豆大至小儿头大，囊壁乳白色、半透明，内含透明囊液，透过囊壁可见一个向内生长而具有细长颈部的头节，故名细颈囊尾蚴（图52-1）。

【临床症状】成年猪感染本病时一般没有明显的临床症状，而仔猪感染时常主要表现为消瘦，贫血、黄疸和腹围增大等；伴发腹膜炎时，病猪的体温升高，腹部明显增大，肚腹下坠，按压腹部有疼痛感；少数病例可因肝表面的细颈囊尾蚴破坏而引起肝被膜损伤而内出血，出血量大时，病猪常因疼痛而突然大叫，随之倒地死亡。剖检见细颈囊尾蚴多寄生于肝脏（图52-2）、大网膜（图52-3）、肠系膜和浆膜（图

图52-1　囊泡状的细颈囊尾蚴

图52-2　寄生于肝脏的细颈囊尾蚴

52-4）以及腹膜（图52-5），严重感染时可寄生于肺脏（图52-6）。

【诊断要点】本病的生前诊断尚无有效的方法，主要依靠尸体剖检或宰后检验才能确诊。但也有报道认为：根据病猪有消瘦、腹围增大

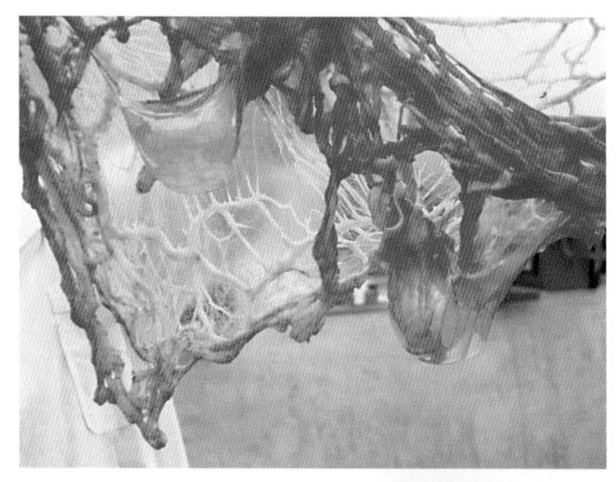

图52-3 大网膜上的细颈囊蚴

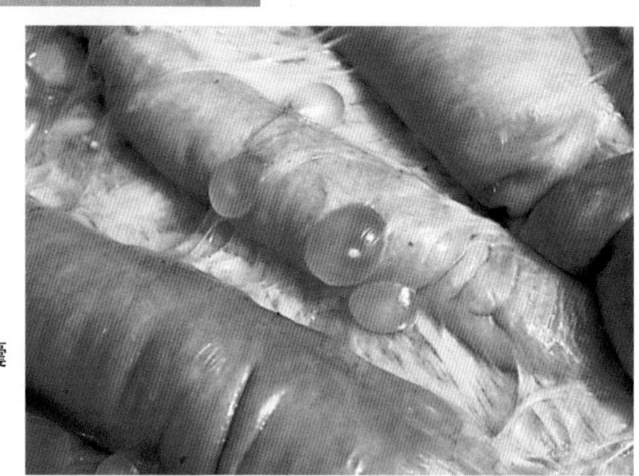

图52-4 肠浆膜上的细颈囊尾蚴

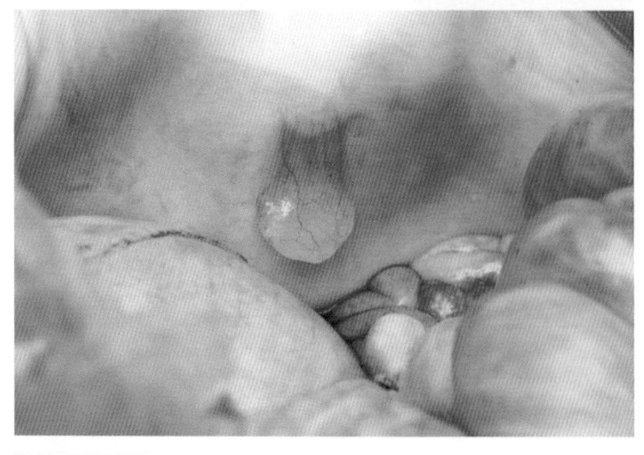

图52-5 腹膜上的细颈囊尾蚴

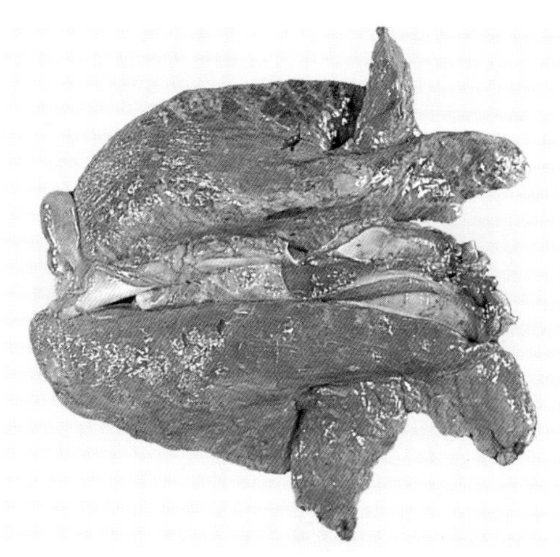

图52-6　寄生于肺脏的细颈囊尾蚴

等症状，结合流行病学调查可建立初步诊断；对急性期病例，可从腹腔穿刺物中找到幼虫而确诊。

【防治措施】实践证明用吡喹酮治疗本病，安全有效。其方法是：按每千克体重50毫克剂量，将吡喹酮与灭菌的液状石蜡按1 ∶ 6的比例混合研磨均匀，分2次深部肌内注射，每次间隔一天；或以每千克体重50毫克剂量内服，连用5天，效果较好。

预防本病的主要措施有三：一是严格禁止犬出入猪舍，避免饲料和饮水被犬粪污染；二是严禁屠宰或剖检动物时将细颈囊尾蚴的囊泡丢弃或直接喂犬；三是对猪场的看门犬应定期驱虫，粪便发酵处理或深埋。

五十三、棘球蚴病

棘球蚴病是由棘球蚴寄生于猪内脏所引起的一种寄生虫病；棘球蚴呈包囊状，故本病又称包虫病。各种年龄的猪对本病均有易感性，但以肥育猪和成年猪的感染率较高。猪患本病时通常呈慢性经过，一般没有明显的临床症状，多是在屠宰检验或死后剖检的过程中发现。棘球蚴可寄生于病猪的任何部位，但以肝脏、肺脏等器官最为常见。

我国每年因本病而废弃大量内脏，导致很大的经济损失。本病是我国危害严重的人畜共患的寄生虫病之一。

【病原特性】本病的病原体为犬等肉食动物的细粒棘球绦虫的中绦期幼虫——棘球蚴。棘球蚴为一个近似球形的囊泡，大小不等，从豌豆大至鸡蛋大（图53-1）；囊泡内充满淡黄色透明液体，即囊液；棘球蚴的囊壁由外层的角质膜和内层的生发膜组成。切面见囊腔内壁光滑（图53-2），有大小不一的头节样物。

【临床症状】感染初期通常无明显的临床症状。当虫体生长发展到一定的阶段时，病猪在临床上常表现出精神不振，体温升高，呼吸困难，被毛粗糙、无光泽；食欲减退，消化不良，黄疸，并发生程度不同的腹泻；有的病猪腹部膨大，腹水增多，终因恶病质而死亡。剖检

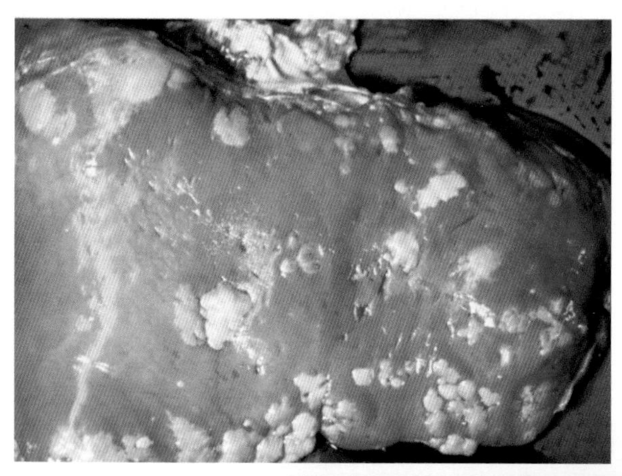

图53-1　肝表面的棘球蚴囊泡

图53-2　囊泡内壁较光滑

见猪棘球蚴常寄生于肝脏，病变轻时肝表面可见一个（图53-3）到数个大小不等的棘球蚴囊泡（图53-4），病变严重时整个肝脏几乎全由棘球蚴囊泡取代，切面呈现蜂窝状的囊腔（图53-5）。此外，棘球蚴也可寄生于心脏、肺脏、肾脏（图53-6）及脑等器官。

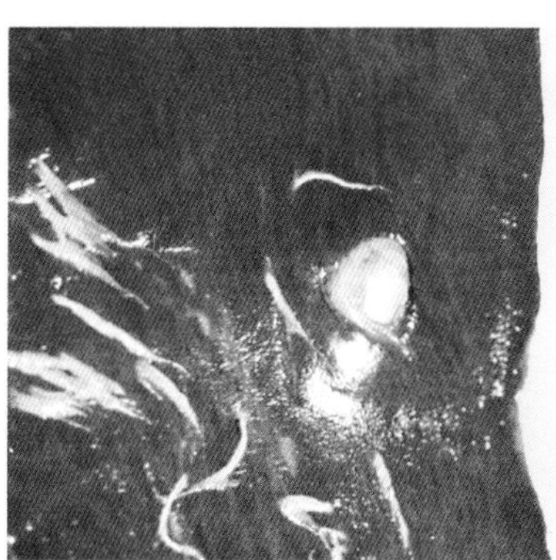

图53-3　单个囊泡寄生

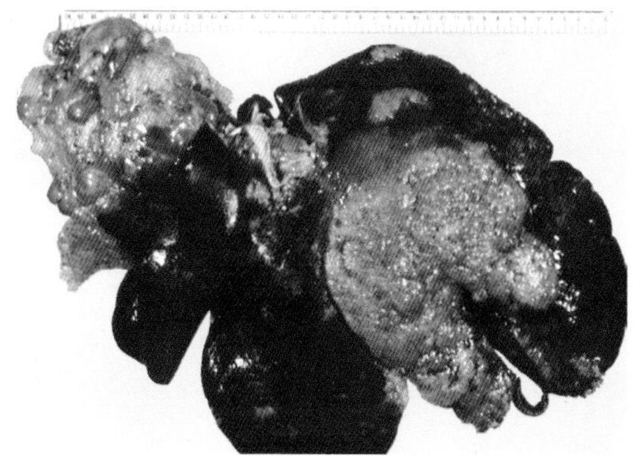

图53-4　多囊泡性寄生

图53-5　蜂窝状的囊泡

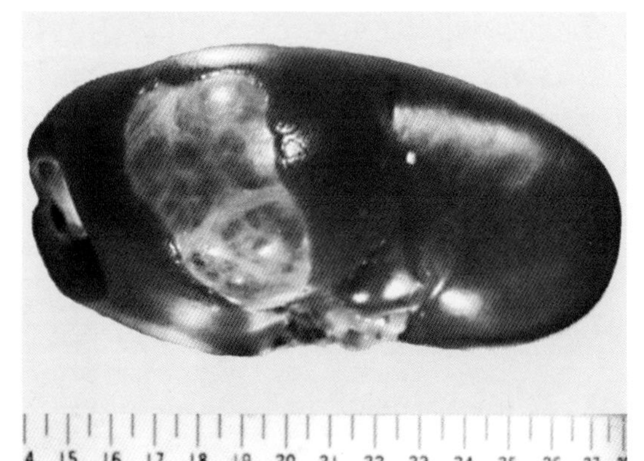

图53-6　寄生于肾脏的囊泡

【诊断要点】病猪的生前诊断较为困难，一般多在死后剖检或宰后检验时发现。现在常用皮内试验法进行生前诊断。其方法是：应用棘球蚴囊液作为抗原（最好使用新鲜囊液，并经过无菌过滤，诊断用的囊液中绝对不能含有原头蚴），给猪皮内注射0.1 ～ 0.2毫升，5 ～ 10分钟后观察结果，如出现0.5 ～ 2厘米的红斑并有肿胀时即为阳性。本法具有70%左右的准确性，约有30%的误差。

【防治措施】目前，对本病尚缺乏有效的治疗药物，但对患绦虫病的犬，可用吡喹酮和氢溴酸槟榔碱进行治疗，从而达到消灭传染源之目的。据报道，吡喹酮具有良好的治疗作用，对未成熟虫体或孕卵虫体有100%杀灭效果。使用方法是：按每千克体重5毫克，将药物夹入肉馅内或是犬喜欢吃的少量食物内，使犬一次内服。应该强调的是：驱虫前应将犬拴住，12小时内不饲喂；驱虫后一定继续把犬拴住，以便收集排出的粪便和虫体，彻底销毁。直接参与驱虫的工作人员，应注意个人防护，严防自身感染。

预防本病的主要措施是管好家犬，扑杀野犬，消灭传染源。对必须留养的各种用途的犬，要定期驱虫。妥善处理病猪的脏器，严禁用病猪的脏器直接喂犬。保持猪群饲料、饮水和圈舍的卫生，防止被犬粪污染。

【注意事项】应该强调：常与犬接触的人员，尤其是儿童，应注意个人卫生，防止因沾染在犬的被毛等处的虫卵误入口内而被感染，患上肝包虫病。

五十四、疥螨病

疥螨病俗称疥癣、癞病，是一种接触传染的慢性寄生虫性皮肤病。本病多发生于仔猪，病情也较成年猪的重。疥螨在仔猪的皮肤内繁殖较在成年猪的快。临床上以剧痒、湿疹性皮炎、脱毛、形成皮屑干痂、患部逐渐向周围扩展和具有高度传染性为特征。本病可致猪少量或大群死亡，但更多的则是影响生产性能和皮、肉产品的质量，增加饲养和治疗成本而造成经济损失。

【病原特性】猪疥螨很小，肉眼不易看见，大小为0.2 ~ 0.5毫米，呈淡黄色龟状，背面隆起，腹面扁平。假头呈圆形，后方有一对粗短的垂直刚毛。躯体可分为两部：前面称为背胸部，后面叫做背腹部，体背面有细横纹、锥突、圆锥形鳞片和刚毛。雄虫的第 3 对足为刚毛，第 4 对足为吸盘（图54-1）。雌虫的末端只有刚毛，生殖孔位于第 1 对足后支条合并的长杆的后面。疥螨的卵为椭圆形，平均为150微米 × 100微米（图54-2）。

【典型症状】本病多发生于仔猪。病初从眼周（图54-3）、颊部和耳根开始，以后蔓延到背部、体侧（图54-4）、股内侧、四肢及全身（图54-5）。病猪瘙痒难忍，常用后蹄蹭痒（图54-6）或在圈墙和栏柱

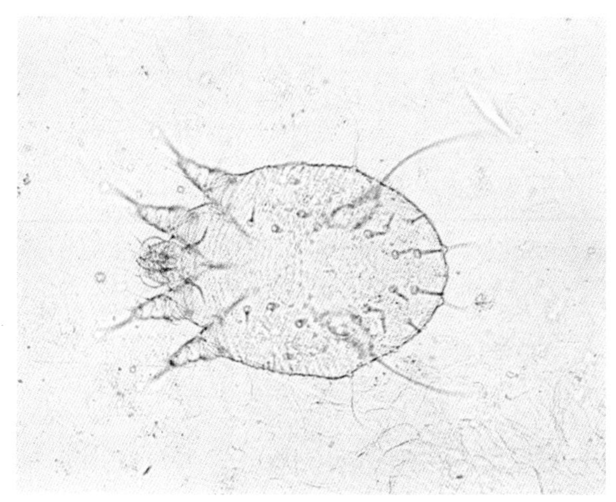

图54-1　雄性疥螨

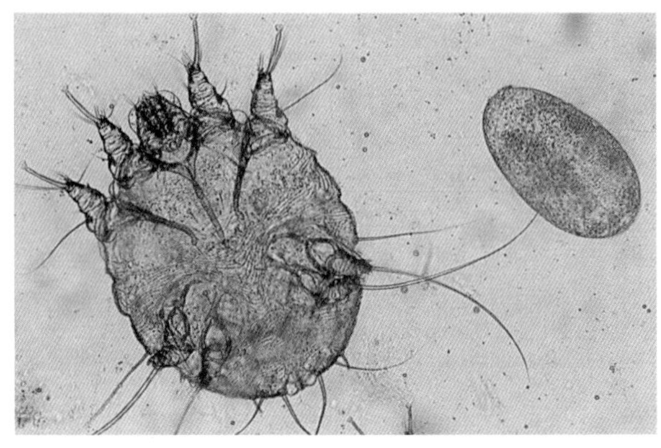

图54-2　雌性疥螨及虫卵

图54-3　眼周的疥螨疹

图54-4　背胸腹侧的疥螨疹

等处摩擦（图54-7）或以肢蹄搔擦患部，甚至将患部擦破出血；皮肤常因病猪的强烈摩擦而受损，以致患部脱毛、结痂（图54-8），皮肤肥厚形成皱褶和龟裂（图54-9）。

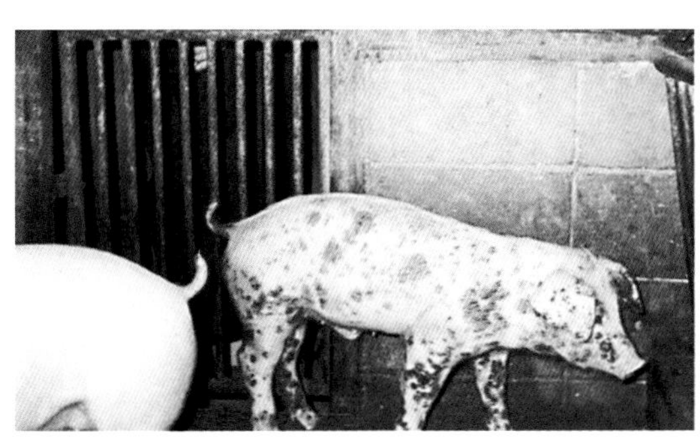

图54-5　全身性疹块及结痂

图54-6　病猪以后蹄蹭痒

图54-7　病猪瘙痒而摩擦

剖检见，皮肤因充血和渗出而形成小结节（图54-10），因瘙痒而摩擦造成继发感染而形成化脓性结节（图54-11）或脓疱（图54-12），后者破溃，内容物干涸形成痂皮。

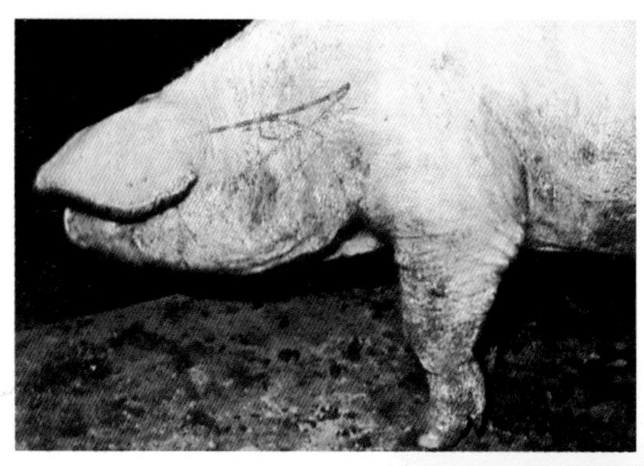

图54-8 患部脱毛和结痂

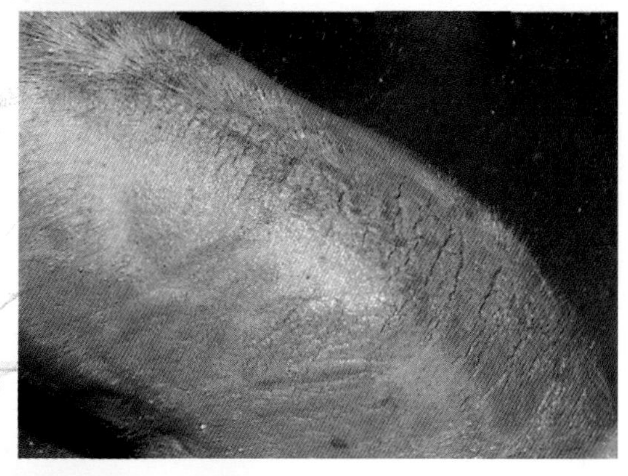

图54-9 皮肤肥厚而龟裂

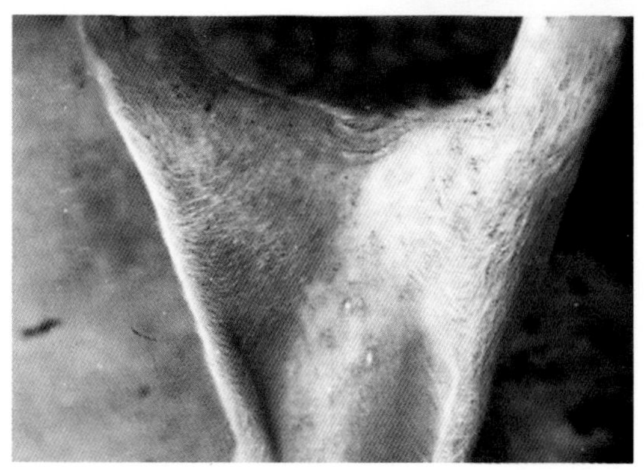

图54-10 皮肤的渗出性小结节

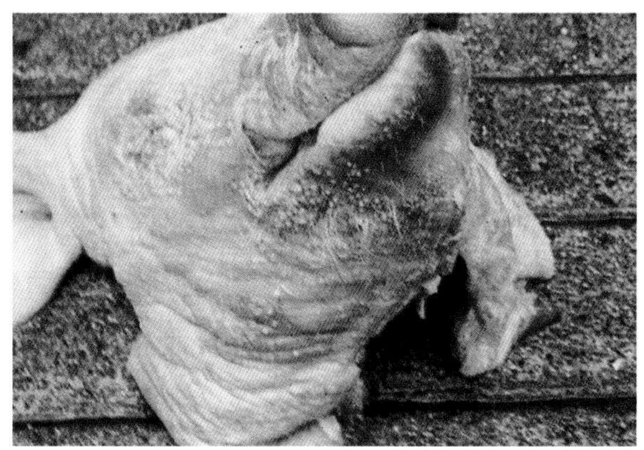

图54-11　下颌部的化脓性结节

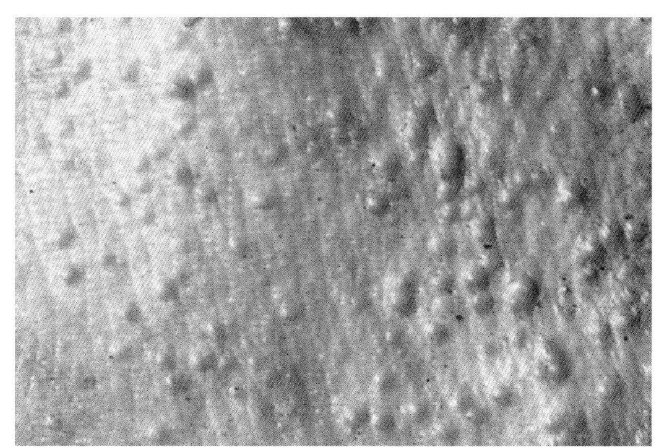

图54-12　皮肤上的脓疱

【诊断要点】本病有时虽然可根据发病的季节、特殊的临床症状和病理变化做出诊断。但对症状不够明显的病例，则需在患部与健部交界处，用手术刀刮取痂皮，将刮到的病料装入试管内，加入10%苛性钠溶液，煮沸，待毛、痂皮等固体物大部分溶解后，静置20分钟，从管底吸取沉渣，滴在载玻片上，用低倍显微镜检查。如能发现疥螨的幼虫、若虫和虫卵，即可确诊。

【防治措施】治疗疥螨病的药物较多，如滴滴涕、杀虫脒、蝇毒磷、敌百虫、倍硫磷、螨毒磷、螨净、硫黄和烟草等均有效。如常用的滴滴涕乳剂疗法，即取滴滴涕1份，溶于9份煤油中（可在温水锅中加温，促进溶解），再加入来苏儿1份，水19份，充分振荡，供病变部涂擦用。敌百虫疗法，将敌百虫配制成5%敌百虫溶液（取来苏儿 5份，溶于100份温水中，再加入敌百虫5份即成），供患部涂擦用。亦可用敌百虫1份加液状石蜡4份，加温溶解后，用于患部涂擦，均可获得良好的治疗效果。应该强调：治疗疥螨病的药物大多带有一定的毒性，治疗时应选用专门的场所，分散治疗。为了使药物能充分接触虫体，用药前最好用肥皂水或来苏儿水彻底清洗患部，清除痂皮和污物后再涂药。由于大多数杀螨药物对虫卵的杀灭作用差，因此，治疗时常需重复用药2～3次，每次间隔5天，以杀死新孵出的幼虫。

预防本病不仅要搞好猪舍卫生，而且要经常注意猪群中有无发痒、掉毛、皮肤粗糙或发炎等现象，及时挑出可疑的病猪，隔离饲养，迅速查明原因，并采取相应的措施。发现病猪应立即隔离治疗，防止病情蔓延。同时，应用消毒药彻底消毒猪舍和用具，常用的消毒药物为10～20%石灰乳、5%热氢氧化钠溶液或20%草木灰水溶液等。从病猪身上清除下来的一切污物，如毛、痂皮和坏死组织等，均应全部收集，消毒处理或深埋。

【类症鉴别】猪疥螨病易与湿疹、虱和毛虱病及秃毛癣相混淆，诊断时应注意区别。湿疹无传染性，痒觉较轻，且在温暖的环境中痒觉并不加重；虱和毛虱病虽有发痒、脱毛和营养障碍等症状，但无皮肤增厚、皱褶和变硬等病变；秃毛癣是一种真菌病，常无痒觉，患部多呈圆形、椭圆形，覆有疏松干燥的浅灰色痂皮，易剥离，剥离后皮肤光滑。

五十五、猪虱病

猪虱病是由猪血虱寄生于猪体表所引起的一种寄生性昆虫病。猪血虱多寄生于猪的耳基部周围、颈部、腹下、四肢内侧，其机械性的运动和毒素的刺激作用，常使病猪瘙痒不安，影响病猪的采食和休息，导致病猪渐进性消瘦和发育不良。本病普遍存在于农村各养猪场，对养猪业有较大的危害。

【病原特性】猪虱的个体较大，体长4～5毫米，背腹扁平，表皮为革状，呈灰白色或灰黑色。虫体分头、胸、腹三部：头部较胸部窄，呈圆锥形，有一对短触角，一对高度退化的复眼；胸部三节融合，生有三对粗短的足；腹部由九节组成，雄虱末端圆形，雌虱末端分叉（图55-1）。猪虱为不全变态，终生不离开猪体。猪虱产卵时，可分泌一种胶状物，使虫卵黏着于猪毛或鬃上（图55-2）；产完卵后死亡。卵呈长椭圆形，黄白色，大小为0.8 ~ 1.0毫米 ×0.3毫米，有卵盖，上有颗粒状的小突起（图55-3）。

图55-1　雌性（下）、雄性（上）猪虱

图55-2　虱　卵

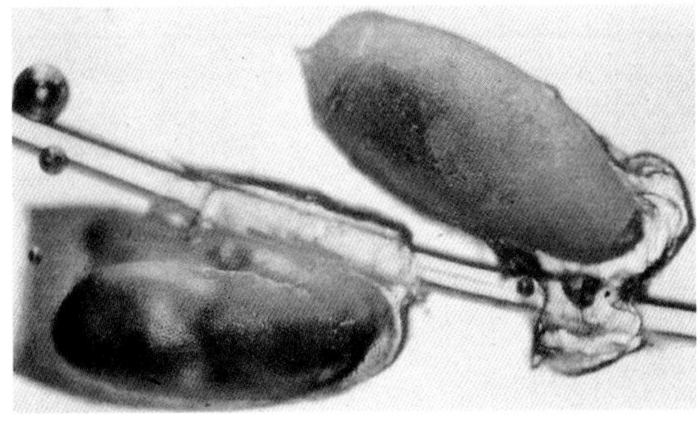

图55-3　附于毛上的卵

【典型症状】猪虱多寄生于被毛稠密、皮肤较薄、湿度较大的内耳壳（图55-4）和股部内侧等部位。当猪体表有较多的猪虱寄生时，由于猪虱的运动、吮血（图55-5）及其分泌的毒素对神经末梢的刺激，引起瘙痒，影响食欲和休息，故病猪通常消瘦，被毛脱落，皮肤落屑；有时在皮肤内出现小结节、小溢血点，甚至小坏死灶；或因病猪在栅栏、圈舍的墙壁上摩擦，造成皮肤损伤而继发细菌感染。严重猪虱感染时，则病猪精神不振，体质衰退，明显消瘦，发育不良，或伴发化脓性皮炎。此外，猪虱还能传播一些疾病，如沙门氏菌病、皮肤丝状菌病等，从而引起伴发病。

【诊断要点】本病在临床上容易被确诊。根据病猪到处擦痒，造成皮肤损伤及脱毛；在猪虱最易寄生部位，拨开被毛能发现附于毛上的

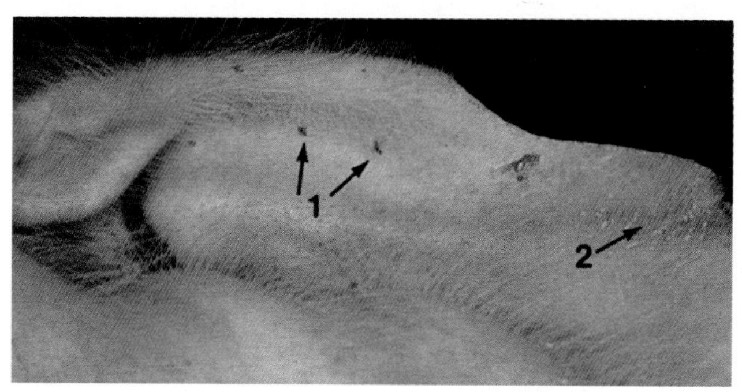

图55-4　寄生于耳壳的虱（1）和卵（2）

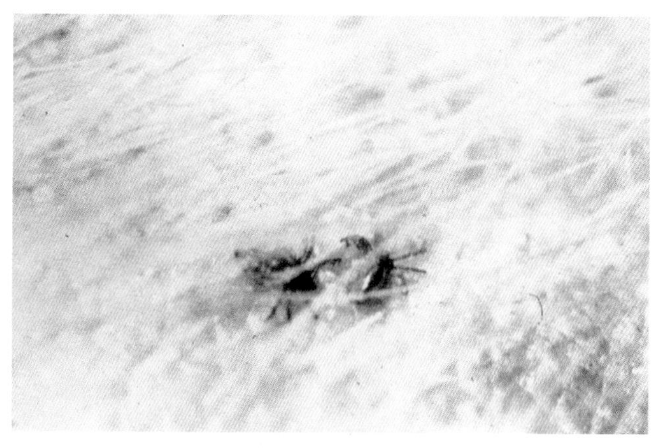

图55-5　吸血后的虱

虱卵和在皮肤上吮血或运动的猪虱（图55-6），即可确诊。

图55-6　寄生于皮肤的虱和卵

【防治措施】敌百虫对本病有良好的治疗作用。其方法是：将敌百虫配制成0.5%溶液，喷洒于患部及圈舍，具有良好的灭虱效果。注意，本法多用于夏季，用药的浓度不宜过高，以免引起病猪中毒。此外，二嗪农、倍硫磷和辛硫磷等对本病也有良好的治疗作用。许多民间验方对猪虱也有较强的杀灭作用，如煤油375毫升、热水189毫升、肥皂14克，先用热水把肥皂溶解，再加煤油，搅成乳剂，使用时加10倍清水冲淡，涂擦患部，也有较好的疗效。

加强饲养管理和保持环境卫生是预防本病的有力措施。猪舍应通风、干燥，避免潮湿；垫草要勤晒、勤换、勤消毒，护理用具和饲养用具，要定期消毒；在本病流行的地区或在本病易发生的季节，猪的圈舍及周围的环境最好每月用1%敌百虫喷、晒消毒。经常注意猪体表的变化和检查，发现猪虱病时，应及时隔离治疗，并对其他猪进行药物预防。

五十六、小袋虫病

小袋虫病又称小袋纤毛虫病，主要流行于饲养管理较差的猪场，多发生于仔猪，临床上以下痢、衰弱、消瘦等症状为特点，严重者可导致死亡。本病近几年在我国许多猪场流行，常与沙门氏菌病等混合感染，以致难以诊断。据报道，在我国的河南、广东、广西、吉林、辽宁等15个省份均有人体感染的病例。

【病原特性】本病的病原为结肠小袋纤毛虫（简称小袋虫），为纤毛虫纲中唯一较为重要的致病性原生动物，是猪肠道中常在的寄生虫。小袋虫可分为滋养体（活动期的虫体）和包囊体（非活动期的虫体）两种。滋养体呈椭圆形，大小差异较大。虫体表面有许多纤毛，甚至是周身纤毛（图56-1）。纤毛可作规律性运动，使虫体以较快速度旋转向前运动。虫体内有大、小不同的两个核。大核多位于虫体中央，呈肾形；小核甚小，呈球形，位于大核的凹陷处（图56-2）。包囊体呈圆形或椭圆形，囊壁分为两层，厚而透明，呈淡黄色或浅绿色（图56-3），在新形成的包囊内，可清晰见到滋养体在囊内活动，但不久即变成一团颗粒状的细胞质。

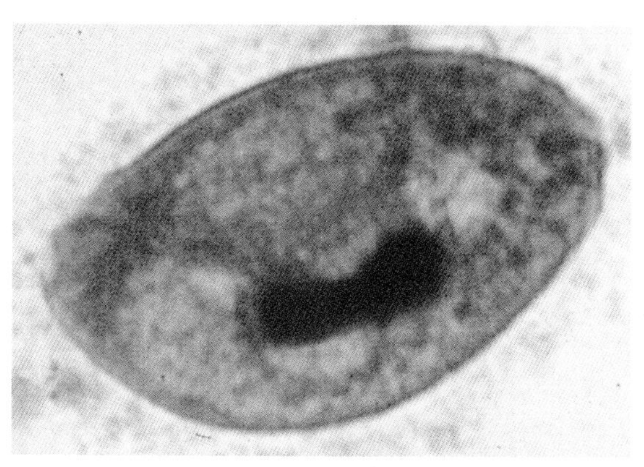

图56-1　有周身纤毛的滋养体

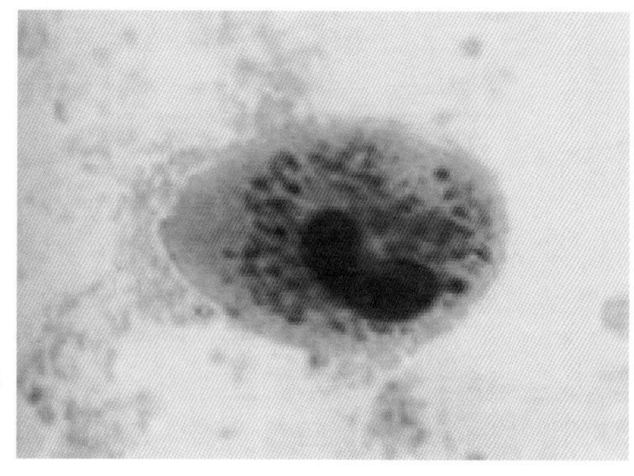

图56-2　核明显的滋养体

【典型症状】本病有急性和慢性之分。急性型多突然发病，可于2～3天内死亡；慢性型者可持续数周甚至数月。但两型的临床症状基本相同。两型的共同表现为：仔猪精神沉郁，体温有时升高，食欲减退或废绝，喜躺卧，有颤抖现象；有不同程度的拉稀，粪便先半稀，后为水泻样，粪便中常带有黏膜碎片和血液，有恶臭。

小袋虫主要寄生在猪的结肠，其次为直肠和盲肠。因此，本病的特征性病理损伤与阿米巴原虫病类似，主要引起卡他性、出血性乃至糜烂、溃疡性的大肠炎。剖检，小肠多膨胀，充满气体，大肠因出血而呈暗褐色（图56-4），剪开肠管，肠黏膜可因黏液增多和出血而形成卡他性出血性肠炎（图56-5），病情严重时肠黏膜出血、坏死，有糜烂

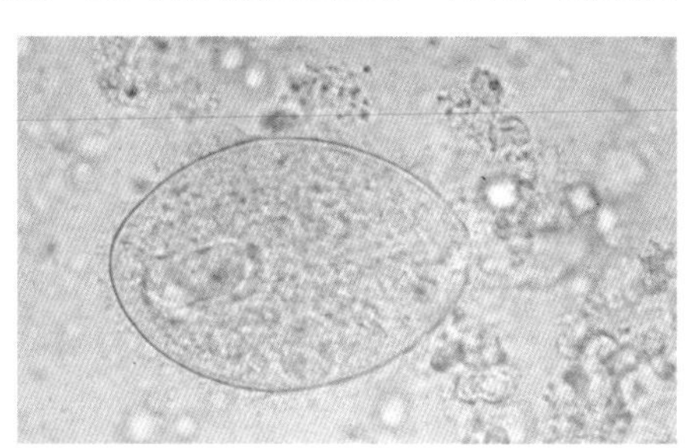

图56-3　粪便中检出的包囊体

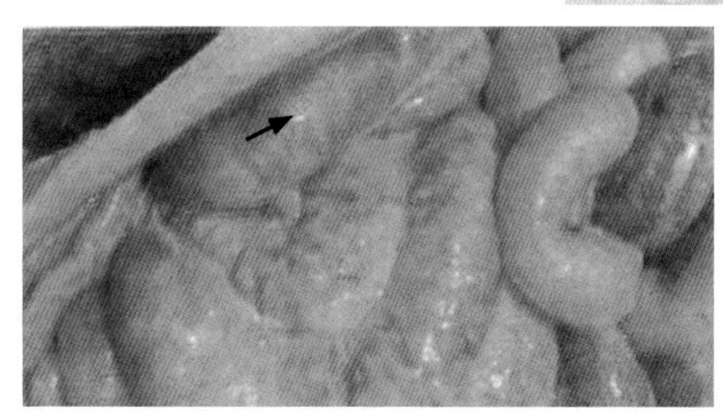

图56-4　大肠出血呈暗褐色（箭头）

图56-5　卡他性出血性肠炎

和溃疡形成（图56-6），在溃疡的深部可以找到虫体；偶尔可引起肠穿孔及腹膜炎等严重并发病。

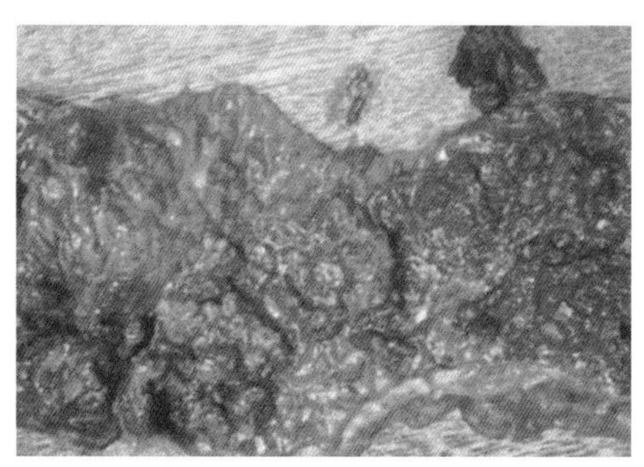

图56-6　肠黏膜出血、坏死

【诊断要点】检出虫体是诊断本病的主要依据。本病的生前诊断可根据临床症状和粪便检查的结果进行判定，即在粪便中检出滋养体或包囊体就可确诊。死后剖检时应着重观察大肠有无溃疡性肠炎变化，并注意滋养体或包囊体的检出。其方法是：将在病、健交界部位刮取的肠黏膜或肠腔内容物，用热生理盐水稀释后，直接制作滴片，镜检时可发现较多的滋养体。

【防治措施】治疗本病的药物较多，如卡巴胂、碘化钾、土霉素、金霉素、四环素、黄连素和重痢金针等。现介绍两种常用的方法：一是卡巴胂疗法，即用卡巴胂0.25～0.5克，1日2次，连用10天为一疗程；为了巩固疗效，停药1周后，再用药5天。二是碘牛乳疗法，即牛乳1 000毫升，加入碘和碘化钾溶液（碘片1克、碘化钾1.5克、水1 500毫升）100毫升，混入饮水中给予，连用1周。另外，也可肌内注射重痢金针（主要成分为苦参、黄连和环丙沙星），每千克体重0.2毫升，每日1次，连用3天，可获得较好疗效。

本病虽然可以治疗，但又很易复发。因此，做好本病的预防工作是非常重要的。预防本病，应着重搞好猪场的环境卫生和消毒工作；搞好猪粪的发酵处理，避免含有滋养体和包囊体的粪便对饲料和饮水的污染。另外，也可试验用药物进行预防。

【注意事项】值得指出：本病也可感染人，且病情较为严重，患者发生顽固性下痢，大便带黏液及脓血，可以产生类似阿米巴原虫病所见的大肠黏膜溃疡。值得注意：人的感染主要来自猪，患者常与猪有密切接触史。

五十七、食盐中毒

食盐中毒是由于摄入食盐量过多（虽然食入量不多，但饮水受限制时）而引起的。食盐中毒，实质上是钠中毒。因此，近年来多倾向于将这类中毒统称为钠盐中毒。本病以消化道黏膜的炎症、脑水肿，并伴有嗜酸性粒细胞性脑膜脑炎和大脑灰质层状坏死为特征；临床上主要以消化紊乱（烦渴、呕吐、腹痛和腹泻等）和各种神经症状（滞呆、失明、耳聋、无目的走动、角弓反张、旋转运动或以头抵墙、肌肉震颤、肢体麻痹和昏迷等）为特点。

【发病原因】猪对食盐比较敏感，其常见的中毒量为每千克体重1 ～ 2.2克，致死量（成年中等个体）为125 ～ 250克。引起猪食盐中毒原因很多，常见的原因有以下几种：喂盐过多；饮水不足；机体的状态改变，对食盐的耐受力降低和体内的营养成分不足，特别是微量元素缺乏等。

【典型症状】急性食盐中毒，病猪呼吸迫促，眼结膜潮红，全身皮肤呈淡红色或暗红色（图57-1），胸、腹部和股内侧等薄皮部常见有出血点（图57-2）；食欲废绝，饮欲大增，甚至烦渴贪饮，呕吐，腹泻；病初兴奋性增高，不停地空嚼，口流大量带白沫的唾液，骚动不安，全身肌肉震颤，间歇性痉挛和角弓反张等。后期精神极度沉郁，乃至昏迷，多经48小时后死亡。剖检见胃肠黏膜明显瘀血、水肿，呈淡红色或暗红色，并常发生弥漫性出血（图57-3），大肠黏膜在瘀血、出血的基础上，在淋巴小结存在的部位多出现局灶性溃疡（图57-4）。肺极度瘀血、出血、水肿，表面和切面均见出血斑点或弥漫性出血（图57-5）。肾脏严重瘀血而呈暗红色，被膜下多有大小不一的出血斑点；切面见肾皮质部增宽，出血呈紫红色，髓质部也弥漫性出血，呈红色（图57-6）。

慢性食盐中毒，临床上以神经症状最明显。病猪兴奋不安，无目的徘徊，或向前直冲。遇到障碍物时，不知躲避，将头顶住。严重

图57-1　呼吸困难，皮肤淡红

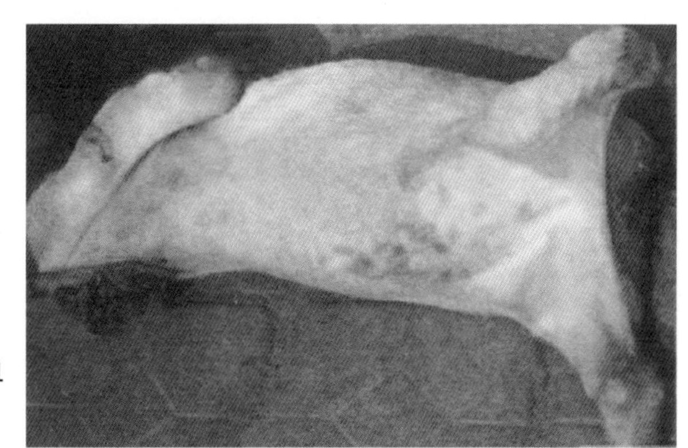
图57-2　皮肤出血

图57-3　出血性肠炎

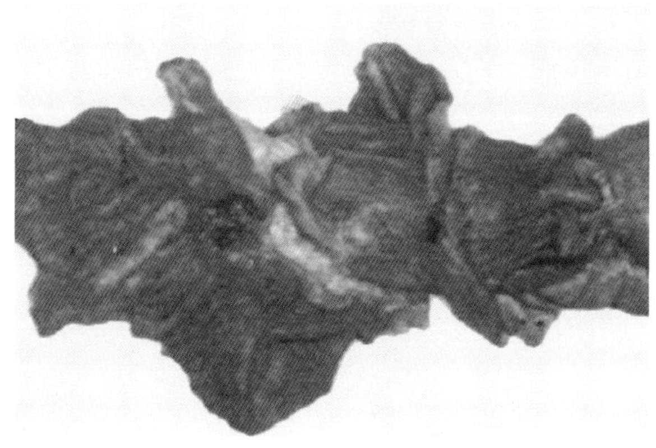

图57-4 大肠溃疡

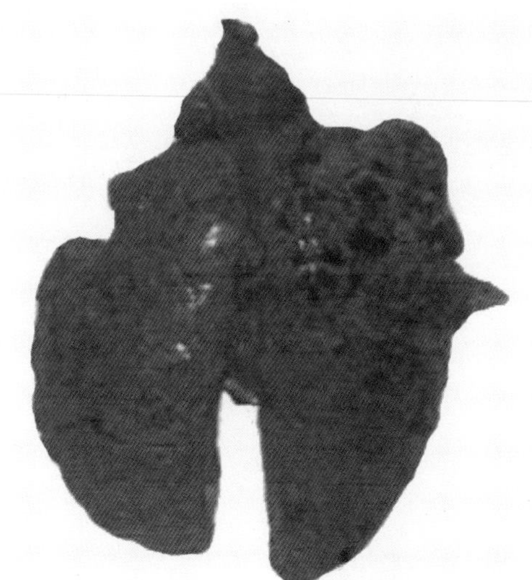

图57-5 肺出血

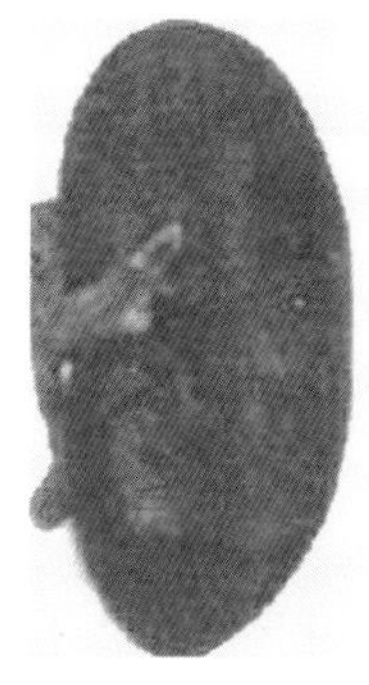

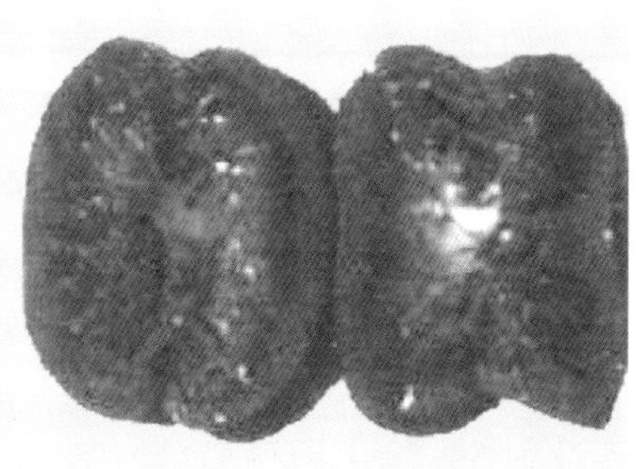

图57-6 肾出血

时则发展为癫痫样痉挛，发作时，依次出现鼻盘抽缩或扭曲，头颈高抬或偏向一侧，脊柱上弯或侧弯，呈角弓反张（图57-7）或侧弓反张（图57-8）状态，腰背僵硬，以致整个身躯后退，直到呈现犬坐姿势，甚而仰翻倒地。病猪多因呼吸衰竭而死。剖检，胃肠病变多不明显，主要表现为大脑皮质的软化、坏死。镜检，在脑血管周围有大量嗜酸性粒细胞浸润，形成嗜酸性粒细胞性脑炎变化。

图57-7　角弓反张

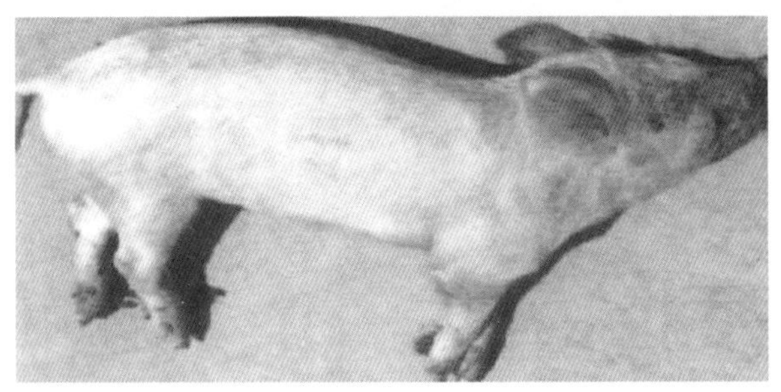

图57-8　侧弓反张

【诊断要点】可根据病猪有过饲食盐（或含盐量较高的饲料）和/或限制饮水的病史；暴饮后癫痫样发作等突出的神经症状；病理学检查有脑水肿、变性、软化坏死、嗜酸性粒细胞血管套等病理形态学改变而做出诊断。

【防治措施】本病的治疗要点是促进钠离子排出，恢复离子平衡和对症处置。首先应立即停止喂饮含盐量较高饲料及咸水，而多次小量地给予清水。为恢复血液中的离子平衡，抑制神经的兴奋，可分点皮下注射5%氯化钙明胶液（氯化钙10克，溶于1%明胶液200毫升内），剂量为每千克体重0.2克（但大猪的用药剂量不超过5克），每点注射量不得超过50毫升，以免引起注射部位的组织坏死。为了降低颅内压，可腹腔注射25%山梨醇液或高渗葡萄糖液进行脱水；为促进毒物排出，可灌服50 ~ 100毫升植物油，既可促使肠道中未吸收的食盐泻下，又可保护肠黏膜；为缓解兴奋和痉挛的发作，可用5%盐酸氯丙嗪2 ~ 5毫升，肌内注射。另外，对伴发心脏衰弱的病猪，常用20%安钠咖2 ~ 5毫升肌内注射，既可强心，又可利尿，加快钠离子的排出。

【注意事项】猪，特别是仔猪对钠离子比较敏感，但钠离子又是猪体内不可缺少的物质，因此，必须合理地使用食盐，切忌过量。一般应做到在饲料中合理添加，对含盐量不同的饲料要合理饲喂，保障饮水充足。

五十八、克仑特罗中毒

猪克仑特罗中毒是由于长期采食大量含有盐酸克仑特罗（俗称瘦肉精）的饲料而引起的。病猪在临床上以心动过速，皮肤血管极度扩张，肌肉抽搐，运动障碍，四肢痉挛或麻痹为特点；病理学上以肌肉色泽鲜艳，肌间及内脏脂肪锐减，实质器官变性、坏死，脑水肿和神经细胞变性肿大或凝固为特征。

【发病原因】猪克仑特罗中毒是由饲养者在饲料中非法添加了大量盐酸克仑特罗等商品而引起的。人如误食含大量克仑特罗的肉制品后，就会发生中毒。克仑特罗为白色或类白色的结晶粉末，无臭、味苦，易溶于水。它既不是兽药，也不是饲料添加剂，而是肾上腺素类神经兴奋剂。目前，包括我国在内的世界各国均禁止盐酸克仑特罗的商业使用。猪饲料中不准许有克仑特罗及其制品，如有添加即为违法，应严厉打击。

【典型症状】猪克仑特罗中毒主要发生于肥育猪，中毒初期，病猪食欲减退，四肢无力，不愿意运动，多趴卧或侧卧在地上（图58-1）。随着病情的加重，病猪食欲大减，体重下降，心跳加快，呼吸增数，体表血管怒张，全身的肌肉震颤或抽搐，出现一些特殊的姿势。有的病猪前肢肌肉强直，不能自由伸曲而侧卧在地（图58-2）；有的病猪前肢屈曲，后肢僵直，运步困难，出现肢体僵硬的强迫性趴卧姿势（图58-3）；有的病猪四肢肌肉痉挛、强直，四肢伸展，不能屈曲，强迫性侧卧在地（图58-4）。中毒严重时，病猪长时间不能站立，卧地不起，身体着地部位和四肢关节普遍有褥疮，尤以关节部明显，关节肿大变

图58-1　中毒的猪群

图58-2　前肢肌肉强直

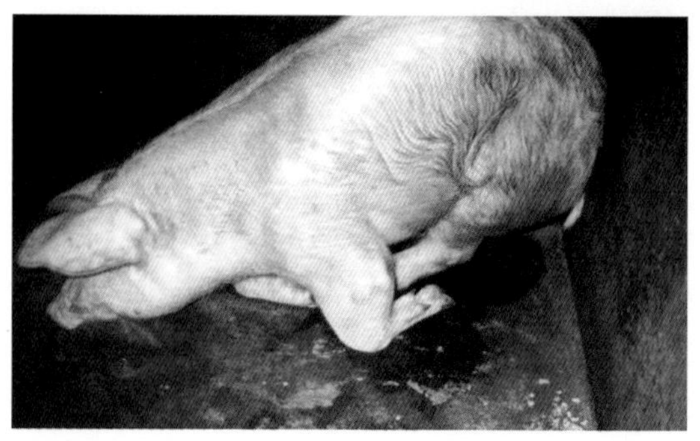

图58-3　强迫性趴卧姿势

形（图58-5）。病猪最终多因极度消瘦，全身肌肉麻痹、瘫痪，褥疮和多病质（图58-6），全身性衰竭而死。剖检，猪肉颜色鲜艳，后臀肌肉饱满丰厚。腹腔脂肪、胃大网膜和肠系膜脂肪、肾周脂肪、肌间脂肪明显减少（图58-7）。病初见心脏扩张，心肌松软。肺脏膨胀，边缘变

图58-4　四肢强直，强迫性侧卧在地

图58-5　体表的褥疮

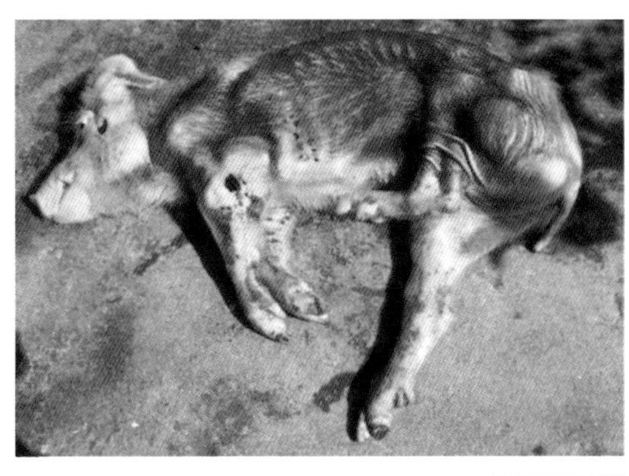
图58-6　消瘦衰竭

钝，色泽变淡，呈肺气肿状。病情重时肺脏膨胀不全，肺边缘变薄，前叶和心叶有代偿性肺气肿变化（图58-8）。脑膜血管扩张、充血，脑实质呈水肿状。

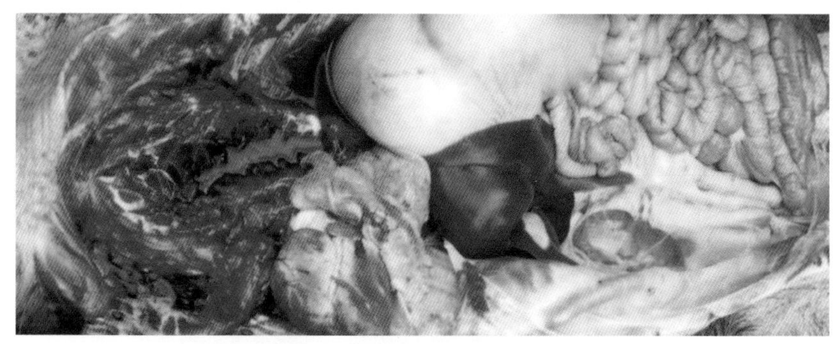

图58-7　内脏及肌肉中脂肪锐减

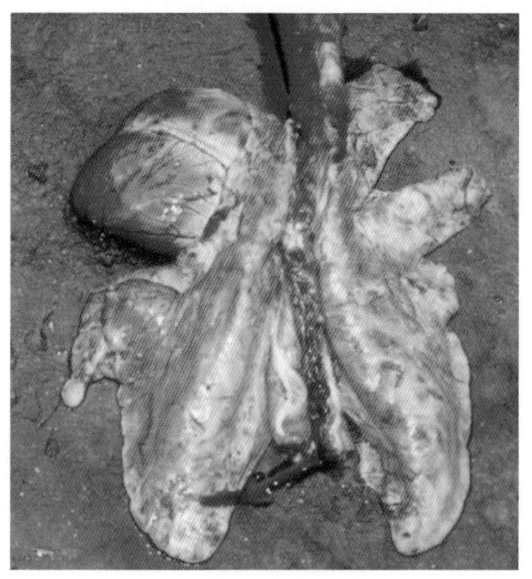

图58-8　肺膨胀不全并见代偿性肺气肿

【诊断要点】一般根据病猪有饲喂克仑特罗的病史，典型的临床症状和病理变化即可初诊，但确诊需采集病猪肉或内脏器官样品进行实验室检测。目前，检测克仑特罗残留的方法主要有4种，即高效液相色谱法（HPLC）、气相色谱-质谱法（GC-MS）、毛细管区带电泳法

(CE)和免疫分析技术(IA),而农业部将HPLC和GC-MS规定为我国实验室检测肉品中克仑特罗含量的标准方法。另外,目前快速检测法还有测定克仑特罗中毒的试纸条。

【防治措施】目前尚无特效的解毒药物,只能采取对症治疗。一般而言,猪中毒后的肉尸及内脏就失去食用价值,因而对中毒的猪无需进行治疗,应立即扑杀,其肉尸和内脏应化制或做工业用,不得做成肉制品而食用,或做成饲料来饲喂其他动物。

曾有一段时间,盐酸克仑特罗在猪饲料中非法使用的情况非常严重,在一些猪场还发生了大量猪中毒死亡,给人的身体健康造成了极大威胁。通过政府大力打击之后,该种情况得到控制。因此,我们要加强法规的宣传,控制饲料源头,任何单位与个人都要遵循国家的法规,均不得在猪饲料中添加克仑特罗类化学制剂。不给猪饲喂含克仑特罗的饲料,才会杜绝中毒事件的发生。

五十九、玉米赤霉烯酮中毒

玉米赤霉烯酮中毒,又称F-2毒素中毒,是玉米赤霉烯酮,即雌激素因子所致的一种中毒病,常发生于猪,临床上以阴户肿胀、乳房隆起和慕雄狂等雌激素综合征为特点。目前,临床上赤霉菌毒素中毒病例从偶有发生到不断增加。因此,应引起各养猪场及广大养猪专业户的重视。

【发病原因】猪玉米赤霉烯酮中毒是由于猪大量或长期采食了被能产生F-2毒素的镰刀菌所污染的饲料而引起。目前发现,能产生F-2毒素的镰刀菌已有13种,其中主要产毒菌为禾谷镰刀菌。在温度28℃左右,相对湿度达80%～100%的条件下,产毒真菌就可在谷物的茎叶和种子中繁殖,产生大量分生孢子,并形成大量毒素,当猪采食了被产毒真菌污染的玉米(图59-1)、小麦、大麦、高粱、水稻、豆类以及青贮和干草等饲料后,即可发生玉米赤霉烯酮中毒。

【典型症状】本病主要发生于3～5月龄的未成年母猪,表现出以生殖器官机能障碍为特点的雌激素综合征,但不同年龄段的猪,所表现的症状有一定的差异。猪中毒后临床上所出现的共同症状是:病猪食欲减退，拒食和呕吐。阴部瘙痒，病猪常在墙壁、饲槽或栅栏等物体上磨蹭，导致尾部和会阴部常有外伤和出血（图59-2）。阴道与外阴黏膜瘀血性水肿，分泌混血黏液，外阴肿大3 ～ 4倍，阴门外翻（图59-3），往往因尿道外口肿胀而排尿困难，甚至有30% ～ 40%的病猪

图59-1　禾谷镰刀菌污染的玉米

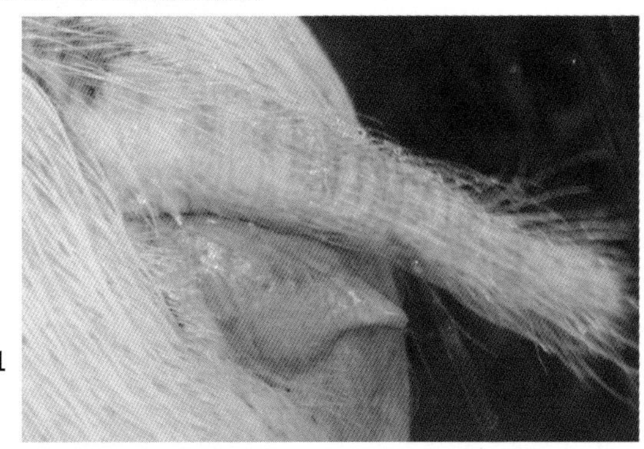
图59-2　阴部擦伤及出血

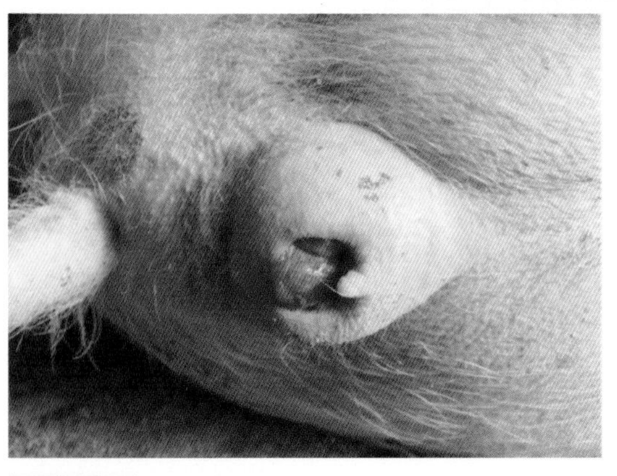
图59-3　阴门充血水肿、外翻

可继发阴道脱（图59-4），5%～10%的病猪发生直肠脱和子宫脱（图59-5）。青年母猪在性成熟前表现为乳腺过早成熟而乳房隆起，乳头肿大。外阴红肿，呈鲜红色，出现发情征兆（图59-6）。病情严重时，病猪的外阴部极度肿胀，阴门哆开（图59-7），有出血性黏液性分泌物流

图59-4　阴道脱

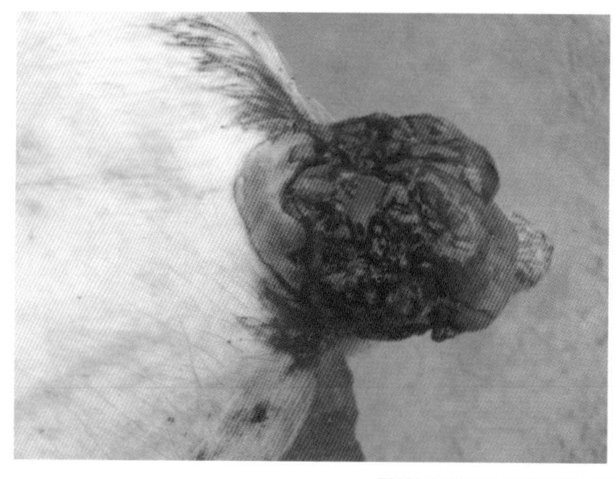
图59-5　子宫脱

图59-6　青年母猪群发病

出，乳房肿胀，乳头红肿。性成熟后表现为发情周期延长、紊乱而无规律。

【诊断要点】依据病猪有采食霉败饲料的病史，出现以生殖器官变化为主的一系列雌激素综合征的临床症状，即可做出诊断。有条件时可进一步做实验室检测，以便确诊。

【防治措施】目前尚无特效治疗药物，只能对症治疗。首先要停止饲喂霉败饲料，增加饲喂青绿多汁的饲料。这样，对病情较轻的病猪无需治疗，经过1 ～ 2周后症状即逐渐缓解，以至消失而康复。对于阴部有外伤的，要及时涂布碘酊或龙胆紫等外用杀菌药，防止继发感染。有阴道和子宫脱出而难以自复的病猪，要及时进行外科手术处理（图59-8），防止长时间脱出而导致组织瘀血、水肿、坏死和败血症的

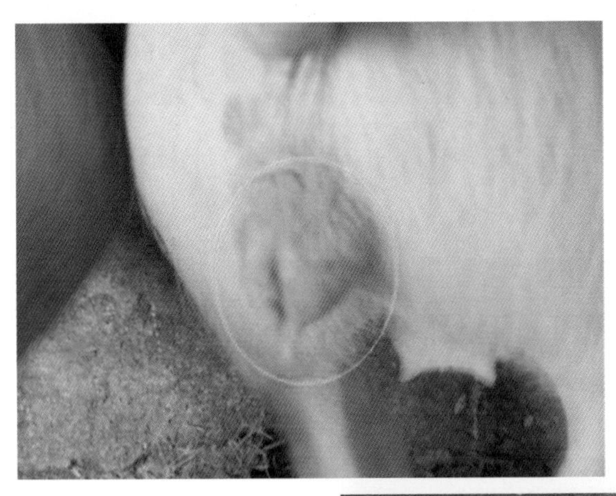
图59-7 阴门哆开

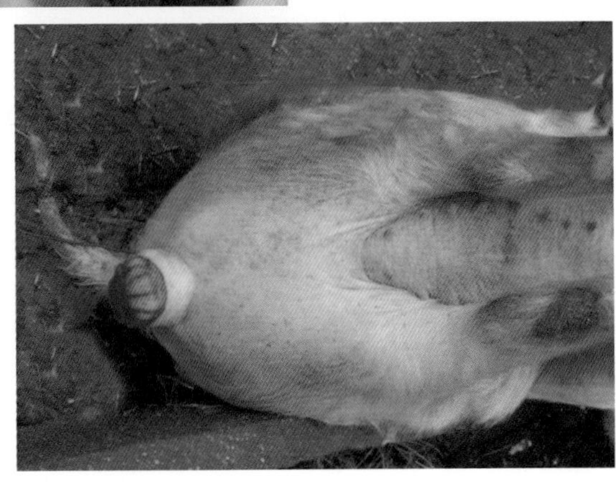
图59-8 手术整复

发生。实践证明，给中毒猪群的饲料中添加0.0125%维生素C，连喂5天，有利于帮助病猪恢复。另外，对个别重度持续性发情的母猪可注射前列腺素或少量雄激素进行调整。

预防本病的主要措施：一是防止饲料霉变。既要把好进料关，防止发霉变质的饲料或原料入库，或对含水量高的饲料或原料应及时晾晒，使水分含量低于13%；又要把好防霉关，采取不同的方法，在有限的条件下做好饲料的防霉工作。二是不喂霉变饲料。

六十、黄曲霉毒素中毒

黄曲霉毒素中毒是指猪长期或大量食入含有黄曲霉毒素的饲料而发生的毒性反应，临床上病猪主要出现以肝损害为特点的全身性出血、消化障碍和神经症状等；病理学上以中毒性肝营养不良和脑神经的退行性病变为特征。本病可发生于任何年龄的猪，但仔猪比育肥猪和成年猪的敏感性更高。

【发病原因】黄曲霉毒素主要是由黄曲霉（图60-1）和寄生曲霉产生的毒素，而这两种曲霉菌广泛存在于自然界，主要污染玉米、花生、豆类、棉籽、麦类、大米、秸秆及其副产品如酒糟、油粕、酱油渣等，即使肉眼看不出，分离培养时也可发现黄曲霉（图60-2）。研究证实，黄曲霉是温暖地区常见的优势霉菌，其生长温度范围为4 ~ 50℃，最适宜的生长温度为25 ~ 40℃。尽管黄曲霉毒素的毒性很强，但猪必须一次性摄入含有大量黄曲霉毒素的霉变饲料才会发生急性中毒疾病。因为即使是霉变相当严重的饲料（图60-3），其中的黄曲霉毒素的含量也很低，但黄曲霉毒素有蓄积作用，随着含量在体内的增加，可导致急性或慢性中毒。

【典型症状】本病有急性型、亚急性型和慢性型三种类型。

急性型多发生于2 ~ 4月龄仔猪，仔猪发病后常常突然死亡，或出现眼结膜黄染（图60-4）、贫血或有出血变化，排出少量稀便或血便。剖检特点是肝脏肿大，变性，呈灰黄色，被膜常有较多的点状出血（图60-5），切面结构不清，质地变脆。胃黏膜肿胀，有点状或弥漫性出血，坏死，形成坏死性胃炎，并有溃疡形成（图60-6）。肠黏膜有

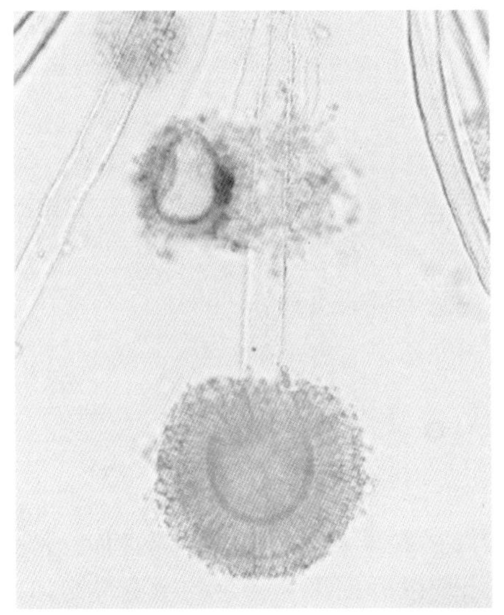

图60-1　黄曲霉的孢子囊

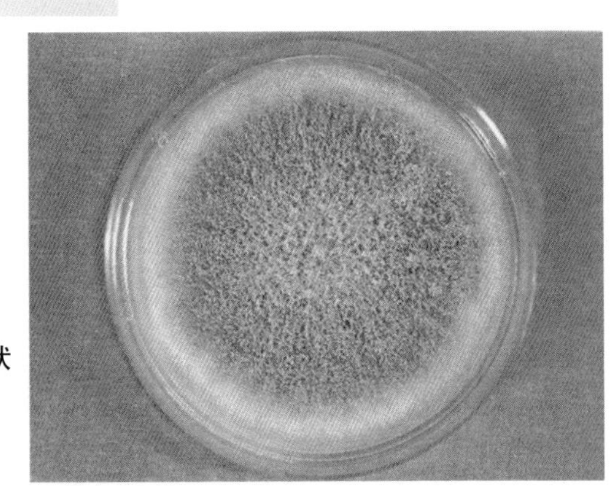

图60-2　分离培养时绒毛状的黄曲霉

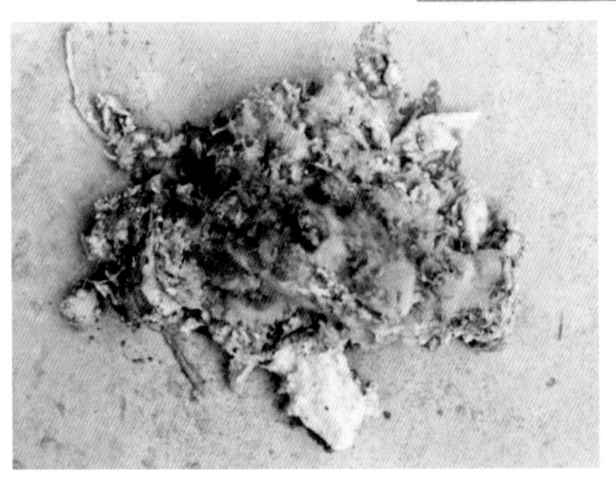

图60-3　霉败的饲料

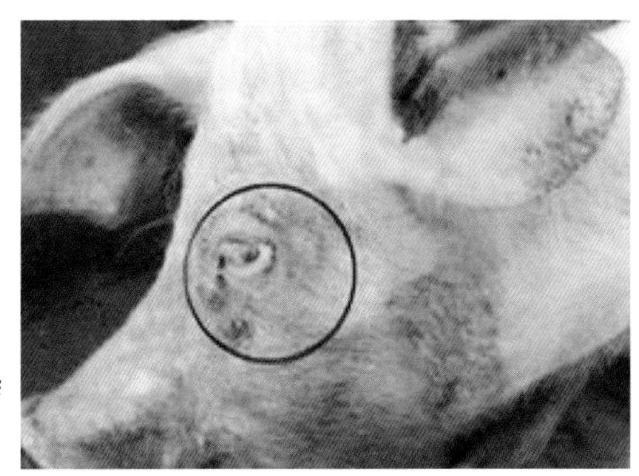

图60-4　眼结膜充血黄染

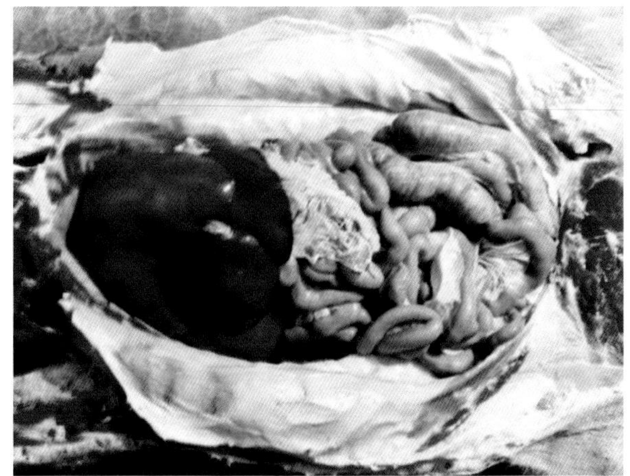

图60-5　肝实质变性

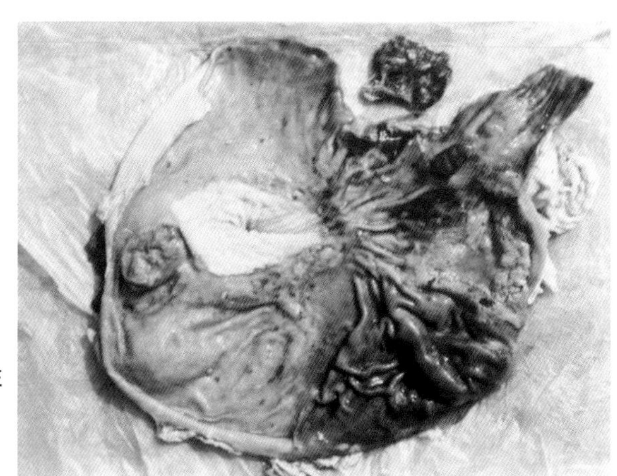

图60-6　出血性坏死性胃炎

出血斑点或局灶性出血，黏膜面常覆有较多带血的黏液。特别是回肠、结肠和盲肠黏膜，其肠壁的淋巴小结坏死，黏膜脱落后形成大小不一的溃疡（图60-7）。胃门和肠系膜淋巴结瘀血、肿大，被膜下有多少不一的出血点和黄白色的坏死灶，严重时，坏死灶可相互融合形成斑块状坏死（图60-8）。

亚急性型，多发生于育成猪，病猪可视黏膜苍白或黄染。排出带有恶臭的稀便或血便，继之发生便秘，粪便干硬呈球状，表面附有黏液和血液。病情严重时出现运动障碍，四肢无力，并时常伴发间歇性抽搐（图60-9）、过度兴奋和角弓反张等神经症状。

慢性型，主要见于成年猪，病猪眼睑肿胀，黏膜贫血而黄染，粪便多干硬，表面附有黏液和血液。生长缓慢，皮肤发白或黄染。

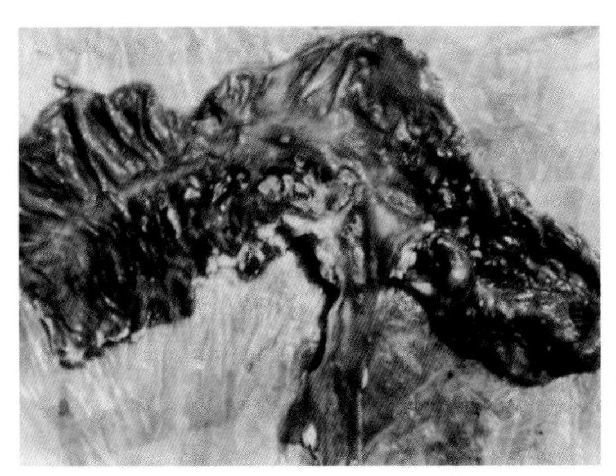

图60-7　出血性坏死性肠炎

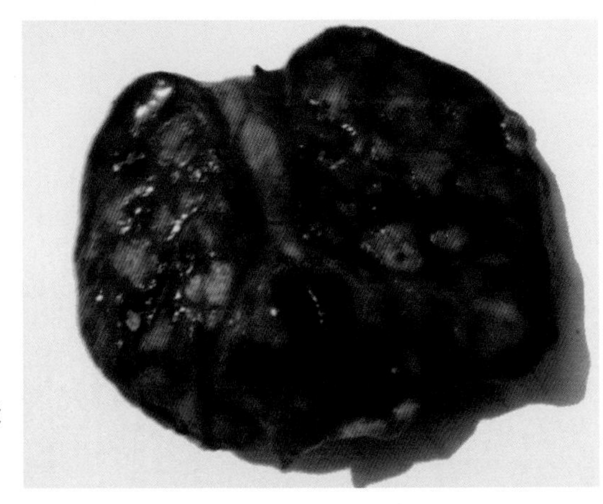

图60-8　坏死性淋巴结炎

亚急性型和慢性型以肝脏变性、坏死和硬变为特征。肝脏瘀血、脂变，呈黄红色或橘红色（图60-10），病情严重时呈土黄色或黄色，胆囊变小（图60-11），内含少量深绿色胆汁。切开胆囊，胆囊黏膜脱

图60-9　病猪运动障碍

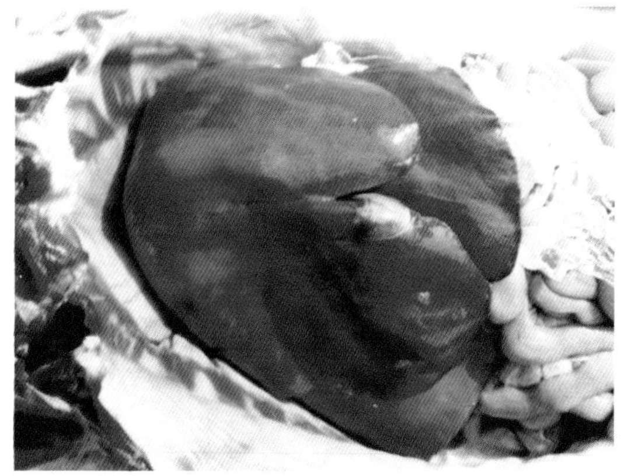

图60-10　肝脂肪变性

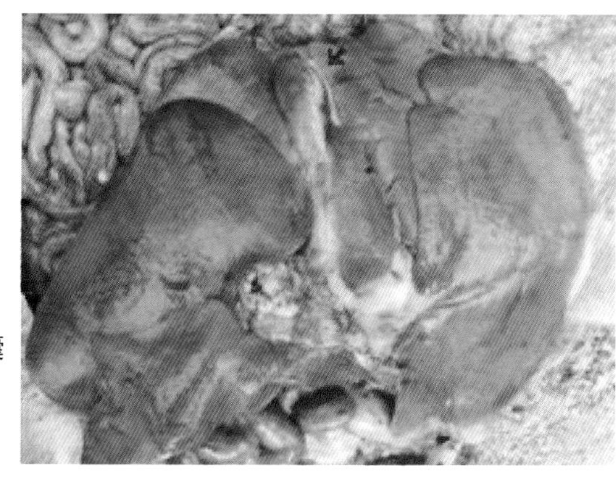

图60-11　肝呈黄色，胆囊变小（箭头）

落，胆汁浓稠，呈深绿色（图60-12）。后期常因结缔组织增生而质地变硬，表面有大小不一的结节（图60-13），切面结构不清，有大量行走方向不定的纤维束。

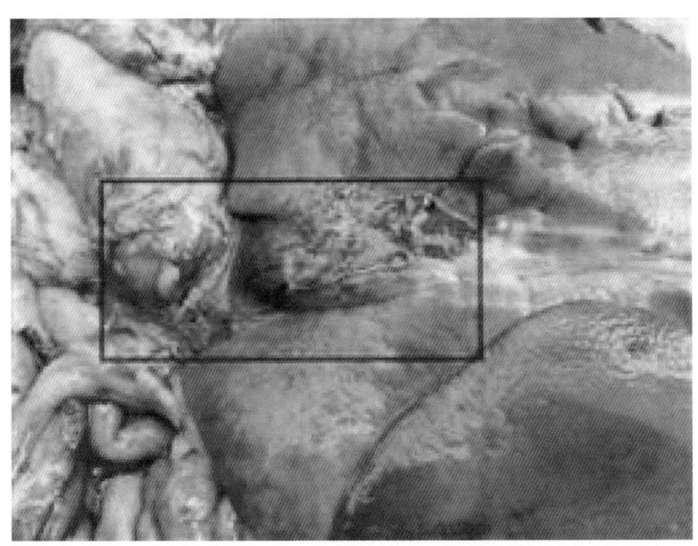

图60-12　胆囊黏膜脱落，胆汁浓稠

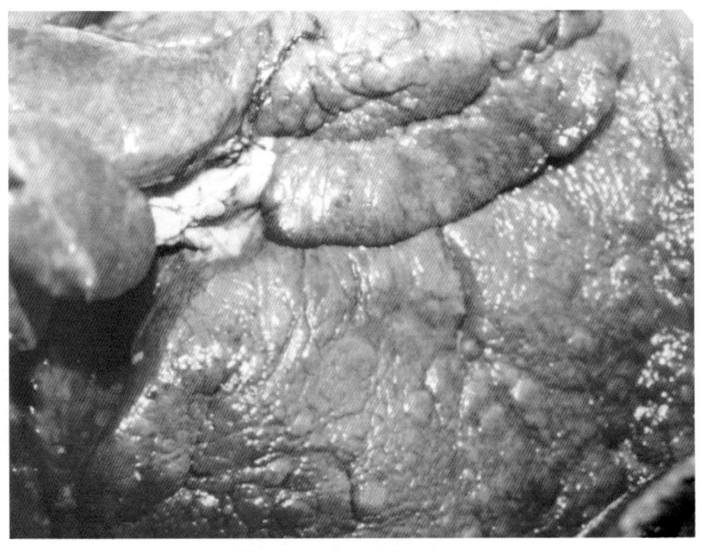

图60-13　肥大性肝硬变

【诊断要点】一般根据病猪有采食不良或霉变饲料的病史，出现较典型的临床症状，剖检时有纤维素性坏死性胃肠炎和坏死性肝炎为特征的病理变化，即可做出诊断。

【防治措施】目前尚无特效解毒药物，只能采取对症治疗。治疗时首先应立即停止饲喂致病性可疑饲料，改喂新鲜全价日粮。治疗的基本原则是排毒、保肝、止血、强心和抗菌消炎。通过投服人工盐、硫酸钠等泻药，或用温肥皂水等碱性溶液灌肠，以清理胃肠道内的有毒物质；通过注射葡萄糖制剂和维生素C，增强肝糖原的含量和肝细胞的解毒功能；止血可注射维生素K制剂、葡萄糖酸钙注射液，提高血液的凝固性；强心可用安钠咖等强心药，以改善机体的血液循环；抗菌消炎可用青霉素、链霉素等抗生素，防止继发性感染。

预防要点在于防止饲料霉变和不喂霉变的饲料，其方法可参照玉米赤霉稀酮中毒的预防措施。

图书在版编目（CIP）数据

猪病诊疗原色图谱 / 潘耀谦，潘博主编. — 2版
：—北京：中国农业出版社，2014.12
（兽医临床诊疗宝典）
ISBN 978-7-109-19603-2

Ⅰ. ①猪…　Ⅱ. ①潘…　②潘…　Ⅲ. ①猪病—诊疗—图谱　Ⅳ. ①S858.28-64

中国版本图书馆CIP数据核字（2014）第223086号

中国农业出版社出版
（北京市朝阳区麦子店街18号楼）
（邮政编码 100125）
责任编辑　刘　玮　颜景辰

北京中科印刷有限公司印刷　　新华书店北京发行所发行
2015年3月第2版　　2015年3月第2版北京第1次印刷

开本：889mm×1194mm　1/32　　印张：9.375
字数：200千字
定价：64.00元